构造控煤研究
——以陕西渭北煤田韩城矿区为例

夏玉成　孙学阳　杜荣军

卫兆祥　王社荣　　著

科学出版社

北　京

内 容 简 介

本书在扼要总结构造控煤研究动态和研究范式的基础上,以陕西渭北煤田韩城矿区为例,重点介绍进行构造控煤研究时所遵循的模式与框架,以期使读者加深对构造控煤理论知识的认识和理解,了解构造控煤研究领域的最新发展动态,学习和掌握构造控煤研究的技术路线和基本方法。本书内容根据构造控煤研究的技术路线编排,既有对理论和原理的介绍,又展示了具体的研究方法和分析过程。

本书可供煤炭地质专业技术人员阅读参考,也可作为煤田地质与矿井地质相关专业、资源勘查工程专业的高年级本科生和地质资源与地质工程学科矿产普查与勘探方向的硕士生、博士生的教学参考书。

审图号:GS(2018)2988 号

图书在版编目(CIP)数据

构造控煤研究:以陕西渭北煤田韩城矿区为例 / 夏玉成等著. —北京:科学出版社,2018.6

ISBN 978-7-03-056415-3

Ⅰ. ①构… Ⅱ. ①夏… Ⅲ. ①煤田构造-构造控制-研究 Ⅳ. ①P618.110.2

中国版本图书馆 CIP 数据核字(2018)第 015986 号

责任编辑:王杰琼 / 责任校对:马英菊
责任印制:吕春珉 / 封面设计:耕者设计工作室

科 学 出 版 社 出版
北京东黄城根北街 16 号
邮政编码:100717
http://www.sciencep.com

北京虎彩文化传播有限公司 印刷
科学出版社发行 各地新华书店经销

*

2018 年 6 月第 一 版 开本:B5(720×1000)
2018 年 6 月第一次印刷 印张:13 3/4
字数:262 000

定价:92.00 元
(如有印装质量问题,我社负责调换〈虎彩〉)
销售部电话 010-62136230 编辑部电话 010-62135319-2031

谨将此书献给构造控煤研究的先行者

黄克兴教授

前　言

起源于地球内部物质运动的构造作用是控制一切地质活动的根本因素，煤的聚积过程、改造过程和赋存状态等也都受构造作用的控制。因而，将构造地质理论与煤田地质学紧密结合，能更加科学、有效地探索煤田地质规律。正是基于这一基本认识，西安矿业学院（现西安科技大学）黄克兴教授于 1991 年主编了煤炭类高校统编教材《构造控煤概论》，由煤炭工业出版社出版。

《构造控煤概论》搭建了构造控煤理论体系的基本框架，得到中国矿业大学韩德馨院士和高文泰教授的热情鼓励与推荐，在煤田地质界引起较大反响。20 多年来，在广大煤田地质工作者的共同努力下，构造控煤理论体系得到了进一步完善，同时不断有人对该书表示赞誉，且希望修订再版。作为黄克兴教授的学生和《构造控煤概论》的编著者之一，本人深感荣幸，同时也感受到了鞭策，让更多的人学习构造控煤理论，并掌握构造控煤研究方法，是我义不容辞的责任。为此，根据多年来从事构造控煤研究积累的心得，撰写了本书。

本书在总结构造控煤研究动态和研究范式的基础上，以陕西渭北煤田韩城矿区为例，重点介绍构造控煤研究程式和方法，以期为煤炭地质工作者和相关研究方向的师生提供一个可供借鉴的研究案例，加深对构造控煤理论知识的认识和理解，了解构造控煤研究领域的最新发展动态，学习和掌握构造控煤研究的方法和技术路线。

本书由西安科技大学夏玉成、孙学阳、杜荣军和陕西陕煤韩城矿业有限公司卫兆祥、王社荣共同撰写，全书由夏玉成统稿。陕西陕煤韩城矿业有限公司为本书提供了研究便利和经费支持。本书在撰写过程中，得到陕西陕煤韩城矿业有限公司刘新民、刘效贤、祁云望、同新立、雷甫仓、王赟、蒋有顺、李赟瑜、薛国标等人的大力协助；西安科技大学的代革联、郭晨、许珂等老师参与了部分研究工作，研究生梁倩文、孙廷臣、杜少华、杨韬、任亚平等为本书的出版提供了许多帮助；西安科技大学地质与环境学院对本书的出版给予了大力支持。在本书出版之际，谨向为本书的撰写与出版工作给予支持和帮助的所有单位和个人，以及参考文献作者致以最诚挚的感谢！

　　受作者学术水平所限，书中难免存在不足之处。真诚欢迎同行专家与广大读者批评指正。

夏玉成

2018 年 3 月

目　　录

第一章　构造控煤的研究范式

第一节　构造控煤的基本理论

一、地球构造观与煤田构造观

地球构造观是人们对地球结构，地质构造分布规律，构造运动发生的时间、运动方式、规模，以及构造运动起因和动力来源等地球动力学规律的基本认识，可概括为大地构造学说。构造作用或构造运动常是其他地质作用的起始或触发的主要因素，因此，大地构造学说通常被视为地质学的基本学说，由于其具有高度的综合性和很强的指导性而成为地质学中的"哲学"。

自 19 世纪中期到 20 世纪中后期板块构造学说诞生前，在世界上占主导地位的大地构造学说是地槽-地台学说（简称槽台学说）。该学说认为，地壳运动形式以垂直运动为主，地球上的海陆变迁和地质构造都是地壳升降运动的结果。20 世纪 50 年代后期，在中国先后形成五大学派：以黄汲清为倡导者的"多旋回理论"学派、以李四光为倡导者的"地质力学"学派、以张文佑为倡导者的"断块构造理论"学派、以张伯声为倡导者的"波浪状镶嵌构造"学派、以陈国达为倡导者的"地洼学说"学派。其中，地质力学成为 20 世纪六七十年代中国主流的大地构造学派，其理论和方法在中国地质工作和研究中得到较广泛的推广和应用。自 20 世纪 60 年代中期以来，海底扩张观点和板块构造学说的诞生，使地球科学产生了巨大的变革。岩石圈各圈层间相互作用的动力学、大规模水平运动的运动学和板块空间展布的几何学构成活动论的核心，使人类对地球的认识发生了革命性的飞跃。板块构造学说用高度活动的动力地球观和统一的地球动力学模式成功地解释了与全球岩石圈构造演化密切相关的许多重大问题和地质现象，因而也被称为活动论的新全球构造观。经过多年来对大陆内部更为复杂的动力学过程的探索，板块构造学说又有了新的突破和重大发展，已经成为当代地学研究的理论基础和指导思想。

中国煤田构造类型复杂，含煤岩系后期改造强烈，煤田构造的复杂性和时空发育特点在很大程度上决定了煤炭资源开发利用的价值和开发难度，对我国煤炭工业战略布局具有重要的影响。因而，在煤炭资源勘探和开发工作中，煤田构造研究是一项贯穿始终的重要地质任务。

中国煤田构造研究体系是广大煤田地质工作者学习国外先进地质科学理论、立足于我国煤田地质工作实践逐步建立起来的。20 世纪 50 年代至 60 年代中期，我国煤田地质工作者运用槽台学说，强调不同大地构造单元和不同大地构造发展阶段对聚煤盆地的控制作用，注重对含煤建造和煤盆地的构造成因分类，较好地解释煤盆地的时空分布规律、沉积建造与成煤的关系，对中国煤田地质特征开展了全面研究，为我国第一次全国煤田预测做出了重要贡献。20 世纪 60 年代后期至 70 年代，地质力学取代槽台学说成为我国煤田地质研究的指导理论。地质力学注重从地质现象（构造形迹）出发，分析构造应力状况和作用方式、探讨构造成因机制、恢复构造演化历史，进而进行构造控矿（控煤）预测。强调以现场研究为基础、野外调查与室内分析相结合等原则，煤田构造研究得以直接面向地质勘查和煤矿生产，对推动煤田构造研究由简单的宏观描述和定性分析向多尺度、多学科、综合研究方向发展起到了积极作用。20 世纪 70 年代中、后期开展的第二次全国煤田预测以地质力学为指导，初步总结出中国煤田构造的基本特征。

　　20 世纪 80 年代至 20 世纪末，板块构造学说逐渐成为我国煤田构造理论的主流。随着构造地质学的突破性进展，人们重新思考煤田地质学中的一些根本性问题，如聚煤盆地的成因机制和构造演化、聚煤作用沉积环境的构造控制和区域构造背景、区域性聚煤带的分布和迁移规律及其控制因素、煤变质的热-构造环境等，它们在新的构造观面前都受到了严重挑战。我国煤田地质工作者运用活动论思想，研究各主要聚煤期的古构造、岩相古地理、古气候和成煤植物、聚煤作用和聚煤盆地演化，逐步深化了对中国煤田地质特征的认识。在板块构造学说指导下，于 1992～1994 年完成了第三次全国煤田预测，"十一五"规划实施期间又完成了"全国煤炭资源潜力评价"（相当于第四次煤田预测）。

二、构造控制论与构造控煤观

　　起源于地球内部物质运动的构造作用是控制一切地质过程的根本因素。构造作用不仅与岩浆活动、变质作用融为一体，控制着内生矿产的形成与分布，而且也影响地表气候环境和沉积作用的变迁，控制着表生矿产的形成与分布。因此，构造控矿的观点已经成为大家的共识。

　　聚煤作用的发展变化主要取决于古地理和古构造因素，但在 20 世纪 80 年代，古构造研究比较薄弱，煤田地质学侧重于沉积分析。20 世纪 90 年代以来，煤地质学家们逐步明确了大地构造在地学领域内的主导作用，认识到煤的聚积过程、改造过程和煤的赋存状态等都受构造作用控制，因而将构造地质理论与煤田地质学紧密结合，才能更加科学、有效地探索煤田地质规律。基于这一基本认识，黄克兴教授于 1987 年发表了题为《概论构造控煤》的学术论文，1991 年主编出版了煤炭类高校统编教材《构造控煤概论》，搭建了构造控煤理论体系的基本框架，将构造控煤研究由早期注重于构造形迹或构造变动对煤层形变和赋存的控制，拓宽至构造作用对煤的聚集、经受改造至现在赋存状态全过程的控制。20 多年来，在广大煤田地质工作者的共同努力下，构造控煤理论体系得到了进一步完善，有关构造控煤的文献也日渐增多，构造控煤研究得到了普遍重视。在构造作用与煤变质、板块构造与煤田构造的关系方面取得一系列研究成果（李东平，1993；王强，2001；陈新蔚，2001；李文勇等，2004；赵克明，2006；林卫国等，2006；张敦虎等，2010；夏玉成等，2014；夏玉成等，2016；王佟等，2017）。尤其煤田构造样式研究是构造控煤研究的重要进展，它将构造控煤研究引向进一步深入。

三、构造控煤与控煤构造

"构造"这个词，既可理解为静态的构造实体（structure），又可理解为动态的构造运动或构造作用过程（tectonism）。因而，构造控煤和控煤构造均反映构造对煤的控制关系，但含义各有不同。

构造控煤（tectonism control of coal）可看成是"构造作用控煤"的省略语，泛指构造作用对煤的聚积和赋存的控制关系。构造控煤既包括构造作用过程（构造活动或构造运动过程）对聚煤作用和聚煤强度的动态控制，也包括构造作用结果（构造形态或形迹）对聚煤强度和赋存状态的静态控制；既包括形态控制，即控制含煤岩系与煤层的变位、变形，形成各种构造形态，也包括性质控制，即控制煤层的变质程度，形成不同煤级的煤层。

控煤构造（structures controlling coal）则是一种构造实体，专指那些对煤的聚积或赋存起直接控制作用的构造作用结果，即静态的构造形体或形迹，故它的含义较窄。

因此，在实际应用中，需把构造控煤和控煤构造区分对待，严格限定其使用范围。

四、直接控制与间接控制

地质构造是控制煤层聚积过程与赋存状态的首要地质因素。虽然古植物、古地理、古气候、古水文地质条件等因素对煤层聚积过程都有影响，但构造作用既可直接控制煤层聚积过程与赋存状态，又可通过对古地理、古气候、古水文地质条件等因素的影响而间接控制聚煤作用的兴衰及其强度。

构造作用对煤层聚集过程的直接控制主要表现在以下几个方面：一是构造运动形成的盆地或构造凹陷为造煤物质提供适宜的聚积场所；二是聚煤作用之前形成的古构造形态（或构造部位）控制聚煤作用初期造煤物质聚积的时空差异；三是聚煤盆地内的同沉积构造活动通过控制盆地基底沉降速度与造煤物质堆积速度之间的补偿关系，进而控制聚煤作用的兴衰及聚煤作用的强度以及富煤带的展布。

构造作用对煤层赋存状态的直接控制，一方面，表现为聚煤作用之后的褶皱和断裂作用破坏了煤盆地的完整性，将其分割为大小不等的含煤块段；另一方面，则表现为聚煤作用之后含煤岩系遭受强烈构造变动，使含煤岩系和煤层发生变位、变形、变质，形成各种控煤构造，不仅决定找煤方向，而且决定煤炭资源勘查和开发的难度。

构造对煤的间接控制作用主要反映在煤层的聚积过程中。只有在古构造与古植物、古地理、古气候等因素耦合，达到发生聚煤作用的先决条件，且在相当长的时间内维持这种关系，才能形成有开采价值的煤层。虽然古植物、古地理、古气候等控煤因素有各自的发展演化规律，但古构造对古植物、古地理、古气候的影响也是不争的事实。有关这方面的研究，在《构造控煤概论》中已介绍了研究案例，不再赘述。

第二节　构造控煤的研究内容

构造控煤研究是构造地质学和煤田地质学紧密结合，综合应用区域大地构造学、沉积学、计算机地质学等多个相关学科的理论、技术、方法协同开展的系统性研究，其主要研究内容包括以下几个方面。

一、区域大地构造背景及其演化

煤盆地和煤田构造是区域构造格架的有机组成部分，包括含煤岩系在内的地壳浅部构造变形与深部物质运动和结构构造之间存在紧密的内在联系，区域大地构造背景为煤田地质构造发育提供基础和动力学条件。因此，为了全面深入认识煤田构造的分布规律、成因机制和演化历史，必须加强区域构造背景研究，从大陆动力学和盆-山耦合角度探讨煤盆地的形成和演化进程。

盆地构造动力直接控制着盆地各种地质作用的发生和盆地类型及其演化（Ingersoll et al，1995），进而制约着煤矿床赋存状况。我国的煤盆地具有复杂的构造-热演化史，尤其是东部的晚古生代煤盆地，经历了印支、燕山和喜马拉雅等不同期次、不同性质构造和深部作用的叠加和改造（莽东鸿等，1994；万天丰，2004；刘池洋，2008），盆地内部出现不同程度的不均衡抬升、翘倾、深埋、构造变形、复合改造作用等（王桂梁等，2007）。盆-山耦合关系是当前大陆动力学和盆地动力学研究的热点（Liu，1998）。将煤盆地放在区域大地构造格架中，开展盆山在空间上相互依存、在物质上相互转换、盆地沉降与山脉隆升耦合作用对煤层形成和改造的动力学过程研究，是煤田构造研究的重要内容（李思田，1995）。

板块构造研究尤其是板内构造研究的进展，促使盆地构造分析上升到新的高度，得以将煤盆地放到板块构造的统一格局之中，从大陆动力学角度研究盆地的形成、分布及其演化。板块构造背景作为沉积盆地分类的理论基础（Beaumont et al.，1987），取得了巨大的成功，但许多动力学过程并没有解决，特别是发生在大陆范围的动力学过程。20世纪80年代后期以来，分别从煤盆地构造演化、板块构造格局等角度提出中国煤盆地分类（任文忠，1993；童玉明，1994）。夏玉成等（1996）用活动论新构造观系统地分析、总结了中国主要聚煤区的大地构造背景及由其控制的煤矿区构造特征，主编出版了煤炭类高等院校统编教材《中国区域地质学》。王桂梁等（2007）在系统总结中国大陆非稳态特征与动力学机制以及中国北部能源盆地叠加、复合和盆-山耦合特征的基础上，着重论述了中国北部能源盆地的构造背景、特征、形成和演化以及盆地构造对化石能源赋存的构造作用，并进一步讨论了盆地形成的区域动力学背景和深部作用机制。此外，在中、新生代聚煤伸展盆地、新生代拉分煤盆地和煤盆地反转等方面也取得重要研究成果。基于中国东部中生代两大构造体制的转换作用以及岩石圈减薄机制的研究成果，探讨不同时期、不同体制下构造作用对煤层的控制作用，受到人们的关注。华北东部晚古生代含煤盆地在经历印支期南、北两大板块的碰撞对接，以及燕山期的构造叠加，经受了由挤压向伸展构造体制的转变，伴随着多期次、多类型的岩浆活动，对不同构造体制下煤矿床的改制和就位模式产生重要影响（琚宜文等，2010）。

二、煤系与煤层的沉积特征及其构造控制

在煤田勘探和煤矿生产过程中揭露的地质构造属于成煤后构造作用的结果，为了研究聚煤前的古构造和聚煤期的同沉积构造及其对聚煤作用的控制，必须从研究含煤岩系和煤层的沉积特征入手，深入挖掘隐藏其中的古构造和同沉积构造信息，揭示对煤层聚积过程的控制机理。

根据含煤岩系的时空分布特征，可以恢复聚煤盆地的类型、范围、形态及其形成演化机制，了解聚煤作用的兴衰过程（夏玉成等，2014）；根据含煤岩系的岩性、岩相特征，可以追溯含煤岩系形成过程中古地理环境的变迁；根据含煤岩系特定层段在横向上和垂向上的厚度变化，可以恢复含煤岩系形成前聚煤盆地内部的古构造分布状况，推断含煤岩系形成过程中的同沉积构造特征；通过对煤系、煤层的沉积特征及其相互关系的研究，可以了解盆地基底沉降速度与造煤物质堆积速度之间的补偿关系，进而揭示古构造与同沉积构造对聚煤作用强度以及富煤带展布的控制机理（夏玉成等，2016）。

三、煤田构造发育规律与成因演化

构造解析是分析和解释地质体内部结构、构造规律性及其演化的现代构造地质研究方法，完整的构造解析包括几何学分析、运动学分析和动力学分析三部分（马杏垣等，1981）。其中，几何学分析是构造解析的主体，回答"是什么"的问题，是后续运动学分析和动力学分析的基础；运动学和动力学研究则是提高认识水平的关键，回答"为什么"的问题。煤田构造解析从几何学、运动学、

动力学三个方面循序渐进，逐步深入，可以实现对煤田构造既知其然，又知其所以然。

识别和描述各种地质构造现象，全面系统地总结煤田构造的空间发育规律是几何学分析的主要目标，其重点任务包括：分析总结煤田构造的类型、构造方位及其他构造要素、构造的规模与级次等方面的特征、构造的组合型式、各类构造之间的相互关系、煤田构造的分区分带特征等，查明煤田构造的形态特征。

科学地揭示地质构造的成因机制和发展演化规律是运动学和动力学分析的主要目标。运动学分析要以板块构造和大陆动力学理论为指导，分析和判断引起构造变形的运动形式，包括平移、旋转、体变、形变（升、降、开、合、扭）及其运动量（上升量、下降量、伸展量、收缩量等）；动力学分析则要解释引起运动的力和应力，包括它们的方向、大小、作用时间等，研究区域构造应力-应变场的形成与演化以及地质构造的时空发育规律（时间上的阶段性、各阶段形成的构造在空间上差异性）。

四、控煤构造样式与构造控煤模式

构造样式是指一群构造或某种构造特征的总特征和风格，即同一期构造变形或同一应力作用下所产生的构造的总和。构造样式研究的目的在于揭示地质构造发育的规律，建立地质构造模型（Harding et al.，1979；刘和甫，1993）。在地质勘查资料不足的情况下，可以通过构造样式的研究去认识可能存在的构造格局和进行构造预测。

控煤构造样式是指对煤系和煤层的现今赋存状况具有重要控制作用、对煤矿开采有重要影响的主要构造类型及其组合的总结，反映构造变动与煤层赋存状态的因果关系。控煤构造样式是区域构造样式中的重要组成部分但不是全部。因为构造形态对煤层赋存状态的控制起到决定性作用，所以，控煤构造样式研究对于深入认识煤田构造发育规律、指导煤炭资源评价和煤炭资源勘查实践、保障煤矿安全高效开采具有更为现实的重要意义（曹代勇，2007；林亮等，2008；曹代勇等，2010；王佟等，2017）。

20 世纪 80～90 年代，随着当代地质构造理论的发展和新技术手段的应用，在逆冲推覆（McClay et al.，1981；Boyer et al.，1982；朱志澄，1989）、伸展滑覆（Wernicke et al.，1982；马杏垣等，1981）、走滑构造、反转构造（Copper et al.，1989）等领域取得突破性进展，被视为板块构造理论成功应用于大陆地质的标志，有力地推动了我国煤田构造研究向广度和深度两方面的迅速发展。

煤田滑脱构造研究是 20 世纪 80 年代以来我国煤田地质领域所取得的最重要进展之一，国内的煤田滑脱构造研究历史可追溯到 20 世纪 20 年代，老一辈地质学家翁文灏先生（1928）和王竹泉先生（1928）对燕山地区煤田推覆构造所进行的开创性工作。20 世纪 80 年代中期以来，煤田滑脱构造研究工作在太行山—武夷山以东的广大地区大规模展开。国家计划委员会"七五"规划的行业重点科研项目"中国东部煤田滑脱构造与找煤研究"、国家自然科学基金项目"中国东部煤田滑脱构造研究"等科研项目运用活动论观点，采用点、面结合和多种手段结合的工作方法，立足于 10 余个含煤区的实践，总结了中国东部煤田构造规律，深入研究了华北和华南地区板内构造特征，对多样化的煤田滑脱构造进行了系统分类，建立了包括"推、滑"叠加型滑脱构造在内的若干典型构造模式，丰富发展了当代滑脱构造理论和我国煤田构造理论（王桂梁等，1992；王文杰等，1993）。

　　煤田滑脱构造是最重要的控煤构造样式之一，滑脱构造理论被越来越多的地质工作者接受和应用，对正确认识我国西北和西南地区复杂条件下的煤田构造规律发挥了重要作用，推覆体下找煤取得重大突破（夏玉成等，2011）。

　　构造控煤模式是在对研究区构造控煤作用进行深入分析研究的基础上，通过高度概括和理论升华得到的关于构造作用对煤层聚积、变位、变形、变质等过程控制机理的总结。

五、矿井构造相对复杂程度分区

　　矿井构造相对复杂程度的量化评价和预测研究始终是煤炭地质领域最具活力的亮点之一。随着我国煤炭工业发展，煤炭地质工作重点逐步由资源勘查阶段向矿井开发阶段转移，为煤矿安全高效生产提供地质保障系统是煤炭地质工作的重要任务。查明矿区或井田范围内不同区块地质构造的相对复杂程度是其中的首要环节（夏玉成，1997；彭苏萍，1998），既是对构造控煤研究的进一步升华，也是对煤矿安全高效生产更具指导意义的重要工作。进行矿井构造相对复杂程度量化评价和预测应该遵循定性与定量结合原则，系统分析原则，经济、可行原则和服务生产原则（夏玉成等，1998）。

第三节　构造控煤的研究要点

　　近年来，以地球系统科学为核心的地球科学研究新趋势和为经济社会可持续发展服务的强烈应用需求，使煤田构造的研究思路、研究方式和方法都发生了重大变化。煤炭资源的形成规律与探测理论、煤炭资源的安全绿色开采和清洁高效利用中的煤地质基础研究，仍然是煤炭地质工作者面临的重大科学挑战。

　　因此，构造控煤研究应当重点关注地质构造对煤的直接控制作用。包括聚煤前古构造面貌（古地貌）对聚煤作用的控制、聚煤期同沉积构造（运动与形迹）对聚煤作用及其强度的控制、聚煤后构造变动对煤层赋存状态（含煤岩系与煤层的变位、变形、变质）的控制。在此基础上，总结研究区的主要控煤构造样式，建立构造控煤模式，揭示构造对煤层聚集、变位、变形、变质的控制机理。根据需要，还可对矿区或井田的地质构造相对复杂程度进行量化评价预测。构造控煤研究要点及技术路线见图1-1。

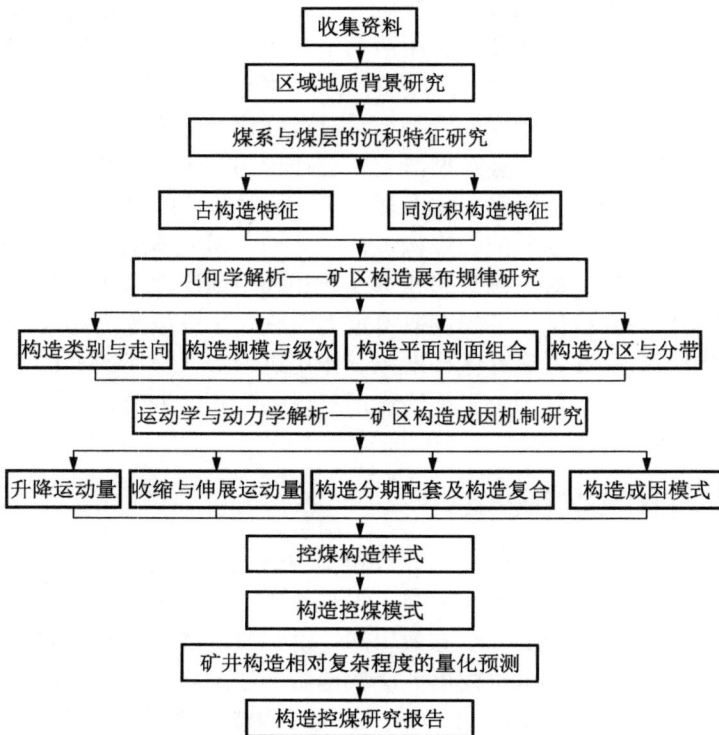

图 1-1　构造控煤研究要点及技术路线

第四节　构造控煤的研究方法

一、煤系与煤层的沉积特征分析——古构造与同沉积构造研究

1. 古构造研究

以聚煤作用的起始和结束为时间节点，将构造分为三期：聚煤作用之前的（前期）古构造、伴随聚煤作用过程的同沉积（期）构造、聚煤作用之后的（后期）构造。目前可以看到的构造形迹一般为后期构造，古构造和同沉积构造活动及其形成的构造面貌，则需要通过沉积特征分析进行追溯和恢复。

恢复聚煤作用发生之前聚煤盆地的古构造面貌是古构造研究的主要任务。聚煤盆地内部的古构造面貌可以用含煤岩系基底的古地形予以表征。恢复含煤岩系基底古地形可采用标志层复平法或趋势面分析法。标志层复平法是通过绘制含煤岩系下部某个标志层底面至含煤岩系基底顶面之间的地层真厚度等值线图，恢复聚煤作用发生之前聚煤盆地基底面的起伏状况；趋势面分析法是通过对含煤岩系基底顶面的标高进行趋势分析，用其一次趋势面的剩余图反映聚煤前盆地内部的古构造信息。

2. 同沉积构造研究

同沉积（期）构造活动伴随聚煤作用过程的始终，控制聚煤作用强度的时空变化，因而必然在含煤岩系的沉积特征上留下活动印记。根据含煤岩系的厚度，可以推测聚煤盆地基底在聚煤期的沉降幅度和相对速度；根据含煤岩系厚度的时空变化以及岩性岩相的差异，可以推断出聚煤期同沉积构造活动的大体时段，以及在此期间所形成的同沉积褶皱和同沉积断层。

同沉积褶皱（图1-2）的特点：①上部地层倾角较缓，下部地层倾角较陡；②背斜顶部地层较薄甚至缺失，翼部地层较厚，向斜则顶厚翼薄；③背斜顶部为浅水沉积，颗粒较粗，向斜顶部为深水沉积的细粒物质；④地层厚度均一说明聚煤盆地基底的沉降幅度和相对速度没有差异，地层厚度出现明显差异则说明相应时段的同沉积褶皱构造活动处于活跃期。

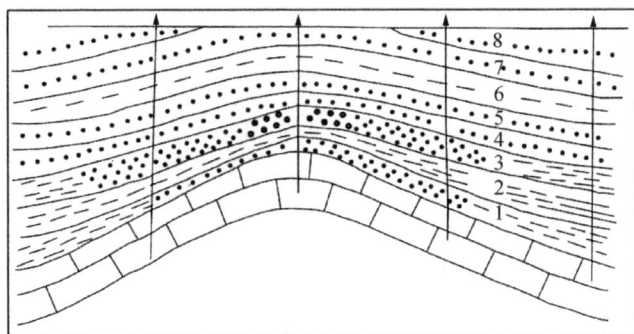

（a）背斜

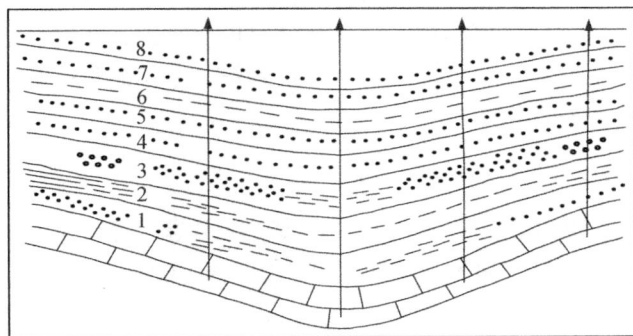

（b）向斜

图1-2　同沉积褶皱

1~8表示不同的地层

同沉积断层（图 1-3）的特点：①多为正断层；②同一地层在断层上盘较厚，在断层下盘较薄；③同一地层的岩相在断层上、下盘有明显差异；④深部断距较大，浅部断距较小；⑤断层上、下盘同一地层的厚度出现明显差异，说明相应时段的同沉积断层活动处于活跃期，断层上、下盘同一地层的厚度相同，则说明同沉积断层活动停止。

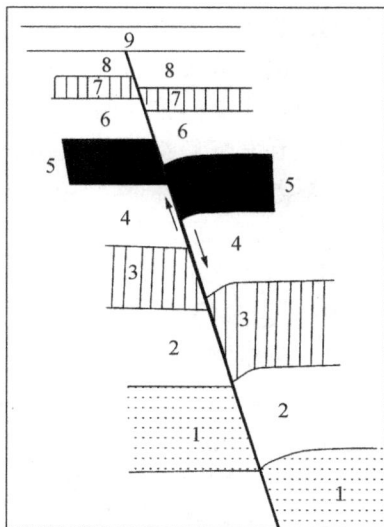

图 1-3　同沉积断层
1～9 表示不同的地层

二、几何学解析——煤田构造发育规律研究

聚煤作用之后形成的构造，即所谓后期构造，决定煤田或矿区目前地质构造的基本面貌，通过对后期构造的几何学解析，总结煤田构造的发育规律，是构造控煤研究的重要内容。几何学解析主要是利用地质制图、数据统计、数学地质等方法，从已经取得的各种地质构造探测与观测资料中挖掘隐藏其中的地质构造信息，总结煤田构造发育规律。

1. 地质构造几何学解析的信息源

煤田勘探和矿井补勘过程中得到的地质构造信息，煤矿采掘工程揭露的地质构造信息，在野外和井下对地质构造的观测资料，地质构造的遥感解译资料，地质构造的地面物探）和井下物探资料等。

2. 地质构造的地质制图分析法

通过制作断裂构造（断层与节理）的极射赤平投影、玫瑰花图、极密图等，总结构造产状的变化规律；通过制作主要煤层或标志层底板标高等值线图，总结构造在平面上的空间展布规律；通过制作走向或倾向地质构造剖面图，总结构造在横向上和垂向上的空间展布规律。

3. 地质构造的数据统计分析法

统计各类、各级构造的数量、占比等，总结各类、各级地质构造的统计规律。

4. 地质构造的数学地质分析法

例如，采用逐步回归分析方法，研究地质构造与其影响因素之间的相关关系；利用主要煤层或标志层底板标高数据进行趋势面分析，可以得到各级褶皱构造的空间展布规律。

三、运动学和动力学解析——煤田构造成因演化研究

通过几何学解析可以总结出煤田构造的发育规律，要追溯煤田构造的形成过程，并揭示其成因机制，就需要进行运动学解析和动力学解析。通过煤田构造的运动学解析，可以得到聚煤盆地的垂向（升降）运动量和水平（伸缩）运动量；通过煤田构造的动力学解析，可以揭示造成构造变位、变形和煤层变质的动力学条件，对煤田构造的几何学和运动学特征给予合理的解释。

1. 煤盆地沉降史恢复法

通过制作含煤岩系各层位埋藏史曲线，定量研究聚煤盆地的构造沉降量和构造抬升量。

2. 平衡剖面法

通过制作平衡剖面，定量研究聚煤盆地的挤压收缩量和拉张伸展量。

3. 古构造应力场分析

通过对不同类型地质构造，特别是共轭剪节理进行分期配套，追溯不同时期的古构造应力场特征。

4. 古构造应力场反演

通过对不同时期的古构造应力场进行计算机数值反演，分析解释相应的应变特征和构造形成的动力学机理。

四、构造控煤规律总结

构造控煤规律可以用控煤构造样式和构造控煤模式进行总结。

1. 控煤构造样式

控煤构造样式的划分一般采用当前构造样式研究的主流方案——地球动力学分类，划分为伸展构造样式、压缩构造样式、剪切和旋转构造样式，以及具有构造叠加和复合性质的反转构造样式等4大类（陆克政等，1997）。在此基础上，要注重煤田构造的特点，如滑动构造在煤田中常见，形成于多种应力环境，故可单独划分滑动构造样式类（曹代勇，2007）。

2. 构造控煤模式

构造控煤模式一般采用模式图的形式总结。根据构造控煤的时间序列，可以建立古构造控煤模式、同沉积构造控煤模式及后期构造控煤模式；根据构造控煤研究的主要关注点，可以分别建立煤层聚积过程的构造控制模式、煤层变位的构造控制模式、煤层变形的构造控制模式、煤层变质的构造控制模式等。在一些大型煤盆地，如果在不同区域构造控煤机理发生了变化，可以分区域建立相应的构造控煤模式；而在一些简单区域，也可以建立综合性的构造控煤模式。

五、矿井构造量化预测

对矿井构造相对复杂程度进行量化预测的基本思路是，通过对已经揭露区域的构造相对复杂程度进行量化评价，取得经验，据此对未揭露区域的构造相对复杂程度进行量化预测。进行矿井构造相对复杂程度量化评价和预测，可以选用模糊综合评判（徐凤银等，1991；苗霖田等，2007）、人工神经网络（夏玉成等，1997a；朱宝龙等，2001）、熵函数（李家宏等，2015）等方法。此外，可用逐步回归分析和对应分析等多元统计方法筛选矿井构造相对复杂程度的主要影响因素（夏玉成，1986），通过分形几何学研究得到的断层分数维可用于表征矿井构造的相对复杂程度（夏玉成等，1997b；夏玉成等 2005），矿井构造相对复杂程度各影响因素的权重则可借助于灰色系统理论方法予以确定（夏玉成等，1991）。

第二章　韩城矿区地质概况

第一节　研究区范围与构造位置

韩城矿区位于陕西省韩城市境内，深部跨入黄龙、宜川县境（图 2-1），属国家规划的 13 个大型煤炭基地黄陇基地渭北煤田中的一部分。在矿区东南以 $11^\#$ 煤层露头和 F_1 断层为界，西北以 $5^\#$ 煤层底界垂深 1500m 为界，东北界至黄河，西南与澄合矿区相毗邻，其间以龙亭、罗家河一线分开，地理坐标东经 $110°20'\sim$ $110°36'$，北纬 $35°20'\sim35°47'$，矿区长约 56km、宽约 20km，面积约 1100km^2。

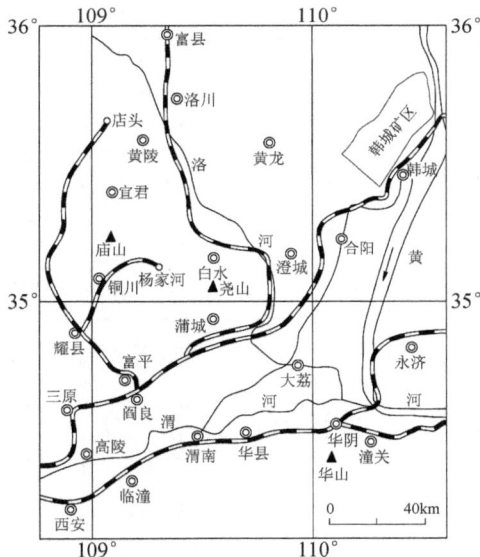

图 2-1　交通位置示意图

韩城矿区位于华北聚煤区渭北石炭-二叠系煤田东部。古生代，渭北煤田所在区域位于华北古板块西南缘，在聚煤期属于统一的华北石炭-二叠纪聚煤盆地，南与秦岭构造带相邻；中生代，华北巨型盆地解体，西部坳陷形成鄂尔多斯盆地，东部为巨型隆起区；中生代后期渭北煤田成为盆地南缘隆起区，称渭北隆起；新生代以来，随着鄂尔多斯盆地隆升为高原，其周边发育裂陷盆地，渭北煤田位于汾渭裂陷系北缘。目前，韩城矿区位于鄂尔多斯地块东南缘吕梁隆起与渭北隆起的交汇地带。

第二节　地层与构造层

一、矿区地层层序及其主要特征

韩城矿区内地层出露由老到新依次为：新太古界的涑水群；新元古界的震旦系霍山组；古生界的寒武系、奥陶系、石炭系、二叠系；中生界的三叠系；新生界的第四系，详见表2-1。矿区煤层主要赋存在石炭-二叠系之太原组及山西组地层中。

表2-1　韩城矿区的地层层序

地层单位						地层符号	厚度/ m 最小～最大 平均	与下伏地层的接触关系
宇	界	系	统	组	段			
显生宇	新生界	第四系	全新统			Qh	$\dfrac{0\sim100}{30}$	角度不整合
			更新统			Qp	$\dfrac{0\sim100m}{50}$	
		新近系	上新统			N_2	$\dfrac{0\sim20}{10}$	角度不整合
	中生界	三叠系	中统	二马营组		T_2e	$\dfrac{180\sim279}{200}$	整合
			下统	和尚沟组		T_1h	$\dfrac{80\sim126}{100}$	
				刘家沟组		T_1l	$\dfrac{150\sim225}{195}$	
	古生界	二叠系	上统	孙家沟组		P_3s	$\dfrac{140\sim320}{220}$	整合
				上石盒子组		$P_2\text{-}P_3sh$	$\dfrac{120\sim320}{190}$	
			中统	下石盒子组		P_2x	$\dfrac{40\sim55}{50}$	
				山西组	三段 二段 一段	$P_1\text{-}P_2s$	$\dfrac{35\sim66}{48}$	
			下统	太原组	三段 二段 一段	$C_2\text{-}P_1t$	$\dfrac{50\sim74}{60}$	平行不整合
		石炭系	上统	本溪组		C_2b	$\dfrac{0\sim30.48}{15}$	
		奥陶系	中统	峰峰组	二段 一段	O_2f	$\dfrac{50\sim90}{75}$	整合
				上马家沟组		O_2m_2	$\dfrac{110\sim205}{135}$	
				下马家沟组		O_2m_1	$\dfrac{55\sim103}{72}$	

续表

地层单位						地层符号	厚度/m 最小～最大 平均	与下伏地层的接触关系
宇	界	系	统	组	段			
显生宇	古生界	奥陶系	下统	亮甲山组		O_1l	$\frac{42\sim140}{52}$	整合
				冶里组		O_1y	$\frac{40\sim130}{45}$	
		寒武系	上统			$\in_3$	$\frac{60\sim180}{110}$	平行不整合
			中统	张夏组		$\in_2$	$\frac{46\sim84}{62}$	
				徐庄组				
				毛庄组				
			下统	馒头组		$\in_1$	$\frac{30\sim43}{38}$	
元古宇	新元古界	震旦系		霍山组		Z	不详	角度不整合
太古宇	新太古界	涑水群				Ar_4s	不详	

矿区地层的主要特征自老至新概述如下。

1. 新太古界涑水群（Ar_4s）

涑水群仅零星出露于矿区边部禹门口、龙门、上峪口、上白矾沟及象山后沟一带。涑水群为一套混合岩化的变质岩系，由基体与脉体两部分组成。基体为黑云角闪斜长花岗片麻岩，具花岗变晶结构与似斑状结构，片麻状构造与条带状构造。脉体有辉长岩脉、煌斑岩脉、正长岩脉、花岗岩脉、伟晶岩脉、石英岩脉、方解石脉及磁铁矿脉等，顺层或斜切基体岩石。厚度不详。

2. 新元古界霍山组（Z）

仅在矿区的华子山和秃山东南坡有所出露，厚约20m。与太古界混合岩化片麻岩呈角度不整合接触。岩性为灰白色中厚层状石英岩状砂岩，具中、大型交错层理，石英含量占95%以上，含少量长石。底部局部有一层底砾岩，透镜体状，在秃山厚约2m。砾石成分主要为石英，次为长石，底部0.20m含有片麻岩岩屑和磁铁矿碎屑，砾石直径最大可达2～3cm，一般0.2～1cm。砾石多为棱角状和次棱角状，分选较差，填裂物为石英砂和黏土杂基。

3. 寒武系

1）下寒武统（$\in_1$）

矿区南部的薛峰井田和北部的燎原和下峪口井田揭露下寒武统地层。底部为厚度9～16m的一层灰白色厚层状中细粒石英砂岩；下部为黄灰、浅灰色泥灰岩，灰岩与钙质粉砂岩、泥岩互层；上部为浅灰色中厚层状灰岩和灰绿、黄绿、暗紫色粉砂岩、泥岩互层。与下伏地层为平行不整合接触。

矿区北部燎原和下峪口井田下寒武统地层粉砂岩中含有化石。下寒武统地层厚度为 30～43m。

2）中寒武统（ϵ_2）

在矿区南部出露于象山井田北侧的灰沟以及薛峰井田，矿区北部仅燎原和下峪口井田揭露。下部为鲕状灰岩、块状灰岩，及深紫色粉砂岩、页岩夹透镜状泥灰岩；上部为灰色中厚层状灰岩与鲕状灰岩互层，夹灰绿色薄层灰岩，含铁质结核。与下伏地层呈整合接触，但象山井田与下伏地层为断层接触。厚度 84m 左右。含有化石。

3）上寒武统（ϵ_3）

在矿区南部的薛峰井田以及北部的燎原和下峪口井田揭露。底部为角砾状灰岩；下部为灰色鲕状、豆状灰岩，夹块状灰岩和竹叶状灰岩；上部为灰色中厚层状结晶灰岩和白云质灰岩。与下伏地层呈整合接触接触。厚度 60～180m。含有化石。

4. 奥陶系（O）

1）下奥陶统冶里组（O_1y）

仅在矿区南部的象山和薛峰井田揭露。冶里组以白云岩、灰质白云岩为主，橘黄-深灰色，中-厚层状，微细晶结构，质地不均，但较致密坚硬。下部含泥质成分高，夹数层 0.1～0.3m 的竹叶状白云岩，局部见垂直溶蚀裂隙，椭圆形溶蚀小晶洞（1.0～1.5cm），内有"封存水"，洞壁为放射状方解石晶簇，上部以白云质灰岩与黄色泥灰岩互层为主。在象山井田冶里组与下伏地层为断层接触，在薛峰井田冶里组与下伏地层为整合接触。厚度 40～130m，一般 45m 左右。

2）下奥陶统亮甲山组（O_1l）

在矿区南部的象山井田、薛峰井田和星火井田揭露。亮甲山组主要为燧石条带白云岩，岩性为黄色、浅灰色，中厚-厚层状，质地不均，上部含灰质，夹 2～3 层 2～3m 厚的烟灰乳白色燧石条带，下部含泥质及燧石结核，团块状，层面极不平整，局部为硅质白云岩，致密坚硬，垂直裂隙发育，被方解石充填。可见缝合线，溶蚀裂隙及小溶洞、溶孔发育。亮甲山组与下伏地层呈整合接触。该组地层厚度由象山井田向薛峰井田变大。总厚度 42～140m，一般 52m 左右。

在矿区北部的下峪口井田和燎原井田，亮甲山组岩性为灰白色、浅灰色，中-厚层状硅质灰岩含白色砾石层及结核，层面具同心构造。与下伏地层为整合接触关系。该组厚度 0～57m，平均厚度 41m。

3）中奥陶统下马家沟组（O_2m_1）

在矿区南部的象山井田、星火井田和薛峰井田揭露，岩性为白云质灰岩、泥灰岩，夹石灰岩层，中-厚层状，质地不均一。上部常见鸟眼构造、方解石斑晶及大量缝合线；下部夹多层微薄层纤维状石膏及泥岩，并含大量同生角砾，有的似竹叶状，溶裂较发育，见网格状、蜂窝状溶孔及小溶洞，有的被方解石、石膏充填；底部为厚 0.3～0.5m 的中粗粒含砾石英砂岩，呈一间断面。与下伏地层呈假整合接触。厚度 55～103m，一般 82m 左右。

在矿区北部的下峪口井田和燎原井田，下马家沟组上部为灰色、浅黄色薄层泥灰岩夹中薄层灰岩；中部为黑灰色厚层灰岩，夹一层角砾岩，局部有豹皮状构造；下部为灰绿色薄层钙质页岩。厚度 82～119m，平均 100m。

4）中奥陶统上马家沟组（O_2m_2）

在矿区南部的象山井田、薛峰井田、狮山井田、星火井田以及矿区北部的下峪口井田、燎原井田、兴隆井田、桑树坪井田东南角的黄河岸边揭露。上部以白云岩为主（俗称百米白云岩段），深灰色，中-厚层状；下部以不等厚的泥灰岩与白云质灰岩互层为主，褐灰色，中-薄层状，含燧石团块及同生角砾，见大量缝合线，局部含鲕粒及纤维状石膏，溶蚀裂隙及小溶洞发育。与下伏地层呈整合接触，厚度 110～205m，一般 160m 左右。

5）中奥陶统峰峰组（O_2f）

峰峰组可分为上下两段，分别称为二段和一段，为含煤地层的沉积基底，与其上覆的石炭系地层呈假整合接触关系。峰峰组一段（下段）为泥灰岩、泥质白云岩互层，褐灰-深灰色，夹薄层炭质、铝质泥岩，含黄铁矿团块及同生角砾，显花斑状，裂隙较发育，均为方解石及泥质充填，并见有充填型小溶洞及溶孔；二段（上段）以深灰色厚层状石灰岩、白云质灰岩为主，隐晶-微晶结构，局部显豹斑构造。溶蚀裂隙较发育，裂隙被方解石充填，溶洞及溶孔多被泥砂充填。一般厚度 50～90m。

在矿区南部的象山井田、薛峰井田和狮山井田揭露峰峰组地层，与下伏地层呈整合接触。星火井田、狮山井田内仅发育峰峰组一段。

根据钻孔揭露和野外调查，在矿区北部的燎原井田、下峪口井田、桑树坪井田和王峰井田内发育峰峰组一段和峰峰组二段。峰峰组二段为灰色厚层石灰岩、豹皮状灰岩；峰峰组一段由黄灰色薄层泥灰岩、角砾状灰岩及黑色厚层灰岩组成。峰峰组二段为含煤地层的沉积基底，直接与煤系地层接触，该段地层中裂隙、岩溶发育。兴隆井田内仅发育峰峰组一段，上部泥云岩、泥灰岩发育有南北、东西两组高角度斜切层面的裂隙，沿裂隙有溶蚀而成的小溶洞及溶孔，灰岩中更为发育，但穿层能力差，且多为方解石软岩等充填，与上马家沟组呈平行不整合接触。

5. 石炭-二叠系（C-P）

在 2012 年最新颁布的《国际地层表》中，石炭系和二叠系等地层划分出现重大变动，石炭系由三分变为二分，二叠系则由二分变为三分。

1）上石炭统本溪组（C_2b）

韩城矿区本溪组岩性主要为灰色团块状具鲕状结构的黏土岩、灰色泥岩、砂质泥岩及灰色石英砂岩、砂砾岩等。底部发育铝土泥岩（K_1）及山西式铁矿，为奥陶系石灰岩表面长期风化的产物；顶部以泥岩和砂质泥岩为主，见动植物化石。因受奥陶系灰岩顶面古侵蚀地形的控制，本溪组沉积厚度在区内变化较大。

在矿区南部，本溪组为海陆交互相沉积，沉积韵律明显，一般不含煤。其下部为灰白色石英砾岩、石英砂岩及含铝质黏土岩（或黏土岩层）。石英砾岩和石英砂岩侧向变化较大，直至尖灭。上部以灰、黄灰、深灰色泥岩和砂质泥岩为主，其顶部夹透镜状灰岩或钙质泥岩，产丰富的海相动物化石，泥岩中普遍含有鲕状铁质结核。在泥岩和砂质泥岩中产丰富的植物化石。本溪组与下伏奥陶系灰岩地层呈平行不整合接触，厚度 0～30.48m 不等，一般厚度 4～15m。

在矿区北部，本溪组岩性主要为灰色团块状具鲕状结构的黏土泥岩，灰色泥岩，砂质泥岩及灰色石英砂岩。从钻孔揭露来看，下峪口井田大部分地区多无本溪组沉积，只有 20% 钻孔有沉积，多分布在下峪口井田东北部，接受沉积地区均以陆相沉积为主，厚度仅在 0～9m；桑树坪井田的本溪组出露于东南边部一带，在井田范围内零星发育，局部夹煤线。本溪组与下伏地层为平行不整合接触，厚度 0～41.01m，平均 5.16m。

2）上石炭统-下二叠统太原组（C_2-P_1t）

太原组地层为矿区主要含煤岩系之一，属海陆交互相沉积，含动植物化石，与下伏本溪组整合接触。地层一般厚度 50～74m。按其岩性可分为三段。一段（下段）由灰-深灰色细-中粒砂岩、石英砂岩、砂质泥岩、粉砂岩、铝土泥岩和煤层组成，含 $10^\#$、$11^\#$、$12^\#$ 三层煤，$11^\#$ 煤位于本段的中上部，为主要可采煤层，其余煤层均不可采；二段（中段）由深灰色、灰黑色石灰岩、粉砂岩、砂质泥岩和煤层组成，含 $7^\#$、$8^\#$ 两层薄煤层或煤线，均不可采；三段（上段）由灰、灰黑色砂质泥岩、粉砂岩、泥岩和煤层组成，含 $5^\#$、$6^\#$ 煤层，$5^\#$ 煤位于顶部，局部可采，$6^\#$ 煤位于下部，不可采。

在矿区南部，太原组含 $5^\#$、$6^\#$、$7^\#$、$8^\#$、$9^\#$、$10^\#$、$11^\#$ 煤层，其中 $5^\#$、$11^\#$ 煤层为主要可采煤层，其余煤层均不可采。煤层底板多为灰白色含高岭土、水云母黏土岩，含大量植物根部化石。

在矿区北部，下峪口井田太原组含煤 7 层，王峰井田太原组含煤 5 层，从下到上编号为 $12^\#$、$11^\#$、$10^\#$、$9^\#$、$5^\#$，其中 $11^\#$ 煤层为井田的主要可采煤层，其余均为极不稳定的不可采煤层；燎原井田含煤 7 层，兴隆井田太原组含煤 7 层，由下而上依次编号为 $12^\#$、$11^\#$、$10^\#$、$8^\#$、$7^\#$、$6^\#$、$5^\#$，其中 $11^\#$ 煤层为薄-特厚可采煤层，其余均不可采。桑树坪井田太原组主要出露于东南部的沟谷中，下段底部为石英砂岩（局部为石英砂砾岩），灰白色，厚层状，具大型板状斜层理，本组的石灰岩及粉砂岩、砂质泥岩中含有丰富的动植物化石。

3) 下-中二叠统山西组（P_1-P_2s）

山西组是矿区另一主要含煤岩系，含 $2^\#$、$3^\#$煤层，局部含 $1^\#$煤层。该组地层属纯陆相沉积，与下伏地层呈整合接触，地层一般厚度 35～66m。按其岩性可分为三段，一段（下段）由暗灰色、灰色中厚层状中-细粒砂岩、深灰色粉砂岩、砂质泥岩和煤层组成，底部砂岩为地层对比标志层 K_4，$3^\#$煤层位于其顶部；二段（中段）由浅灰色、灰白色中-细粒砂岩、灰黑色砂质泥岩、泥岩和煤层组成，$2^\#$煤层位于其顶部，底部为"油毛毡"砂岩；三段（上段）由浅灰-暗灰色中-细粒砂岩及灰色、灰黑色砂质泥岩、泥岩夹煤线（$1^\#$煤层）组成。

在矿区南部，象山井田山西组 $3^\#$煤为可采煤层；薛峰井田山西组普遍出露于矿区边部各沟谷中，底部为河床相中粒砂岩，在局部地段冲刷了太原组上部地层，含 $2^\#$局部可采煤层和 $3^\#$可采煤层；狮山井田山西组 $3^\#$煤为主要可采煤层；星火井田山西组含煤 4 层，$3^\#$煤层局部可采，$2^\#$煤层全区大部可采。

在矿区北部，$3^\#$煤层全区可采，$2^\#$煤层局部可采，局部含有 $1^\#$煤线。

4) 中二叠统下石盒子组（P_2x）

矿区中二叠统下石盒子组为陆相沉积，岩性主要为砂岩、粉砂岩、砂质泥岩、泥岩及局部煤线，底部为中粒砂岩，成分以石英为主，中下部夹黑色泥岩，色深；上部由粉砂岩、砂岩、泥岩组成，含铁质鲕粒。含有较多植物化石，该组与下伏地层呈整合接触，一般厚度 40～55m。

在矿区南部，象山井田下石盒子组依次发育河床相、河漫滩相、湖泊相沉积，底部为浅灰色中粗粒砂岩，常具明显的河床相斜层理；星火井田下石盒子组底部为浅灰、灰白色中粒砂岩，具大型交错层理，厚度不稳定，该组粉砂岩中含黄铁矿结核；薛峰井田下石盒子组广泛出露，夹有煤线，砂岩多为浅色，成分复杂，分选差，粉砂岩中含有菱铁矿结核，灰色泥岩中多具鲕状构造，在粉砂岩和炭质泥岩中保存有大量完整的植物化石。

在矿区北部，王峰井田下石盒子组下部夹不稳定的煤线，含有较多植物化石，上部含丰富植物化石；兴隆井田下石盒子组在井田南端及北端厚度较大，井田中部偏薄，一般不大于 50m，底部为一层浅灰色中粒砂岩，厚层状，含较多铁质结核，风化后形成铁韵，层面含白云母碎片，局部富集成层，下部偶夹煤线，该组中砂质泥岩、粉砂岩含大量羊齿、梛叶、轮叶及芦木类化石；下峪口井田下石盒子组岩层中一般不含煤层，仅在少数钻孔中发现有个别可采见煤点，但厚度均不大，分布面积不广，无开采价值，也未予编号；桑树坪井田下石盒子组主要出露于井田的中部和南部，地层中下部局部地段夹有煤线。

5) 中-上二叠统上石盒子组（P_2-P_3sh）

矿区上石盒子组由一套陆相杂色碎屑岩组成，岩性主要为砂岩、砾石、粉砂岩、砂质泥岩及泥岩为主。下部以中-粗粒砂岩为主,近底界夹一层花斑状紫杂色鲕状铁质泥岩,全区稳定,俗称"桃花泥岩",为一标志层 K_5;中部为砂岩、泥岩互层;上部为粉砂岩、砂质泥岩与中粒砂岩互层。本组粉砂岩和泥岩中含完整的植物化石,与下伏地层呈整合接触,地层一般厚度为 320m。

在矿区南部,上石盒子组出露于象山井田中部,其下部为中粗粒砂岩,含砾石及泥岩包体,分选性和滚圆度差,层位稳定,斜层理发育,是典型的河床相沉积;星火、狮山、薛峰等井田也有上石盒子组广泛出露。

在矿区北部,燎原井田和下峪口井田上石盒子组岩层为灰白色或灰绿色,中细粒结构,中厚层状,多为复矿物砂岩,以硬砂岩为主,具大型斜层理或交错层理,粉砂岩和砂质泥岩中铁质含量较高,均呈紫色或紫杂色、灰黄色,层理一般不发育,呈团块状构造,与砂岩成不等厚的互层出现;兴隆井田上石盒子组出露于井田中部山腰、山梁及沟谷中,上部砂岩多呈薄层状,含有岩屑和少许暗色矿物,泥质胶结,一般较松软,70°和310°两组垂直节理发育,以70°一组密度最大,每米达2~8条;王峰井田上石盒子组在鲕状铁质泥岩以上地层中,发现有大量上二叠世早期植物化石组合的粟叶单网羊齿、朝鲜羽羊齿、平安瓣轮叶等;桑树坪井田上石盒子组广泛出露于井田中、北部各沟谷中,本组砂岩以长石砂岩为主,以含泥质包体,具直线型斜层理,分选差为特征,粉砂岩的成分也比较复杂,具水平层理和紫色杂斑。

6)上二叠统孙家沟组(P_3s)

矿区上二叠统孙家沟组相当于过去划分的石千峰组,主要岩性以中厚层状砂岩、砂质泥岩、粉砂岩、泥岩为主。底部中粗粒砂岩,含石英砾石及泥岩包体甚多,成分以石英、长石为主;中下部以砂岩为主,与砂质泥岩、粉砂岩互层;上部为猪肝色泥岩,含钙质结核及薄层石膏。与下伏地层呈整合接触。一般厚度140~320m。

在矿区南部,象山井田上二叠统孙家沟组分布于井田的中深部,该组属陆相碎屑岩建造,底部大型直线型斜层理发育,为典型的河床相沉积;上部显示了干燥内陆闭塞湖泊相沉积的特点。孙家沟组广泛出露于星火井田、薛峰井田的中部。

在矿区北部,燎原井田、下峪口井田孙家沟组砂岩具直线型斜层理或交错层理,顶部紫红色或猪肝色的泥岩,呈薄层状结构,含有钙质结核和石膏,具有水平层理;桑树坪井田孙家沟组出露于井田的中部和北部,由于遭受剥蚀,不同地区发育层段不同,中上部砂岩变为浅红色,砂岩中具有大型直线型斜层理,为典型的河床相沉积;王峰井田孙家沟组出露于东部凿开河两侧的沟谷中,底部砂岩具大型板状交错层理,常夹有不稳定的砾石层,其上粉砂岩中含有瓣鳃类及叶肢介化石,中部厚层灰绿、蓝灰、绿色细粒砂岩中含有植物叶片或茎干化石及铜银等矿物,上部暗紫红色薄层状砂质泥岩夹粉砂岩,具水平层理,含钙质结核及石膏条带,特征明显;兴隆井田孙家沟组出露于中深部。

6. 三叠系（T）

1）下三叠统刘家沟组（T_1l）

该组主要分布于矿区深部各地，底部为分选差的砾岩，砾石成分为灰紫色钙质细粒岩、粉砂岩、紫红色泥岩等，砾石排列有一定的方向；中下部为灰紫、红紫色细粒砂岩，成分以石英为主，长石次之，且含有相当的泥岩碎屑，以泥质胶结为主，局部钙质、硅质胶结，具有大型斜层理，含有多层泥质砾岩。含有叶肢介等化石；上部灰紫色细粒砂岩，中夹有砖红色泥岩及砂质泥岩薄层，砂岩为泥质胶结，内含泥岩碎块，局部富集成为泥质砾岩，层面含有较多的云母细片。刘家沟组与下伏地层呈整合接触，地层厚度150～225m。

燎原井田、下峪口井田深部仅有刘家沟组部分出露，砂岩成分以石英为主，含长石及微量白云母，分选一般，磨圆度中等，多为泥质，具斜层理。粉砂岩为砖红色，薄层状，多泥质，具微波状或水平状层理。本组岩层以其岩性颜色特征，可与其他岩层相区别。王峰井田刘家沟组主要分布于中西部，岩性单一，砂岩具交错层理，泥岩中常见泥灰质结核，层面上具有龟裂、波痕及雨痕，岩性特征明显，易于对比，在中部层位发现有大豹子及叶肢介等化石。

2）下三叠统和尚沟组（T_1h）

矿区和尚沟组地层为砖红色及紫红色泥岩、砂质泥岩与细粒砂岩互层。中上部含中-厚层状灰紫色细粒砂岩，泥质胶结，具有水平层理，以泥岩含有灰绿斑为特征。底部薄层的砾石，砾石以泥岩为主，泥质、钙质胶结，比较坚硬，含有叶肢介及瓣鳃类化石。

矿区南部仅薛峰井田和尚沟组广泛分布于矿区深部各地，与下伏地层呈整合接触，厚度80～126m，一般厚度100m。矿区北部仅王峰井田出露和尚沟组，分布于井田西部，本组最大厚度140m。

3）中三叠统二马营组（T_2e）

全矿区仅薛峰井田揭露二马营组地层，分为两段。第一段岩性为灰绿、黄绿色厚层块状粉砂岩与棕红色粉砂岩、泥岩呈不等厚互层，含植物化石碎片及介形虫，叶肢介化石，底部为一含云母、层理不明显的泥岩，含钙质结核，并有虫迹，与下伏地层呈整合接触，厚度180～279m，一般厚度200m。第二段下部为暗紫、棕红色粉砂岩，砂质岩与灰紫色粉砂岩互层，并夹有细粒砂岩，普遍含钙质结核，并有虫迹；中部为暗紫红色泥岩、砂质泥岩与紫灰色中厚层粉砂岩、细砂岩互层，灰绿色泥岩中含植物根及碎屑化石，并含介形虫，叶肢介化石；上部为灰绿、黄绿色厚层块状细粒砂岩、粉砂岩与黄绿、灰绿色泥岩互层。砂岩含铁质结核，局部层面有虫迹。厚度400～587m，一般厚500m。

7. 新近系（N）

矿区仅在狮山井田沟帮零星出露新近系上新统（N_2），为棕红色含粉砂黏土，夹层状钙质结核，厚 0～20m。

8. 第四系（Q）

矿区范围内第四系分布广泛，以浅黄、黄色粉砂土及淡红色亚黏土为主，间夹钙质结核层，底部常有一层胶结不良的砾石层，直接覆盖于各时代的地层之上，与各地层均呈角度不整合接触。第四系包括更新统和全新统地层。

1）更新统（Qp）

矿区更新统地层上部为黄色、棕色亚黏土、亚砂土组成，中部及下部为砾石、中砂、细砂、亚黏土互层，砂砾或粗砂为水平层理，与下伏地层呈不整合接触，地层厚 0～100m 不等，一般厚度 50m。

矿区南部的象山井田、薛峰井田更新统广泛发育于山梁及低凹地带；狮山井田更新统分布在煤矿区内山顶及山腰平缓处，上部垂直节理发育，下部含钙质结核和古土壤层；星火井田更新统主要由砂土、黏土等组成。

矿区北部的兴隆井田更新统分布在井田内山顶及山腰平缓处，上部垂直节理发育。

2）全新统（Qh）

矿区该组地层主要由冲积、洪积、坡积的亚砂土、粉砂、中砂、砂砾等组成，与下伏地层呈不整合接触。矿区北部该组地层厚度比南部大，一般厚度 0～100m。在矿区南部，象山井田和薛峰井田的全新统多分布于沟谷及其两侧；狮山井田全新统分布在河谷附近及山脚下；星火井田全新统为近代冲积物。在矿区北部，下峪口井田全新统广泛发育于低凹地带和山梁以及冲沟等地，桑树坪井田范围内全新统分布广泛，王峰井田全新统地层分布于梁峁之上和河道中，燎原井田全新统广泛发育于低凹地带和山梁以及冲沟等地，兴隆井田全新统分布在河谷旁及山脚下。

二、矿区构造层与构造演化阶段的划分

"构造层"代表地壳历史发展中与显著的构造事件密切相关的一个地质阶段所形成的独具特征的沉积建造、岩浆活动和变形地质体。正确划分构造层将有助于认识地质构造的发展过程和演化规律。

根据地层接触关系及各阶段构造特征的差异性，韩城矿区可自下而上划分出以下 3 个构造层。

第一构造层：震旦系霍山组底界角度不整合面以下的涑水群深变质岩系，是太古宇-早元古界构造强烈活动阶段的产物。

第二构造层：震旦系-三叠系顶面角度不整合面以下地层，代表中元古界-中生代构造稳定发展阶段，地层之间整合接触或形成平行不整合接触关系。该阶段可进一步细分为 2 个亚阶段。

（1）加里东构造亚阶段：形成震旦系-奥陶系亚构造层。其中，在中奥陶世之

前形成陆表海型碎屑-碳酸盐建造，中奥陶世-志留纪末地块整体隆起，形成峰峰组顶面平行不整合面。

（2）海西-印支构造亚阶段：形成石炭系-三叠系亚构造层。其中，在泥盆纪-早石炭世地块仍然保持整体隆起状态；晚石炭世-三叠纪地块整体沉降，接受海陆交互相和陆相沉积。

第三构造层：三叠系顶面角度不整合面以上地层，代表中生代-新生代构造再次活动阶段，地层之间多形成角度不整合接触关系。

该阶段又可进一步细分为 2 个亚阶段。

（1）燕山构造亚阶段：侏罗-白垩纪该区褶皱上升，形成三叠系顶面角度不整合面，造成侏罗-白垩系地层缺失及下伏地层的挤压构造变形。

（2）喜马拉雅构造亚阶段：形成新生界亚构造层及下伏地层的伸展构造变形。

第三节　煤系与煤层

一、主要含煤地层及其含煤性

本区本溪组一般不含煤，仅个别点偶有煤线或薄煤层出现，主要含煤地层为太原组及山西组。太原组属海陆交互相沉积，含煤 3 至 9 层（编号为 $5^{-1\#}$、$5^{-2\#}$、$6^{\#}$、$7^{\#}$、$8^{\#}$、$9^{\#}$、$10^{\#}$、$11^{\#}$、$12^{\#}$）。山西组属陆相沉积，含煤 1 至 3 层（编号 $1^{\#}$、$2^{\#}$、$3^{\#}$）。其中 $3^{\#}$、$5^{\#}$、$11^{\#}$ 煤层为主要可采煤层，$2^{\#}$ 煤为局部可采煤层，其余各煤层均为不稳定的薄煤层，可采点极少，无开采价值。

二、可采煤层特征

$2^{\#}$ 煤层为山西组的局部可采煤层，$3^{\#}$ 煤层为山西组的主要可采煤层；$5^{-1\#}$、$11^{\#}$ 煤层为太原组主要可采煤层。矿区各煤层特征见表 2-2。

表 2-2　可采煤层特征表

煤系	煤层	煤层厚度/m 最小~最大 平均	煤层间距/m 最小~最大	煤层结构 夹石层数	煤层结构 结构类型	顶底板岩性 顶板	顶底板岩性 底板	稳定性
山西组	$2^{\#}$	0~3.01 1.20	10.0~15.0	无	简单	直接顶为砂质泥岩、粉砂岩、老顶为中-细粒砂岩	砂质泥岩、粉砂岩	不稳定
山西组	$3^{\#}$	0~19.17 2.90	15.0~25.0	1~2	简单	直接顶为粉砂岩、砂质泥岩或泥岩、老顶为细-中粒砂岩	石英砂岩、细砂岩	稳定
太原组	$5^{-1\#}$	0~12.28 2.70	30.0~40.0	1~3	复杂	中-细粒长石石英砂岩	团块状黏土泥岩	较稳定
太原组	$11^{\#}$	0.24~10.80 2.70		1~4	复杂	中-细粒砂岩或砂质泥岩、粉砂岩	砂质泥岩、粉砂岩	较稳定

第四节　构造基本特征

韩城矿区基本构造形态为一走向 NE，倾向 NW 的单斜构造，产状平缓，地层倾角 3°～20°，一般 3°～8°。

矿区内发育挤压收缩构造和拉张伸展构造。挤压收缩构造由褶皱和压扭性断裂构成，其展布方向以近东西向和 NE 向为主，倾向以 SE 向为主，NW 向较少。拉张伸展构造主要表现为张扭性断裂，以韩城大断层 F_1 为主干，其展布方向主要为 NE 向、NEE 向。

矿区构造总的特点是东西分带、南北分区；南强北弱，东强西弱；边浅部复杂，中深部简单；北区层滑构造发育较多，南区褶皱断层构造占据主导；主要构造变形带集中在矿区东南边缘地带。

第三章　区域大地构造背景及其演化

第一节　华北聚煤区及其大地构造演化

华北聚煤区包括阴山山脉北缘至延吉一线以南，贺兰山—六盘山西麓以东，秦岭—大别山古板块缝合带及清江断裂以北的区域。距今 3000Ma，本区已有古陆核出现；经新太古代和古元古代的构造-热事件，古陆核数量增多，体积扩大；至古元古代末，古陆核彼此联合，形成元古华北板块。元古华北板块是由太古宙-古元古代古陆核增生、联合而成的我国境内面积最大、年龄最老的一个大陆岩石圈板块。中新元古代元古华北板块的主体部分经历了比较稳定的构造演化，在新元古代青白口纪末，元古华北板块与扬子板块、元古塔里木板块等拼合，形成统一的古中国板块。

震旦纪开始，在古中国板块内部出现大陆裂谷，并扩张形成秦祁昆古大洋（又称古西域洋）和古蒙古洋（又称中亚-蒙古大洋），导致古中国板块分裂解体，华北古板块形成。裂谷作用出现在华北古大陆边缘，华北古板块的南北两侧大陆边缘均为被动大陆边缘，总体处于拉张构造体制，板块内部表现为稳定的整体沉降。

从奥陶纪起，由于古蒙古洋洋壳向南消减，华北古板块北部的被动大陆边缘转变成为安第斯型大陆边缘，在古蒙古洋地球动力学体系控制下古板块发生南北汇聚，在华北古板块北缘形成不同时期的板块俯冲带及大陆边缘增生褶皱带；从晚奥陶世开始，因北秦岭洋底（古西域洋东段）向北俯冲，华北古板块南缘转化为主动大陆边缘，随着华南板块向华北板块的俯冲，其间洋盆收缩，到志留纪末洋盆闭合，华北板块与华南板块拼接，形成北秦岭加里东褶皱带。从中奥陶世晚期起直至晚石炭世，由于南北两侧洋壳板块向华北古板块俯冲而产生的挤压应力作用，致使华北板块内部大部分隆起成陆，整体处于古陆剥蚀状态。

晚古生代，华南板块出现大规模裂陷作用，秦岭一带形成新的陆内裂谷；华北板块北缘，古蒙古洋仍在向南俯冲，但俯冲带已远离华北区，因而对华北板块内部影响不大。所以这一阶段，华北板块内部挤压应力松弛，构造相对稳定，以整体升降运动为主，在经过早古生代晚期至晚古生代早期的古陆剥蚀夷平作用以后，从晚石炭世开始整体下降成为巨型沉积盆地，于石炭纪-二叠纪发生广泛的聚煤作用。

早二叠世早期，由于西伯利亚板块与华北板块之间的蒙古洋即将闭合，板块俯冲加剧。由北向南的强大挤压，使华北巨型盆地北部上升成陆，并使陆地向南扩展，陆相沉积区扩大，海水向南撤出，呈现出由北而南由山前冲积平原到滨海平原和潟湖海湾环境所组成的海退相序,在广大范围内,形成含主要可采煤层的陆相或海陆交互相含煤建造。早二叠世晚期,郑州以北基本上已成为陆地,发育了内陆冲积平原碎屑岩建造。海陆交互相主要局限于淮河流域,平顶山和淮南煤田成为华北石盒子群具有工业意义的主要地区。随着古蒙古洋的最终封闭,华北板块与西伯利亚板块在二叠纪末拼合在一起,但这次拼合是"平静"的,并未引起强烈的碰撞造山、陆内俯冲或逆冲推覆构造。三叠纪时,华北板块内部可能仍存在一个统一的巨型盆地,它呈东西向展布,北界沿晋北—平泉一线,南界大致在渭南—淮北一线,最西端达贺兰山西侧,华北聚煤区全部转为干旱气候下的内陆河湖相沉积。

虽然华北板块与华南板块在志留纪末已经拼接,但直到三叠纪,两个板块之间仍有裂谷海盆存在。三叠纪晚期,华南板块向华北板块下发生陆内"A"形俯冲作用,引起印支运动,不仅使秦岭裂谷的残留海盆自东向西闭合隆起,而且由于南北两个古板块的持续挤压、逆冲推覆,形成秦岭—大别造山带,使南、北大陆板块真正"焊合"成为一个整体。从此以后,华北板块南、北缘与相邻的华南板块和西伯利亚板块进一步焊合,华北板块成为古欧亚板块的一部分(图 3-1)。

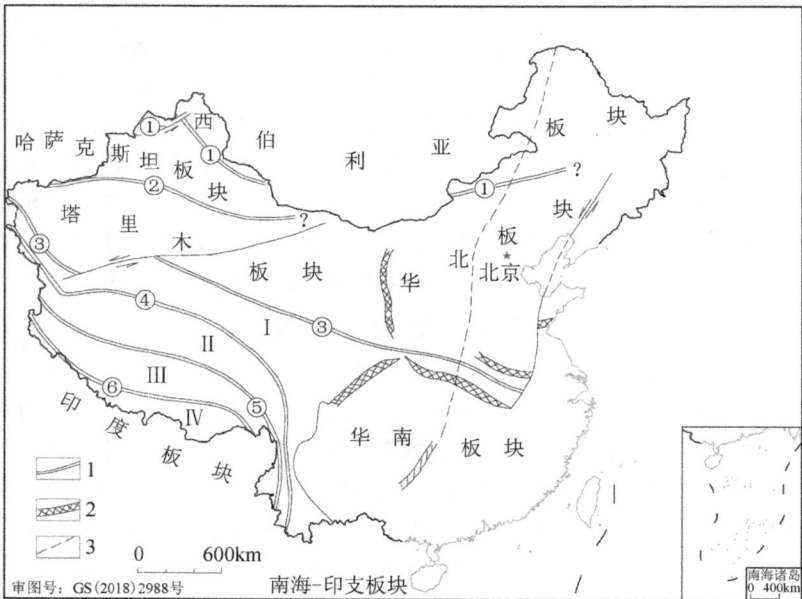

图 3-1　中国大陆古板块分布示意图

(夏玉成等,1996)

1. 古板块缝合带:①达拉布特—克拉美丽—林西北缝合带;②南天山缝合带;③昆仑—秦岭缝合带;
④龙木错—玉树缝合带;⑤班公湖—怒江缝合带;⑥印度河—雅鲁藏布江缝合带。2. 叠瓦逆冲带;
3. 中-新生代亚洲东部活动大陆边缘西界;Ⅰ. 巴颜喀拉地体;Ⅱ. 羌塘—保山地体;
Ⅲ. 拉萨—腾冲地体;Ⅳ. 印度板块北缘(江孜地体)

华北板块与西伯利亚、华南等古板块之间"焊合"成为一个统一的大陆岩石圈板块后，华北板块不再独立存在，而是作为欧亚板块的一部分进入板内构造变形阶段。但由于其位于欧亚板块东缘，三叠纪以后，华北东部又成为活动大陆边缘的一部分。中生代中晚期，华北聚煤区东部成为古太平洋活动大陆边缘，形成宏伟的燕山褶皱带与岩浆活动带；晚白垩世至今，华北聚煤区东部主要受（今）太平洋地球动力学体系的作用，大陆边缘的性质经历了由安第斯型向西太平洋型的转化，并伴随大规模的伸展裂陷作用，逐步形成目前所见的构造格局。

第二节　影响华北聚煤区的地球动力学体系

一、古蒙古洋地球动力学体系

古生代期间，西起中亚，东至远东，有一广阔深邃的浩瀚大洋横贯于亚洲中北部，其范围包括中亚地区、整个蒙古国和我国的西北及东北，称为古中亚-蒙古大洋。它使东欧、西伯利亚、塔里木、华北等大陆板块远隔重洋。

分隔西伯利亚板块与塔里木板块、华北板块的古大洋称为古蒙古洋，它是中亚-蒙古大洋的东段，震旦纪开始开裂、扩张，最大宽度在4000km以上。早寒武世晚期，西伯利亚陆缘由大西洋型转化为西太平洋型；奥陶纪时华北陆缘由大西洋型转化为安第斯型。经过漫长的大陆增生作用，古蒙古洋于石炭纪-二叠纪自西向东逐步闭合，其南侧的哈萨克斯坦、塔里木板块、华北板块与北侧的西伯利亚板块碰撞拼合，扩大了的西伯利亚板块、华北板块碰撞对接成为统一的古东亚大陆。

因此，前中生代，区内主要构造作用表现为古蒙古洋的俯冲消减及西伯利亚板块与华北板块的不断增生扩大以至碰接，这一阶段占主导地位的地球动力学体系称为古蒙古洋体系。

二、古太平洋地球动力学体系

目前多数人认为，从二叠纪开始中国大陆以东存在着一个古大洋——古太平洋。由于二叠纪-三叠纪，古太平洋处于扩张阶段，所以对中国大陆岩石圈影响不大。从三叠纪中晚期开始，古太平洋板块开始向欧亚板块俯冲，亚洲大陆东缘由大西洋型转化为安第斯型，从而结束了华北区长期以来南北汇聚、板内稳定发展的历史，出现了明显的东西分异。大体以太行山为界，东部成为活动大陆边缘，总体呈背斜型隆起带，构造与岩浆活动强烈；西部则为大型坳陷盆地，除贺兰-六盘叠瓦逆冲带外，构造变形相对较弱，基本无岩浆活动。白垩纪早期，古太平洋闭合，西太平洋古陆与亚洲大陆碰撞，华北东部成为宏伟的燕山褶皱带和岩浆活动带的一部分。

　　因此，自三叠纪至早白垩世，古太平洋俯冲消减，西太平洋古陆与古亚洲大陆东西会聚碰撞，区内占主导地位的地球动力学体系称为古太平洋体系。

　　受古太平洋地球动力学体系影响，在距离挤压应力力源较近的华北东部形成巨型背斜型隆起，早、中侏罗世在相对隆起的背景上产生了一些小型陆相坳陷盆地，晚侏罗世在整体上隆的背景上产生呈 NE 向分布的陆相地堑或半地堑式断陷盆地，早白垩世在 NNE 向深断裂系的控制下局部形成半地堑式或箕状陆相断陷盆地。这些不同时期的盆地现今大多分布在华北北部燕辽地区，零星分布在南部和中部地区。而在距离挤压应力力源较远的华北西部，包括陕北、陇东、宁夏东部、内蒙西南部、山西西部在内的地区，中生代时形成一个大型的向斜型坳陷盆地，称陕甘宁盆地或鄂尔多斯盆地。盆地内侏罗系、白垩系与下伏三叠系、二叠系呈平行不整合接触，沉积范围大体相同，基本上可认为是一种继承式的坳陷盆地。

三、（今）太平洋地球动力学体系

　　早白垩世末，亚洲大陆与西太平洋古陆碰撞，古太平洋闭合，结果在亚洲大陆外侧形成以西太平洋古陆为前陆的燕山褶皱带；此后不久，西太平洋古陆全面解体、沉没，发展成为现在的太平洋。

　　我国东部及邻区的（今）太平洋地球动力学体系是重叠在古太平洋地球动力学体系上的一个新的地球动力学体系。在这一地球动力学体系的作用下，欧亚大陆东缘晚白垩世-古近纪开始解体，沿日本、东海东部沉陷形成活动型沉积建造、火山-沉积建造及岛弧的雏形。中新世在太平洋板块俯冲作用下，岛弧迅速发展，弧后则裂陷、扩张形成日本海、东海等边缘海盆，从而形成华北东侧沟-弧-盆大陆边缘。华北东部裂陷形成渤海-华北盆地，并发生较为强烈的岩浆活动。华北西部则形成鄂尔多斯周缘地堑式断陷盆地。

　　因此，晚白垩世至第四纪，随着西太平洋古陆的大规模裂解、沉没，太平洋形成，华北区主要受控于（今）太平洋引张-裂陷型地球动力学体系的作用，进入了以大规模裂陷为特征的构造作用阶段。

第三节　鄂尔多斯地块大地构造背景及其演化

一、鄂尔多斯地块的大地构造位置

　　鄂尔多斯地块位于华北古陆块西部。古生代时，鄂尔多斯地块属于华北古板块，在聚煤期是统一的华北石炭-二叠纪聚煤盆地的一部分。中生代，华北巨型盆地解体，东部成为巨型隆起区，西部坳陷形成鄂尔多斯盆地。鄂尔多斯盆地的东西南北分别有吕梁山、贺兰山—六盘山、秦岭、阴山等构造带环绕。新生代以来，随着鄂尔多斯盆地隆升为高原，其周边发育有汾渭断堑、河套断堑和银川断堑等新生代裂陷盆地（图 3-2）。

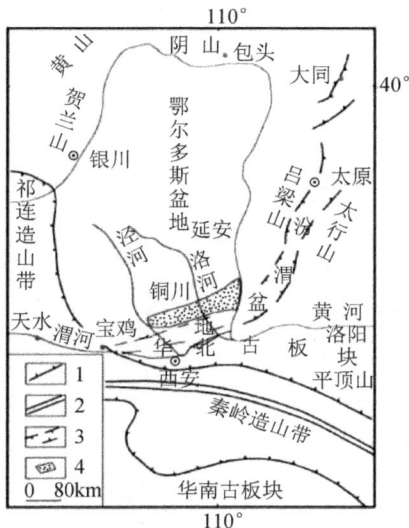

图 3-2 大地构造位置示意图

1. 造山带边部逆冲推覆断层；2. 古板块碰撞对接带；3. 断陷盆地边缘断裂；4. 渭北 C-P 煤田

二、鄂尔多斯地块的大地构造演化

鄂尔多斯地块的大地构造演化可以划分为以下 6 个时期。

1）太古宙-古元古代古陆核形成演化时期

鄂尔多斯地块的古陆核形成于太古宙-古元古代。其雏形最初形成于古太古代，其形成原因主要是受到原始硅铝壳的形成和加厚的影响，分布范围主要位于内蒙古清水河县、凉城县周边；新太古代形成乌拉山群、界河口群、涑水群、太华群等地层，岩性主要为基性、中基性火山岩、磁铁石英岩以及大理岩等。由于新太古代硅铝壳加厚的缘故，与古太古代相比，新太古代各群的超基性、基性岩相对较少，中酸性火山岩增多，并含有黏土岩、硅铁质岩等。由于先后经历了迁西运动、阜平运动、五台运动、吕梁运动等四次强烈的构造运动，特别是古元古代末期的吕梁运动致使地层发生复杂变质作用、混合岩化作用以及褶皱抬升，最终使互不相连的初始陆核与硅铝质陆块连接、扩大并形成一个整体——鄂尔多斯古陆块，成为元古华北板块的一部分。

2）中新元古代大陆裂谷发育时期

该阶段早期，鄂尔多斯地块经历了由塑性向刚性的转变，在盆地南缘和北缘分别发育了秦祁昆古大洋（古西域洋）裂谷和古蒙古洋（中亚-蒙古大洋）裂谷，如图 3-3 所示，裂谷形成时均伴生有拗拉槽，拗拉槽内沉积了碎屑岩和白云岩。新元古代中晚期，随着秦祁昆大洋和古蒙古大洋的进一步扩张，华北古板块成为南北两个古大洋之间的古大陆板块，鄂尔多斯地块位于华北古板块西部，秦祁古大洋北岸。

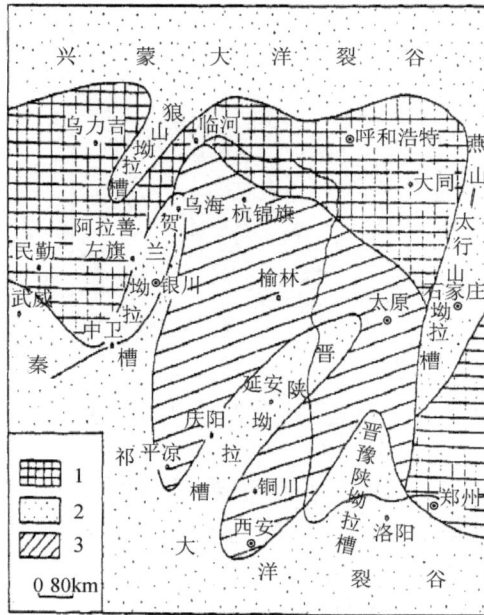

图 3-3　鄂尔多斯盆地及邻区中-新元古代构造略图
（据王双明，1996）
1. 隆起区；2. 裂谷区；3. 地层较薄区

　　3）早古生代盆地与边缘坳陷时期

　　早古生代早期，鄂尔多斯地块北部、中西部、东部形成了隆起，其他区域均为陆表海相沉积环境（图 3-4）。中寒武世时期，随着海侵扩大，形成了碳酸盐建造。到晚寒武世，随着海水退却，最终形成了潮坪相碳酸盐建造。中奥陶世开始，鄂尔多斯陆块抬升，导致部分地层缺失。进入晚奥陶世，华北古板块整体抬升，海水渐渐退出全区，宣告碳酸盐岩沉积的结束。

　　4）晚古生代盆地与碰撞边缘形成时期

　　晚石炭世本溪期，华北古板块整体沉降，海水再次入侵，形成巨型盆地。从晚石炭世本溪期到太原期，鄂尔多斯地块接受了海陆交互相含煤沉积；早中二叠世山西期，海水渐渐退出本区，并沉积了陆相含煤建造。在此期间，鄂尔多斯地块中央发育有近南北向延伸的杭锦旗庆阳隆起（图 3-5），到晚二叠世时期，中央古隆起消失。晚古生代晚期，随着古蒙古洋的闭合，华北古板块与西伯利亚古板块碰撞；晚三叠纪晚期，随着秦岭海槽的闭合，华南古板块与华北古板块焊合为一体，同时，华北巨型盆地开始解体。鄂尔多斯地块位于华南-华北古板块碰撞边缘北侧。

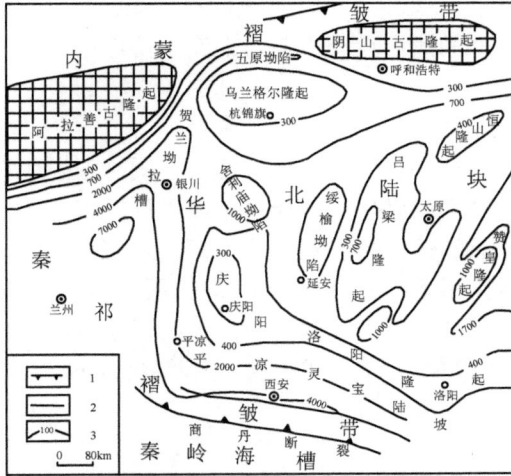

图 3-4　鄂尔多斯盆地及邻区早古生代构造略图
（据王双明，1996）

1. 加里东期俯冲带；2. 断裂；3. 早古生代地层等厚线（m）

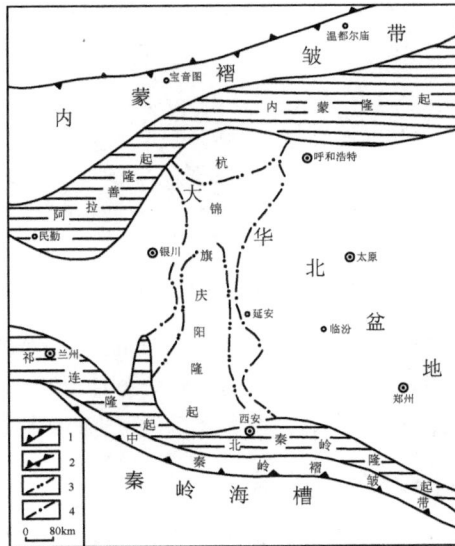

图 3-5　鄂尔多斯盆地及邻区晚古生代构造略图
（据王双明，1996）

1. 海西早、中期俯冲带；2. 中二叠世对接带；3. 太原组时隆起边界；4. 本溪组时隆起边界

5）中生代大型内陆坳陷发育时期

受区域构造运动影响，中生代时期，中国东部地壳上升，华北巨型盆地向西退缩，在鄂尔多斯地块形成中生代大型内陆坳陷型沉积盆地，接受了三叠系-白垩系河流-湖泊相沉积岩系。其中，在晚三叠世和中侏罗世，盆地部分区域沉积了陆相含煤岩系。由于后期的燕山运动，使盆地受到挤压应力，形成了西部坳陷、东部抬升的构造格局。

6）新生代周缘断陷发育时期

燕山运动使鄂尔多斯中生代盆地全面隆起，周缘亦发生挤压褶皱、断裂和隆起，从而经历了较长时期的风化剥蚀作用。新生代以来，大约在始新世，由于印度板块与欧亚板块碰撞的挤压力波及华北西部，致使鄂尔多斯周缘在地幔上隆、地壳拉张的主导因素作用下，受 NE—SW 向挤压或 NW—SE 向的拉张应力及其派生的剪切应力作用而形成周缘地堑系（图 3-6）。东缘和南缘形成雁列式汾渭地堑系，西缘形成银川地堑，北缘形成临河-呼和浩特地堑。

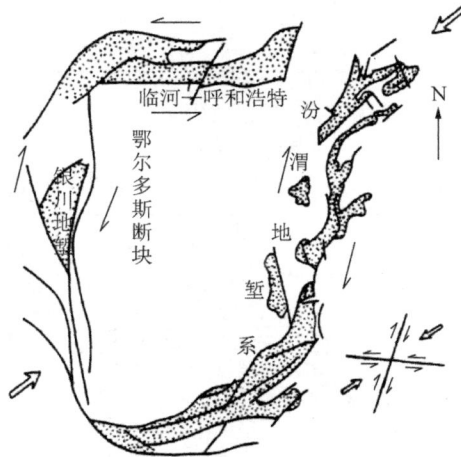

图 3-6　鄂尔多斯周缘新生代地堑构造力学模型

鄂尔多斯中生代大型坳陷盆地在经过晚白垩世-古近纪的隆起之后，于新近纪又发生相对沉陷，堆积的红土一般厚 60m，最厚可达 200m；第四纪堆积了几十米到数百米的黄土；更新世晚期以来大面积抬升形成鄂尔多斯高原。

三、鄂尔多斯地块内部的构造分异

鄂尔多斯地块内部基本呈向中心地带倾斜的缓斜台地，可划分为近东西向和近南北向的一系列隆起、坳陷和单斜等次级构造单元。依据盆地演化历史、构造特征、基底特性的不同，可将盆地划分成 6 个二级构造单元：伊蒙隆起、晋西挠褶带、伊陕斜坡、渭北隆起、天环坳陷、西缘逆冲带，见表 3-1 和图 3-7。

表 3-1　鄂尔多斯地块内部次级构造单元

一级	二级	三级	构造特征	主要煤矿区
鄂尔多斯地块	伊蒙隆起（Ⅰ）		北部隆起区	陕北侏罗纪煤田神东、新民矿区
	天环坳陷（Ⅱ）		西部坳陷带，盆地基底埋深较大	乌海、横城石炭纪-二叠纪煤田和灵盐、陇东侏罗纪煤田
	伊陕斜坡（Ⅲ）	榆林单斜（Ⅲ-1）	向 NW 倾斜，倾角 1°～3°，构造稳定	陕北侏罗纪煤田，陕北三叠纪煤田和黄陵-陇县侏罗纪煤田黄陵矿区
		庆阳单斜（Ⅲ-2）		
		延安单斜（Ⅲ-3）		
	渭北隆起（Ⅳ）	彬长坳褶带（Ⅳ-1）	以平缓开阔褶皱构造为主	黄陇煤田焦坪、旬耀、彬长、永陇矿区、陇东侏罗纪煤田南部
		铜川—韩城断褶带（Ⅳ-2）	褶皱、断裂均较发育，东南缘相对翘起	渭北石炭纪-二叠纪煤田
	晋西挠褶带（Ⅴ）	准格尔—兴县段（Ⅴ-1）	东缘隆起带，走向南北、向西倾斜的大型单斜构造，褶皱、断裂均较发育	河东煤田、陕北石炭纪-二叠纪煤田的大部分和准格尔煤田
		兴县—临县段（Ⅴ-2）		
		离石—吴堡段（Ⅴ-3）		
		石楼乡宁段（Ⅴ-4）		
	西缘逆冲带（Ⅵ）	乌达—桌子山段（Ⅵ-1）	发育近南北向延伸的大型逆冲断层、褶皱和东西向大型平移断层	西缘石炭纪-二叠纪煤田和汝箕沟、灵盐、陇东、黄陇侏罗纪煤田的一部分
		贺兰山—横山堡段（Ⅵ-2）		
		马家滩—甜水堡段（Ⅵ-3）		
		沙井子—平凉段（Ⅵ-4）		
		华亭—陇县段（Ⅵ-5）		

1. 伊蒙隆起

伊蒙隆起呈东西向展布于鄂尔多斯盆地北部。西以桌子山东麓断裂为界与西缘逆冲带相接；北以黄河断裂为界与临河-呼和浩特地堑（河套盆地）相邻；东以离石断裂为界与晋西挠褶带（吕梁隆起带）相邻；南界在乌海—伊金霍洛旗—准格尔旗一线，与天环向斜、陕北斜坡和晋西挠褶带逐渐过渡。面积约 4.3 万 km²。

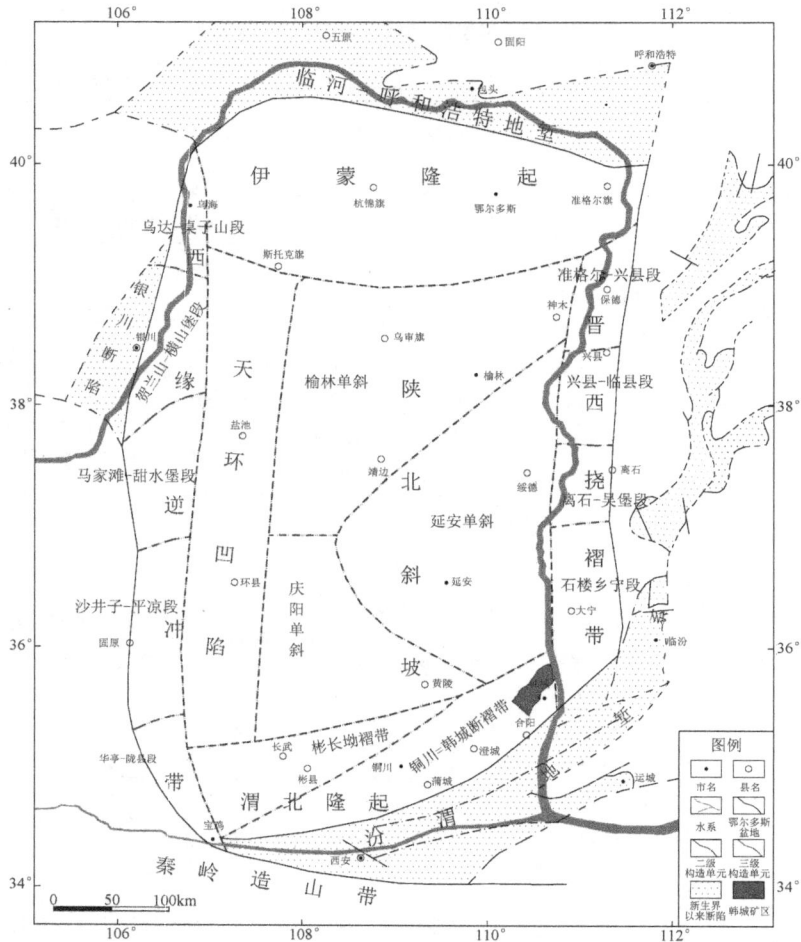

图 3-7　鄂尔多斯地块构造单元划分

据王双明（1996）、杨俊杰（1988）、王根宝等（2003）资料综合

　　该隆起的结晶基底为太古宙-古元古代变质岩系，埋藏浅，自古生代以来基本处于相对隆起状态，显生宙沉积覆盖层较薄，总厚度仅 100～300m，各时代的地层均向隆起最高部位变薄、尖灭或缺失。其内东胜以北地区隆起最高，缺失下古生界，上古生界（太原组以上地层）直接覆盖在变质基底之上，且出露地表，中新元古界什那干群已有出露，常称之乌兰格尔凸起（张吉森等，1995）。新生代伴随着临河-呼和浩特地堑（河套盆地）断陷下沉，伊蒙隆起与阴山逐渐分离，最终演化成如今的地质面貌。隆起内区域构造呈现东北抬升、向西南倾斜的平缓斜坡，倾角 1°～3°（赵重远等，1988）。

　　物探资料表明，伊盟隆起位于莫霍面的幔隆带和幔坳带，为欠稳定地块型地壳结构，中下地壳都有低速层，深部构造不稳定。由于受深部构造的影响，该区盖层构造比较发育，其构造活动明显大于盆地内部（张吉森等，1995）。自晚古生代以来常以古陆面貌出现，并与庆阳古陆、吕梁古陆和阿拉善古陆一起影响着鄂尔多斯盆地的沉积演化。

2. 晋西挠褶带

晋西挠褶带，又称河东断褶带、吕梁隆起。该带东以离石断裂为界与吕梁山相邻；向西没有明显的界线，大致以神木—宜川东一线或以黄河为界，与陕北斜坡逐渐过渡；北起准格尔旗窑沟一带与伊蒙隆起相邻；南至乡宁，止于西硙口—贺家庄断裂，与渭北隆起相接。东西宽约 50km，南北长约 450km，面积约 2.3 万 km²。

该带在中晚元古代-古生代均处于相对隆起状态，仅仅在中晚寒武世、早奥陶世、晚石炭世及早二叠世接受了薄层沉积，地层时代自东向西依次变新。侏罗纪末开始向上抬升，最终发展成为鄂尔多斯盆地的东部边缘。晚燕山期，吕梁山抬升并向西推挤，同时受到基底断裂的影响，最终形成南北走向的晋西挠褶带。形成近南北走向的构造带。

该区总体构造形态为一走向南北、向西倾斜的大型单斜构造。地层倾角较陕北斜坡大，为 2°～3°（赵重远等，1988），甚至 5°～10°（康竹林等，2000）。因其倾角远大于陕北斜坡，可认为是陕北斜坡的翘起部分，称其为"晋西陡坡带"。

晋西挠褶带位于莫霍面幔坡带，地壳厚度由西向东变薄，下地壳内有低速层，地壳结构为过渡型，相对伊盟隆起而言，深部构造不活跃（张吉森等，1995）。大宁—蒲县以南发育 NE、SW 向褶皱和断层，中、北部发育小型东西向断层。可划分为 5 个构造带：保德—临县褶皱带、石楼—大宁褶皱带、柳林断裂背斜带、北关王庙褶皱带以及紫金山—佳县褶皱群。

3. 伊陕斜坡

伊陕斜坡，又称陕北斜坡、陕北坳陷、伊陕单斜，位于盆地中部，被北部的伊蒙隆起、东部的晋西挠褶带、南部的渭北隆起、西部的天环坳陷围绕，面积约 4.9 万 km²。

该区在元古代未接受沉积，从早古生代开始接受海相沉积，至晚古生代时期，开始沉积陆相地层。陕北斜坡雏形出现于侏罗纪，主要形成于早白垩世，表现在侏罗系和下白垩统厚度从东向西逐渐增厚，西部最大厚度分别为1000m 和1500m，受到燕山运动的作用，中侏罗世至早白垩世，盆地东部地层抬升，形成向西倾的平缓单斜构造，横山—延安—富县一线以东，已完全被剥蚀。三叠系、侏罗系和白垩系自东而西依次排列出露。地层倾角 1°～3°，平均坡降 10m/km。

该区位于莫霍面的斜坡带中，地壳厚度较大，岩石圈成层性好，横向变化小，深部介质纵向分异清楚，显示深部构造比较稳定（张吉森等，1995）。与之对应，该区褶皱和断层构造极不发育，仅发育鼻状构造和小型断层。

4. 渭北隆起

渭北隆起，又称渭北断隆区。北至长武—宜君—黄龙一线，与陕北斜坡逐渐过渡；东部与晋西挠褶带接壤；南以渭河盆地北缘大断裂为界；西达陇县—岐山一线。东西长约 280km，南北宽约 60km，面积约 1.7 万 km²。

渭北隆起在中晚元古代到早古生代期间是一向南倾斜的斜坡，晚石炭世时期，在隆起东西两侧发生了下沉作用，西侧沉积了羊虎沟组，东侧沉积了本溪组，经历一系列构造运动，在中生代时期形成隆起，新生代时期渭河地区断陷下沉，渭北隆起继续向上抬升，形成了如今的地质面貌。

渭北隆起位于莫霍面陡坡带，壳内无低速层，以较厚的上地壳和较薄的下地壳与盆地内部相区别，深部构造不如伊盟隆起和晋西挠褶带活跃（张吉森等，1995）。渭北隆起上背斜构造和断裂构造发育，断裂构造以逆冲断层为主，背斜构造成排成带分布。构造线在彬县及其以西呈东西走向，向东逐渐变为 NE 向，至韩城附近变为 NNE 向，并穿过黄河延伸到乡宁、蒲县一带，总体呈向 ES 凸出的弧形。

以麟游—金锁关—黄龙一线为界，可将渭北隆起分为南北 2 个次级构造单元。北部构造单元称为彬长坳褶带，总体构造形态为一向 NW 缓倾的单斜构造，其上发育宽缓而不连续的褶皱，煤层产状发生变化，断裂少见，煤层连续性未受影响。南部构造单元称为铜川—韩城断褶带，褶皱、断裂均较发育，自西向东分为三段。清峪河以西发育多条南倾北冲的逆断层，奥陶系逆冲于二叠系石盒子组之上。中段包括铜川、蒲白和澄合 3 个矿区，断裂主要有 2 组，一组近于东西向，均为南倾北冲，使断层北侧煤层埋深加大，构成初期开发的深部边界；一组为 NE 向和 NNE 向正断层，对含煤层系切割破坏较大，常构成井田的边界。东段由韩城芝川至禹门口，由逆冲断层和倒转向背斜组成，断层面大部分向 SE 倾斜，呈叠瓦状出现，煤层产状受到严重影响，层滑构造发育，煤层原始结构被破坏，瓦斯含量高，渗透性差，开采困难。

5. 天环坳陷

天环坳陷，又称天环向斜。北起巴音乌素，与伊蒙隆起相邻；南至龙门—长武一线；西侧为西缘逆冲带；东侧与伊陕单斜过渡。总体呈西陡东缓的不对称形态。南北长约 600km，东西宽 50～60km，面积约 3.3 万 km²。

该区为稳定地块型地壳结构，莫霍面埋深较大，地壳厚度大，岩石圈地幔薄，软流圈隆升，显示了鄂尔多斯盆地均衡调整面位于软流圈中（张吉森等，1995）。天环坳陷位于东部稳定地块和西部活动带的接壤部位，晚二叠世开始坳陷，到侏罗纪、白垩纪，伴随西部边缘逆冲带向东移动，地质面貌表现为东翼缓、西翼陡的不对称向斜结构。

北部向斜地貌保存较完整，向斜内不同层位都发育有一些断层和褶皱，断层的断距不大，多为延伸不长的正断层，仅有少量的逆冲断层。次级构造为 NNW 向斜列的向斜，褶皱规模较小。这些断层和褶皱的走向近似为正南北走向，靠近向斜西侧的局部构造较发育。

6. 西缘逆冲带

西缘逆冲带，又称西缘褶皱冲断带，呈南北向展布。北起内蒙古磴口，经桌子山、贺兰山、青龙山、平凉，南达千阳一带；西以银川地堑东缘断裂（黄河断裂）和青铜峡—固原断裂为界；东接天环坳陷，以桌子山东麓断裂和青龙山—平凉断裂连线为界。南北长约 640km，东西宽 50~120km。

西缘逆冲构造带形成于中生代，早古生代时期，南部和中部为鄂尔多斯地块西南缘被动大陆边缘，北部为贺兰裂谷，该区在晚古生代时期为前缘凹陷，三叠纪中晚期及侏罗纪时期主要为不连续的切割比较明显的深坳陷带。

该区构造线总体走向呈南北向，从构造变形特征看，以冲断褶皱作用为主，构造形态十分复杂，表现为一系列西倾的大型逆冲断层，并伴随着同生和由断层牵引而形成的褶皱，以及反冲断层、后冲断层、正断层和平移断层（汤锡元等，1988）。断面一般上陡下缓，往往沿石炭系和二叠系煤系地层滑脱，最大推覆距离可达 22km 以上，推覆体系呈叠瓦状构造，逆冲席前锋为背斜隆起，尾部为向斜构造，原地岩体一般变形微弱（赵重远等，1988）。

第四节　影响韩城矿区的主要地质构造单元

韩城矿区位于鄂尔多斯地块东南缘，渭北隆起与吕梁隆起的交汇地带。在古生代聚煤期，韩城矿区位于华北石炭纪-二叠纪聚煤盆地南缘，秦岭构造带构成盆地的南部边缘；中生代鄂尔多斯盆地形成后，韩城矿区南与秦岭构造带相邻，东与中国东部巨型隆起带（吕梁隆起为其西缘）相邻；新生代以来，随着鄂尔多斯盆地隆升为高原，韩城矿区位于汾渭裂陷系北缘的渭北隆起，黄河从矿区东缘流过。由此可见，在地质历史时期，对韩城矿区有直接影响的地质构造单元主要有秦岭构造带、渭北隆起、汾渭地堑系和吕梁隆起。

一、秦岭构造带

秦岭构造带是一个大陆碰撞型造山带，由华北古板块南部大陆边缘（北秦岭带）、华南古板块北部大陆边缘（南秦岭带）和位于其间的包含秦岭古洋壳残余的对接带组成。中新元古代秦祁昆大洋裂谷扩张形成秦岭古大洋；晚奥陶世，随着古秦岭洋底向北俯冲，华北古板块南缘转化为主动大陆边缘；志留纪洋盆收缩、闭合，到志留纪末，形成北秦岭加里东褶皱带，华北板块与华南板块拼接，但直到三叠纪，两个板块之间仍有裂谷海盆存在；三叠纪晚期，华南板块向华北板块下发生陆内"A"形俯冲作用，引起印支运动，不仅使秦岭裂谷的残留海盆自东向西闭合隆起，而且由于南北两个古板块的持续挤压、逆冲推覆，形成秦岭—大别造山带。因此，秦岭构造带是位于鄂尔多斯地块南缘，在前燕山期以南北汇聚为主要运动形式，产生近南北向构造挤压应力的构造活动带。

二、渭北隆起

渭北隆起处于秦岭构造带与鄂尔多斯地块的过渡地带，构造位置特殊。在渭河地堑形成之前，渭北隆起应是秦岭构造隆起带北坡的一部分。在前燕山期近南北向挤压构造应力作用下，主要发育近东西向的挤压收缩构造；在燕山期受北西向挤压构造应力作用，主要发育北东向的挤压收缩构造，并伴随着地壳的不均匀抬升；在喜山期主要受到拉张应力作用，发育拉张伸展构造和反转构造。

对上侏罗统芬芳河组砾石成分的研究表明，渭北隆起于侏罗纪末即已形成，并成为鄂尔多斯盆地的南部边缘。新生代渭河地区断陷下沉，渭北隆起翘倾抬升，形成现今构造面貌。区域构造呈南翘北倾的形态，在南部地区寒武系和奥陶系出露地表，局部地区有前寒武系出露。横亘于鄂尔多斯盆地南缘的寒武系和奥陶系灰岩及更老地层构成了东西向的山地，当地人称之为"北山"。

该隆起在麟游—铜川—白水—韩城一线以南，主要出露古生界，地面构造多为长轴背斜，一般北翼陡、南翼缓，局部地区可见到地层强烈挤压而发生倒转，这些构造主要形成于加里东期和燕山期（周鼎武等，1989、1994）。该线以北，主要出露中生界，长轴背斜主要分布在南半部，向北逐渐变为短轴背斜，推测主要形成于燕山期。

三、汾渭地堑系

该地堑系以前期隆起构造为背景，以后因伸展—剪切作用而形成了一系列雁列的张性断陷盆地。由大小不一的10个地堑型盆地组成，总体呈雁行排列的"S"形展布，长逾1200km，宽度一般在10～50km。地堑系的形成始于始新世，当时的断陷沉积仅限于渭河盆地，中新世的地堑型沉积扩大到运城盆地，地堑系总体格局大体形成于上新世。第四纪以来继续沉降，渭河盆地第四系底界的埋深普遍大于2000m。北段的大同、延庆盆地则主要形成于第四纪。因此，该地堑系具有南部发育早、断陷幅度大，北部发育晚、断陷幅度小的总趋势。沿该地堑系出现许多温泉，表明这是一个高热流值的地带，还是一条地震活动带。所有这一切都说明，它是华北地区的现今构造活动带。

四、吕梁隆起

从三叠纪中晚期开始,古太平洋板块开始向欧亚板块俯冲,亚洲大陆东缘由大西洋型转化为安第斯型,从而结束了华北区长期以来南北汇聚、板内稳定发展的历史,出现了明显的东西分异,中国东部形成巨型背斜型隆起带(吕梁隆起为其西缘),构造与岩浆活动强烈,直到古近纪早期,大都处于剥蚀状态;西部则成为大型向斜型坳陷(鄂尔多斯盆地),构造变形相对较弱,基本无岩浆活动。始新世,中国东部的背斜型隆起带发生裂陷,形成一系列孤立的地堑式或半地堑式断陷盆地,与鄂尔多斯盆地相邻的吕梁隆起成为背斜褶皱断块山地。吕梁山东翼为断层构造,山势陡峻,俯瞰汾河地堑中的忻州、太原、临汾盆地;西翼与晋西挠褶带过渡,构成鄂尔多斯盆地的东缘。

第四章 煤系与煤层的沉积特征及其构造控制

第一节 含煤岩系的沉积特征

一、太原组

太原组地层为矿区主要含煤岩系之一，属海陆交互相沉积，按其岩性可分为三段。下段由灰-深灰色细-中粒砂岩、石英砂岩、砂质泥岩、粉砂岩、铝土泥岩和煤层组成，底部有一层灰-浅灰色铝土泥岩，含铝质较高，为奥陶系石灰岩表面长期风化的产物，是矿区对比地层之标志层 K_1，11$^\#$煤层位于该段顶部。中段由深灰色、灰黑色石灰岩、粉砂岩、砂质泥岩和煤层组成，中段中厚层状灰岩为标志层 K_2。上段由灰、灰黑色砂质泥岩、粉砂岩、泥岩和煤层组成，含砂质泥岩或粉砂岩为煤层对比的标志层 K_3，5$^\#$煤层位于该段顶部。

太原组厚度变化较大，整体上呈现东厚西薄，北厚南薄的规律。北区厚度基本上都在50~70m，局部厚度在70~90m。全区的中部厚度变化具有明显的条带性，由东到西厚度逐渐减薄。南区厚度大多在50m以下，边浅部和中部局部厚度在50~90m（图4-1）。从太原组厚度三次趋势面图上可以看出，太原组厚度由东向西减薄。北区厚度变化较小，南区厚度变化较大（图4-2）。从剩余图可以看出，全区南部和北部厚度较大，中部厚度较小（图4-3）。

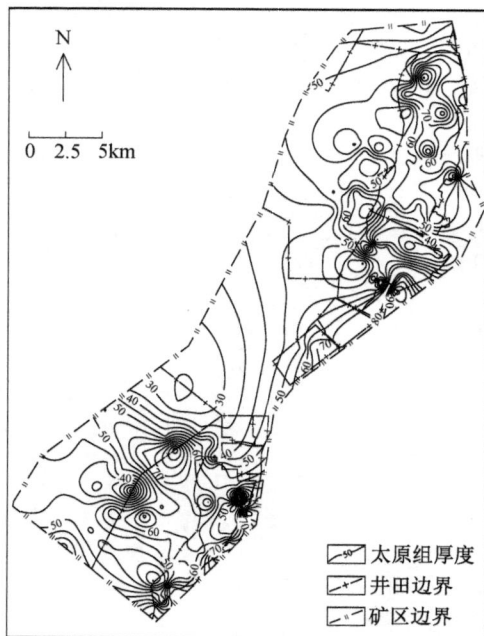

图 4-1 太原组厚度等值线图

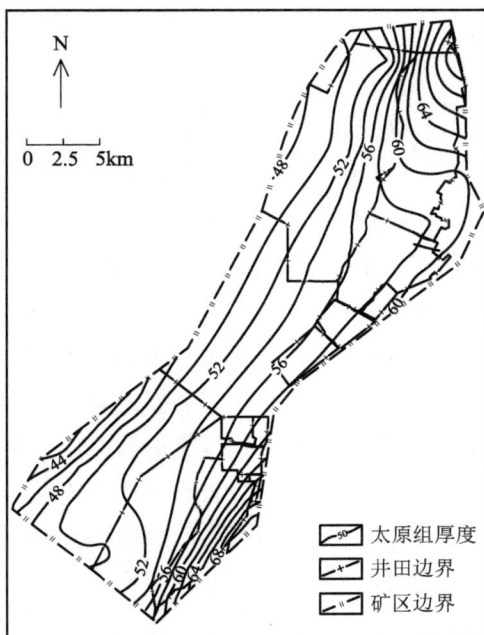

图 4-2　太原组厚度三次趋势图

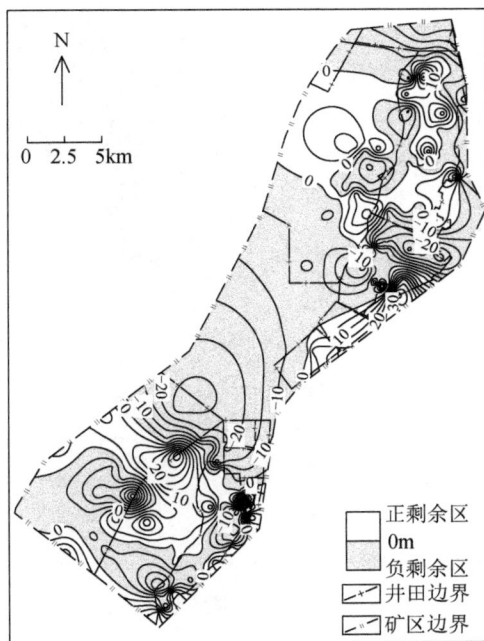

图 4-3　太原组厚度三次趋势剩余图

二、山西组

山西组为矿区另一主要含煤岩系,为纯陆相沉积,按其岩性可分为三段。下段由暗灰色-灰色中厚层状中-细粒砂岩、深灰色粉砂岩、砂质泥岩和煤层($3^{\#}$)组成,下段底部砂岩为地层对比标志层 K_4。中段由浅灰色-灰白色中-细粒砂岩、灰黑色砂质泥岩、泥岩和煤层($2^{\#}$)组成,中段底部为"油毛毡"砂岩。上段由浅灰-暗灰色中-细粒砂岩及灰色-灰黑色砂质泥岩、泥岩夹煤线组成。

山西组厚度总体上由北向南变薄,呈现厚薄相间条带。北区厚度大,变化也较大,总体上由东向西变薄。南区厚度基本上都在 80m 以下,厚度变化较小。全区最大厚度值处于北区的东部,最小值在南区的西南部(图4-4)。山西组厚度三次趋势面图反映出,在矿区北部和南部各发育一个近南北向展布的加厚带,中部(岭底勘查区)厚度稳定(图4-5)。从山西组厚度三次趋势面的剩余图中可以看出,全区山西组厚度由北到南呈厚薄相间分布(图4-6)。

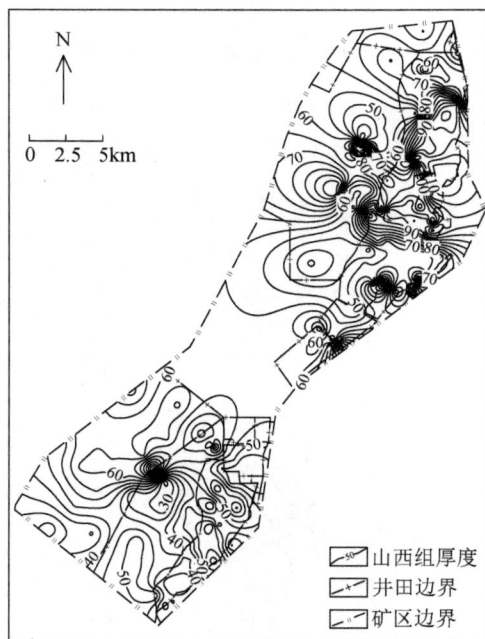

图4-4 山西组厚度等值线图

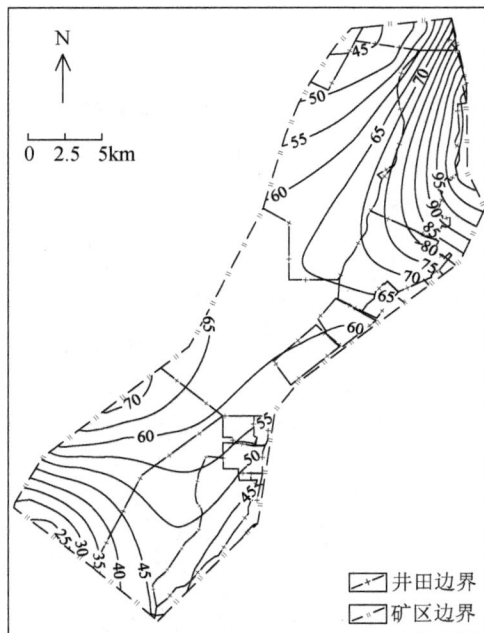

图 4-5　山西组厚度三次趋势图

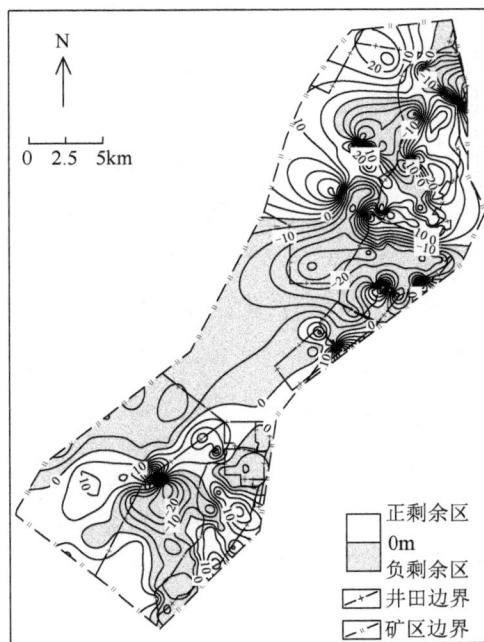

图 4-6　山西组厚度三次趋势剩余图

三、岩相古地理

鄂尔多斯地块石炭纪-二叠纪聚煤期的岩相古地理演化分为以下四个阶段（刘池阳，2008）。

1. 太原组下部沉积时期

石炭纪-二叠纪海侵从祁连山和华北古陆块的东部两个方向朝着中央隆起带推进，此时鄂尔多斯地块具有华北陆表海沉积层序的典型特征，存在低水位体系域，海侵体系厚度不大，但分布广泛；高水位体系域比较发育。此时沉积范围有所扩大，但中央隆起带依然部分存在。东部和西部沉积区只是在北部的鄂托克旗一带互相连通，北部的乌兰格尔隆起和南部的六盘山—铜川一带都处于隆升剥蚀状态（图 4-7）。

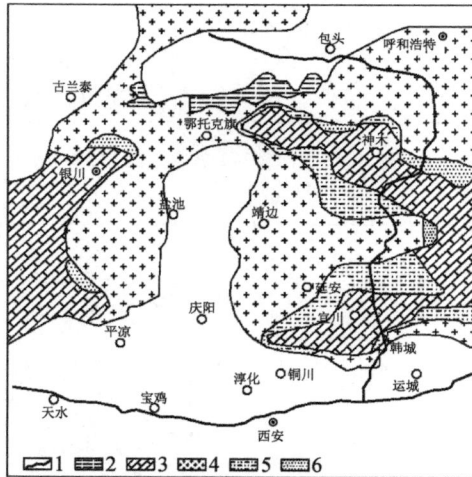

图 4-7　太原组下部沉积古地理示意图

1. 河流；2. 冲积扇；3. 海湾-潟湖；4. 泛滥平原；5. 潮坪-海滩；6. 三角洲前缘

2. 太原组上部沉积时期

此时的沉积范围进一步扩大，原有的中央隆起带完全消失，是最大的海侵期。在这一时期，乡宁—合阳厚煤带发育较好，煤层厚度 8～24m。它的形成主要与三角洲沉积体系的发育密切相关（图 4-8）。

3. 山西组沉积时期

此时沉积范围在北缘（乌兰格尔隆起）和南缘（渭北隆起及其以南的剥蚀区）

进一步扩张，晚古生代海侵已经急剧萎缩，此时海水是朝着东南方向逐渐撤离的（图 4-9）。这一时期的煤层在鄂尔多斯地块的北部、西部、南部发育最好，东南部的大宁、韩城一带，煤层厚度为 6~13m。厚煤层与三角洲沉积体系的发育密不可分，而海湾-潟湖沉积体系的煤层发育较差。

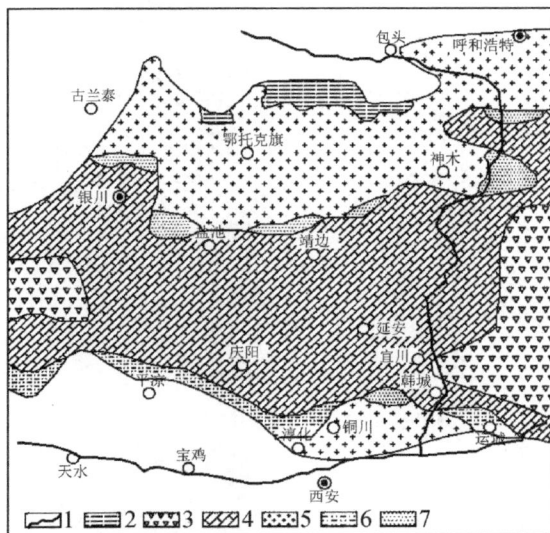

图 4-8　太原组上部沉积古地理示意图

1. 河流；2. 冲积扇；3. 非正常海；4. 海湾-潟湖；5. 泛滥平原；6. 潮坪-海滩；7. 三角洲前缘

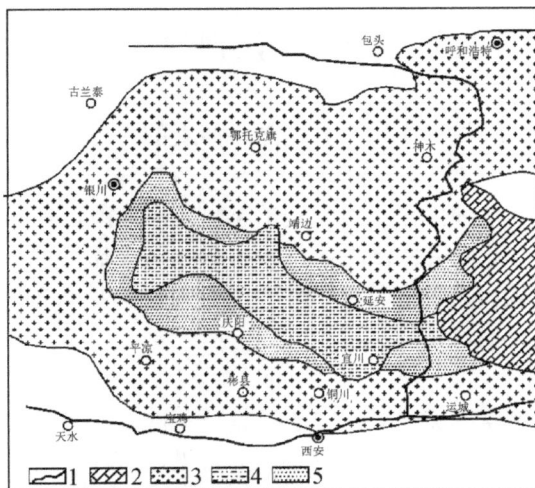

图 4-9　山西组沉积古地理示意图

1. 河流；2. 海湾-潟湖；3. 泛滥平原；4. 潮坪-海滩；5. 三角洲前缘

4. 下石盒子组沉积时期

这一时期潟湖向南偏移，东部的海湾消失，演化成近东西向分布的淡水湖泊；由于古气候原因，已经没有持久稳定的泥炭沼泽发育，晚古生代成煤史终结（图4-10）。

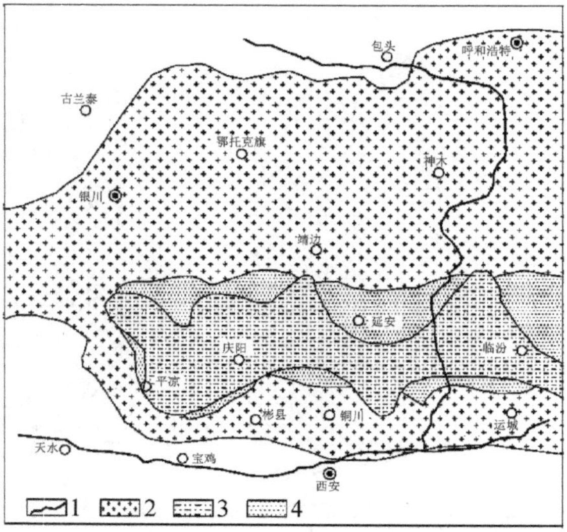

图 4-10　下石盒子组沉积古地理示意图

1. 河流；2. 泛滥平原；3. 潮坪-海滩；4. 三角洲前缘

第二节　主采煤层厚度变化规律

韩城矿区可采煤层共有 4 层，分别是山西组的 2#煤层、3#煤层，太原组的 5#煤层、11#煤层。其中，2#煤层在矿区中北部发育较好，可采区块主要分布在下峪口井田及其附近，其他井田零星可采；3#煤层北厚南薄，在矿区北部全区可采，矿区南部大部可采；5#煤层主要发育在矿区南部，大部可采，矿区北部缺失或仅零星分布；11#煤层南厚北薄，除中西部局部区块外全区大部可采。

一、2#煤层

韩城矿区 2#煤层厚度变化大，属于零星可采的不稳定煤层（图4-11）。

从 2#煤层厚度三次趋势面图（图4-12）可见，韩城矿区大部分地区 2#煤层厚度在可采限以下，仅在下峪口井田及其周围是全区 2#煤层发育最好的区域。2#煤层厚度三次趋势面剩余图（图4-13）上有几块正剩余区，其内的 2#煤层可能达到最低可采厚度。

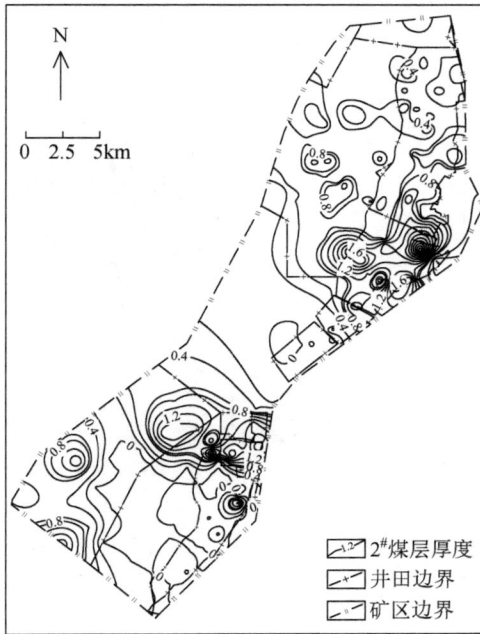

图 4-11 2#煤层厚度等值线图

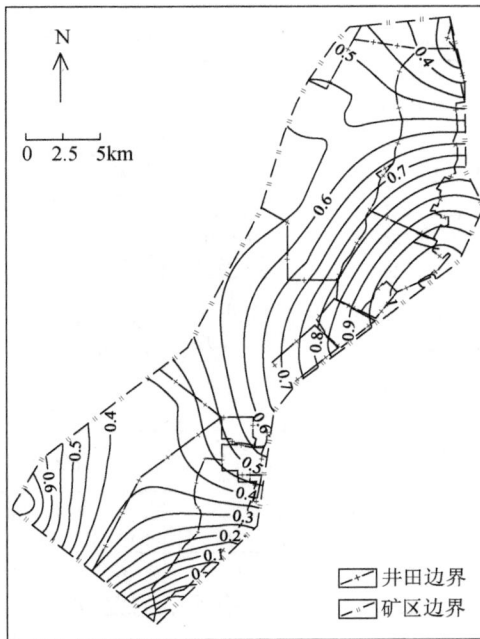

图 4-12 2#煤层厚度三次趋势图

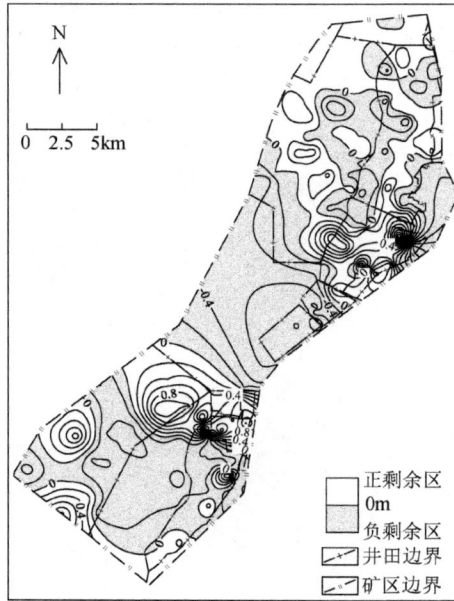

图 4-13 2#煤层厚度三次趋势剩余图

各井田 2#煤层发育情况详见表 4-1。

表 4-1 各井田 2#煤层发育情况一览表

区域	井田	可采点见煤点	可采厚度/m 最小～最大 平均	可采性稳定性	厚度变化规律
北区	桑树坪		0.70～1.20 0.97	局部可采 不稳定煤层	南部煤层较厚,为主要可采区,但其深部煤层仍不可采;北部煤层较薄,大多不可采
	王峰	20 86	0.80～1.10 0.95	局部可采 不稳定煤层	煤层厚度变化大,仅在井田东南部和中部区域有局部可采块区孤立分布
	下峪口	主采煤层之一	0.80～1.50 1.0	大部可采 不稳定煤层	NW 向展布,沿 NE－SW 方向厚薄交替变化,可划分出两个相对的厚煤带与两个相对的薄煤带
	兴隆	8 23	0.80～1.20 0.73	局部可采 较稳定煤层	可采范围位于东北部,可采面积 0.94km²
南区	象山	19 33	0.86～1.99 1.33	不可采 不稳定	井田北部边界有一小面积可采地段
	薛峰	5 14	0.80～1.55 1.30	零星可采 不稳定煤层	仅东北部边界的普1、XF1-1、XF1-5、XF5-9、XF5-11 五个钻孔可采
	星火		0.80～1.99 1.20	局部可采 较稳定煤层	井田西北角受冲刷缺失。可利用资源分布在井田东北部

二、3#煤层

3#煤层厚度北厚南薄,且呈现厚薄相间的条带分布(图 4-14)。北区煤厚在 2～

20m，变化较大；南区 3#煤层厚度一般都在 1～3m，煤厚比较稳定。南区的东南部厚度较大，北部和西南部厚度小于 0.7m，为不可采区。

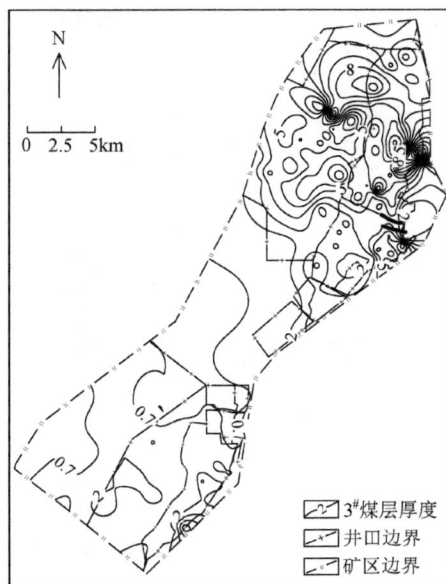

图 4-14 3#煤层厚度等值线图

从 3#煤层厚度三次趋势面（图 4-15）图可见，煤层厚度基本呈现由东北到西

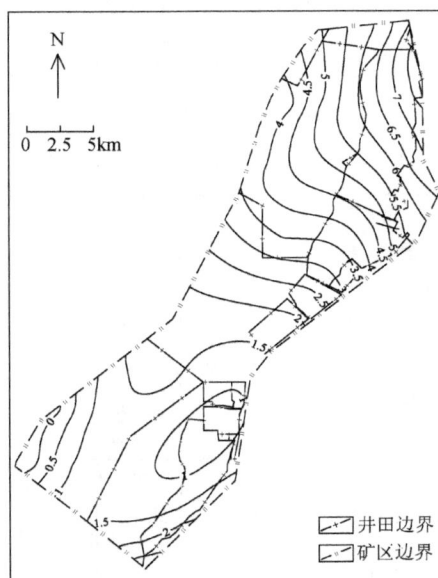

图 4-15 3#煤层厚度三次趋势图

南逐渐减薄的趋势。北区煤厚普遍大于 3m，最大趋势值 7.6m。南区的东南部煤厚在 3m 左右，向北、向西明显减薄。3#煤层厚度三次趋势面剩余图（图 4-16）同样反映出 3#煤层厚度自北向南厚薄相间的分布规律。

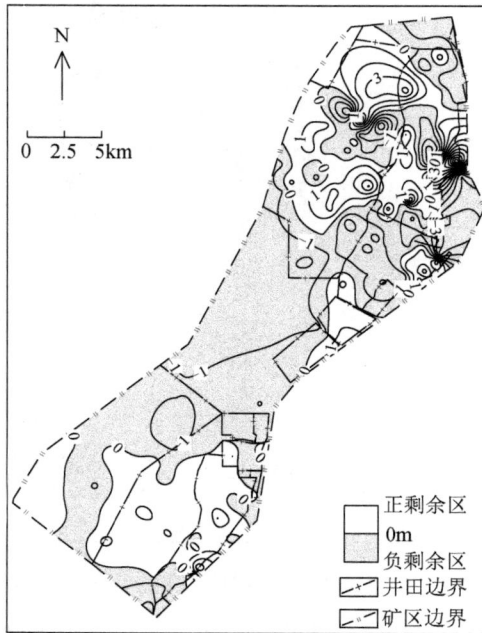

图 4-16　3#煤层厚度三次趋势剩余图

总体而言，韩城矿区的 3#煤层属于大部可采的较稳定煤层，各井田 3#煤层发育情况详见表 4-2。

表 4-2　各井田 3#煤层发育情况一览表

区域	井田	可采点 见煤点	煤层厚度/m 最小~最大 平均	可采性 稳定性	厚度变化规律
北区	桑树坪		0.70~19.17 6.33	全区可采 较稳定	北部和南部煤厚相对较小，变化幅度不大，煤厚较稳定；中部煤层厚度较大，变化也大。特厚煤层主要分布在矿井中部地区，浅部及深部煤层厚度又相对较薄。在特厚煤区一般分布着厚度相对较薄的"薄煤区"，表现出煤层厚度化呈厚薄相间的特点
	王峰	89 90	0.80~10.83 4.89	全区可采 稳定	北部和南部煤厚较小，变化幅度不大，煤厚较稳定，中部煤层厚度较大，变化也大
	下峪口		0.80~9.62 4.0	全区可采 较稳定	北厚南薄，浅部厚，深部薄。自 NW 到 SE 方向，大致分为三个条带：Ⅰ带煤厚 1~4m；Ⅱ带煤厚 4~6m；Ⅲ带煤厚大于 6.0m

续表

区域	井田	可采点 见煤点	煤层厚度/m 最小～最大 平均	可采性 稳定性	厚度变化规律
北区	兴隆	23 25	0.80～3.58 2.69	全区可采 稳定	边部薄，中部厚
南区	象山	181 208	0.80～5.71 1.75	大部可采 较稳定	井田东北角被古河床冲刷，边浅部被构造破坏，成为不可采或无煤区
	薛峰	11 22	0.90～2.55 1.57	局部可采 较稳定	东南部和象山扩大井田交界处厚度大，可采区域沿 XF5-1、XF9-1 至 XF9-11、XF13-12 呈东北—西南方向展布。除 XF25-7 钻孔周围外，其余可采点均连成一片
	星火		0.80～1.97 1.26	局部可采 不稳定	中部和东北部缺失，南部被老窑采空破坏，仅西北部的一部分资源量可开采利用

三、5#煤层

5#煤层主要发育于南区的薛峰井田和象山井田，虽然连片发育，但厚度变化较大，且规律性不强。南区大部分煤厚为 3～5m，在薛峰与象山井田交界处厚度最大。南区存在 2 处较大的不可采区，分别位于薛峰井田中部和象山井田东南角。北区 5#煤层仅有零星分布，厚度较小，极不稳定，仅在兴隆井田形成可采煤层（图 4-17）。

图 4-17　5#煤层厚度等值线图

通过对 5#煤层厚度进行三次趋势分析，发现在南区发育一个以象山井田西北部为沉积中心的 5#煤层厚煤带，该带 NE 向延伸，5#煤层厚度总体上呈由南向北、由中部向东西两侧逐渐减薄的趋势（图 4-18）。三次趋势剩余图（图 4-19）则表明了几个相对富煤区域的位置，分别位于南区的薛峰井田、象山井田和北区的兴隆井田。

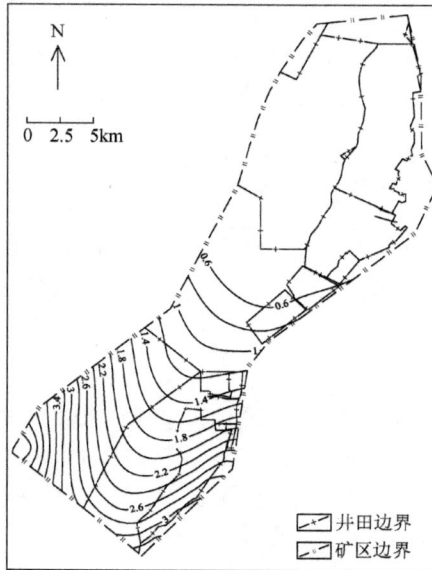

图 4-18　5#煤层厚度三次趋势图

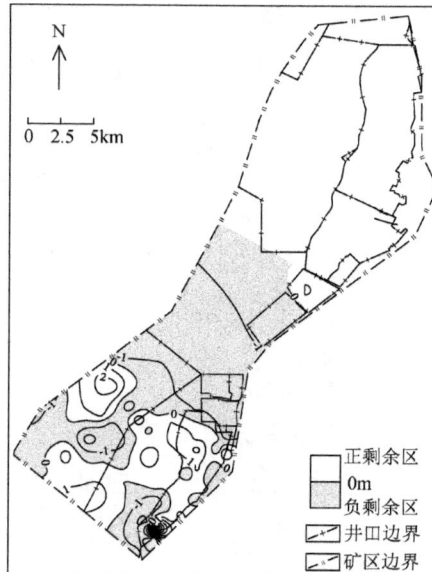

图 4-19　5#煤层厚度三次趋势剩余图

总体而言，韩城矿区的 5# 煤层属于局部可采的较稳定煤层，各井田 5# 煤层发育情况详见表 4-3。

表 4-3 各井田 5# 煤层发育情况一览表

区域	井田		可采点见煤点	煤层厚度/m 最小～最大 平均	可采性稳定性	厚度变化规律
北区	兴隆		21/25	0.80～1.56 1.36	大部可采稳定	X3、L24 号孔周围煤厚大于 1.4m，其余地段煤厚多在 1.0～1.2m
南区	象山	5⁻¹	166/182	0.91～12.28 2.90	大部可采较稳定	煤厚总体的展布方向呈近东西向
		5⁻²	40/117	0.80～3.84 1.29	局部可采不稳定	煤层可采区有四块，面积非常小，均位于原象山井田范围内，仅由 2～3 个钻孔圈定。在 5⁻²# 煤层厚度为零的地区，属于 5⁻¹# 煤层的合并区
	薛峰		18/22	0.85～7.30 3.54	大部可采较稳定	两个大于 3m 的厚煤带，分别位于 9 及 13 勘探线西北和勘查区西南部。东部普 1、XF1-1、XF1-5、XF5-1、XF5-11 五个钻孔所在区及 XF9-9 钻孔所在区为无煤区及不可采区

四、11# 煤层

韩城矿区 11# 煤层厚度较稳定，南区厚度大于北区厚度（图 4-20）。11# 煤层在

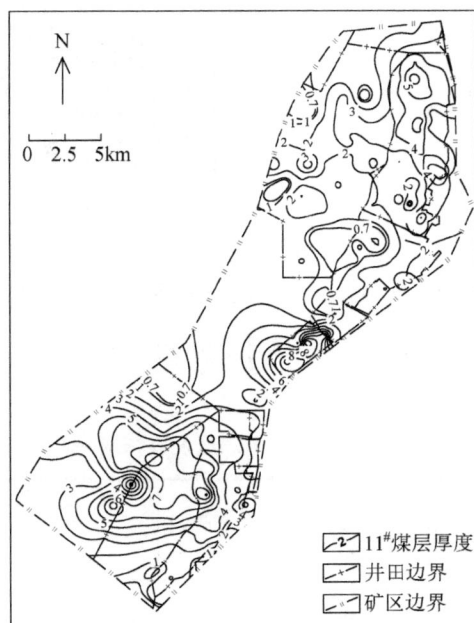

图 4-20 11# 煤层厚度等值线图

矿区南部形成以象山井田中北部为中心的富煤区，向南、向北煤层迅速减薄，甚至形成不可采区。在矿区中部形成以盘龙井田为中心的小块富煤区。在矿区北部形成以桑树坪井田北部为中心的富煤区，煤层向西、向南迅速减薄，甚至形成不可采区。在南区厚煤带总体上沿近东西向展布；在北区厚煤带总体上沿近南北向展布。从厚度的三次趋势图（图 4-21）可以看出，11#煤层厚度总体上反映出由南向北减薄的趋势。南区在象山井田中北部与薛峰井田交界处有一个面积较大的富煤中心，11#煤层厚度向四周逐渐变薄；北区则有一个以王峰井田西南部为中心的薄煤区，煤层厚度向东北方向变厚。从其剩余图（图 4-22）可见，正负剩余区在南北方向上大体上呈相间分布，北区的正剩余区有南北展布的特点。

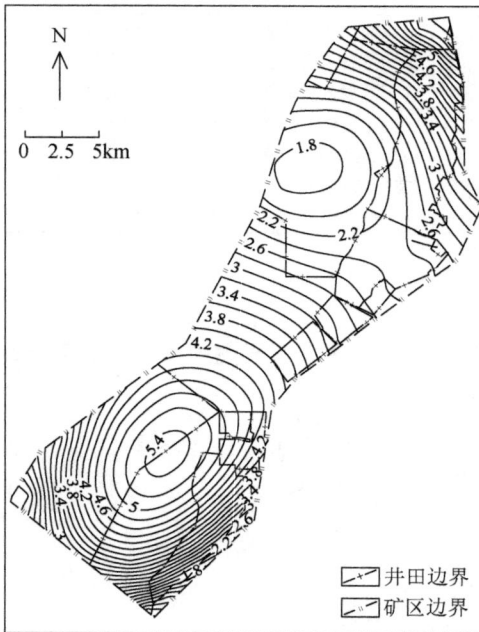

图 4-21　11#煤层厚度三次趋势图　　　图 4-22　11#煤层厚度三次趋势剩余图

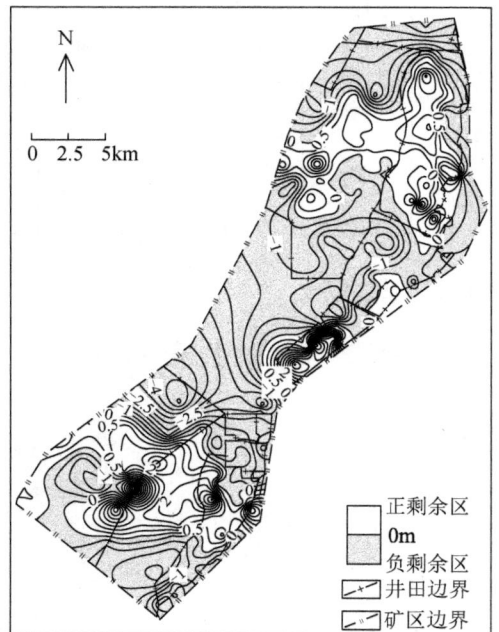

　　总体而言，韩城矿区的 11#煤层属于全区可采的较稳定煤层，各井田 11#煤层发育情况详见表 4-4。

表 4-4　各井田 11#煤层发育情况一览表

区域	井田	可采点见煤点	可采厚度/m 最小～最大 平均	可采性稳定性	厚度变化规律
北区	桑树坪		0.80～10.80 3.56	全区可采较稳定	南厚北薄。有 5 块近南北向展布的煤厚大于 5m 的厚煤带。煤层稳定性北部好，南部差，深、浅部好，中部差

续表

区域	井田	可采点 见煤点	可采厚度/m 最小～最大 平均	可采性 稳定性	厚度变化规律
北区	王峰	82 83	0.80～5.23 2.43	全区可采 稳定	北部煤厚 2～4m，南部煤厚 1.2～2m；中深部煤厚 3～4m。有 5 块近南北向展布的煤厚大于 3m 的厚煤带。煤层稳定性北部好，南部差，深、浅部差，中部较好
	下峪口		0.80～8.34 2.80	大部可采 不稳定	东厚西薄。在井田西部形成薄煤带和大片不可采区块；东部两个相对厚煤带与两个相对薄煤带呈南北走向相间分布
	兴隆		0.90～18.30 5.52	全区可采 较稳定	边浅部煤厚，深部较薄。两个厚煤区集中在 L26、L35 号周围，厚度大于 9m，中部逐渐减薄至 3～4m，X7 号孔煤厚小于 1m
南区	象山	210 224	0.85～20.34 4.73	全区可采 较稳定	南薄北厚，在南北方向形成煤层逐步变厚的四个东西向条带，煤厚从 1m 增加到 5m 以上。井田南端深部边界区段的英 21、英 6、S20 等钻孔范围内为不可采区
	薛峰	24 25	1.25～8.90 4.43	全区可采 较稳定	由东南向西北逐渐变薄。厚煤带分布在东部和象山扩大井田交界处；在 XF17-5、XF17-9、XF21-5 及 25 勘探线一带煤层因沉积变薄；在普 1 至 XF1-1、XF5-1 一线煤层因构造影响形成薄煤带
	星火		2.06～5.89 4.06	全区可采 较稳定	南部和中部为大面积采空区，可供利用资源主要分布于北部

第三节　古地形对聚煤作用的影响

　　煤系基底古地形不仅是煤系沉积前煤系基底构造的地面表露形式之一，据其起伏特点可以间接反映地质构造特征；同时，它对上覆煤系沉积发育、分布，乃至含煤性等变化都有一定的控制作用，甚至对煤系后期变形也作为一个下部边界条件而施予一定的影响，故从煤系基底古地形上，可以直接或间接地提取到不少聚煤期前、期中和期后的构造信息。

一、古地形恢复原理与方法

　　古地形恢复最常用的方法是标志层复平法，它是利用特定地层的厚度直接恢复古地面起伏形态的一种方法。假设聚煤盆地中某个标志层在开始沉积时是水平的，则该标志层底面至聚煤盆地底面之间的地层真厚度可以反映聚煤盆地底面的起伏状况。以太原组底部的 11#煤层作为标志层，绘制 11#煤层底板至奥灰岩顶面之间垂距的等厚线图，相当于将 11#煤层复平，该等厚线图等同于 11#煤层开始沉积时聚煤盆地底面的等深线图，可较真实地反映出煤系基底的古地形信息。

二、韩城矿区煤系基底古地形

华北古板块在整个古生代的构造运动表现为整体升降运动。因此，从中奥陶世至早石炭世整体抬升遭受风化剥蚀后，韩城矿区的古地形面貌是在准平原化背景上存在局部起伏。以 11#煤层为标志层，将其底面至奥灰岩顶面之间的地层真厚度作为垂距，绘成等厚线图，可得到古地形起伏状况，见图 4-23。韩城矿区北部，古地形表现为近东西向的垄洼相间；矿区中南部，总体表现为垄岗地貌，向东南方向出现低洼地带。

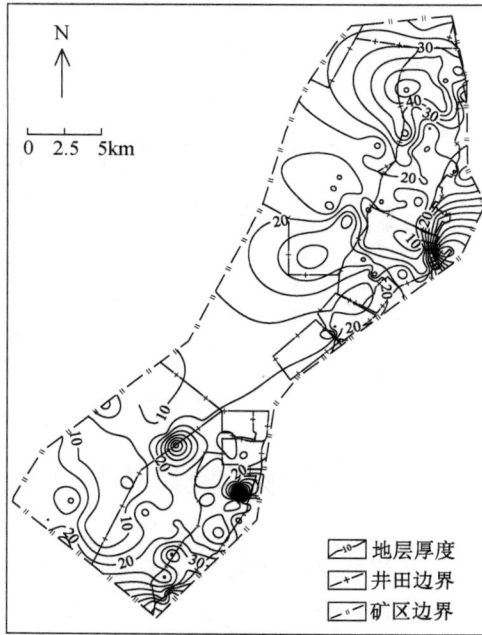

图 4-23　11#煤层至奥灰岩顶面之间地层等厚线图

11#煤层底板至奥灰岩顶面之间地层厚度的一次趋势面（图 4-24）显示，在 11#煤层沉积时，煤系基底东低西高；三次趋势面（图 4-25）显示，在韩城矿区中部，古地形表现为 NEE 向延伸的古隆起，分别向北、向南降低；三次趋势面剩余图（图 4-26）反映的古地形特征与图 4-23 基本相同。

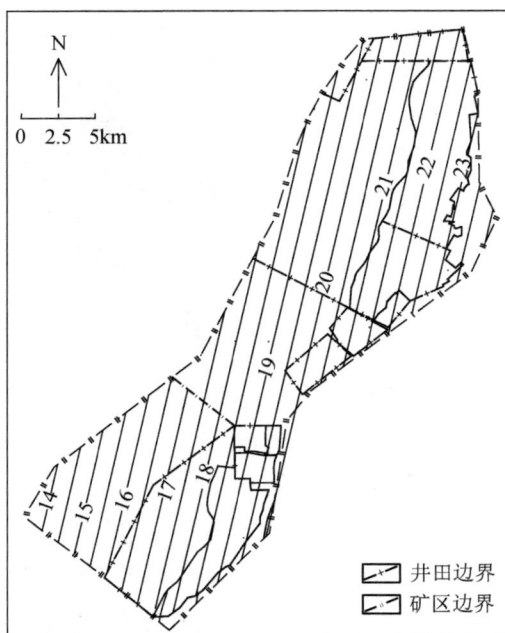

图 4-24 11#煤层至奥灰岩顶面之间地层厚度的一次趋势面图

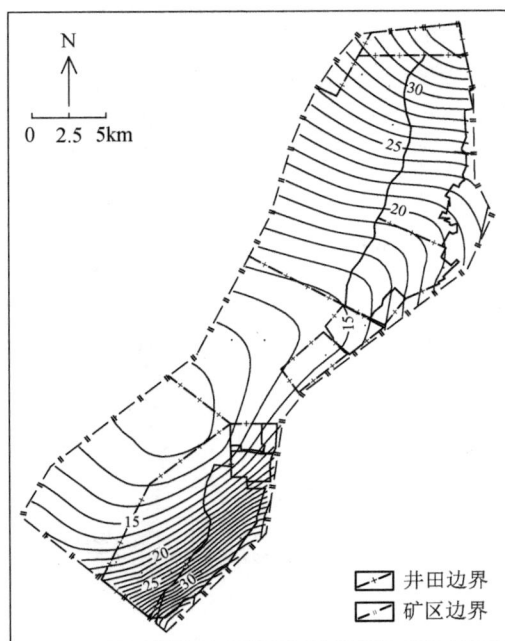

图 4-25 11#煤层至奥灰岩顶面之间地层厚度的三次趋势面图

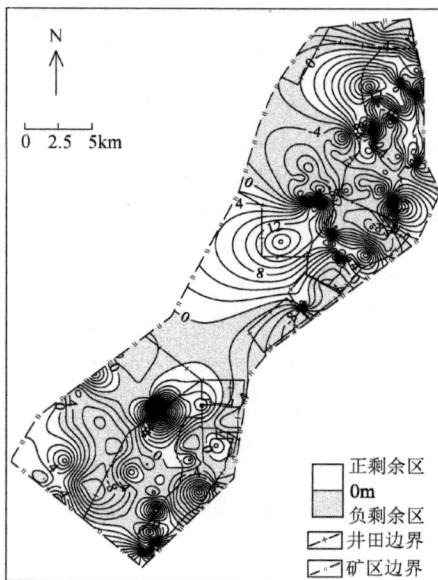

图 4-26　11#煤层至奥灰岩顶面之间地层厚度的三次趋势面剩余图

三、古地形与煤层厚度的关系

韩城矿区奥灰岩顶面的古地形与 11#煤层的厚度变化有一定的联系。从整个矿区来看，在古地形相对较高的南部，11#煤层的厚度较大（图 4-27）；而在矿区北

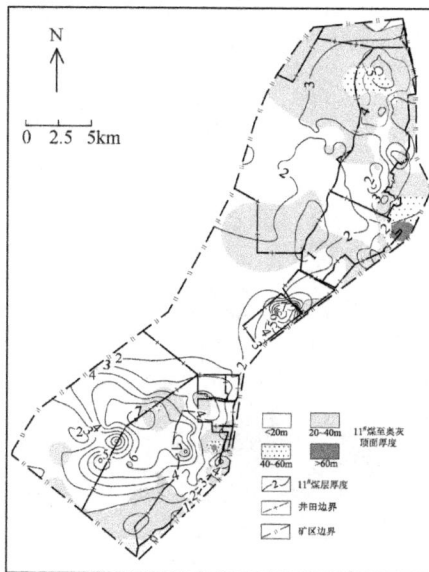

图 4-27　11#煤层与古地形的关系

部，11#煤层的厚度与 11#煤层至奥灰顶面厚度之间则表现为正相关关系。从局部地点来看，11#煤层在古地形洼地有增厚的现象。这种现象在象山井田的 11-11′勘探线 117 号钻孔表现最为典型，详见第 7 章。

第四节　同沉积构造的控煤作用

一、同沉积构造活动对聚煤作用的控制

1）2#煤层

从 2#煤层厚度与山西组厚度叠加图（图 4-28）可见，2#煤层厚度较大的区域，山西组厚度一般在 60m 左右。这说明，在 2#煤层聚积过程中，2#煤层厚度与山西组厚度表现为抛物线型关系，盆地基底的沉降速度过快或过慢均不利于聚煤作用。

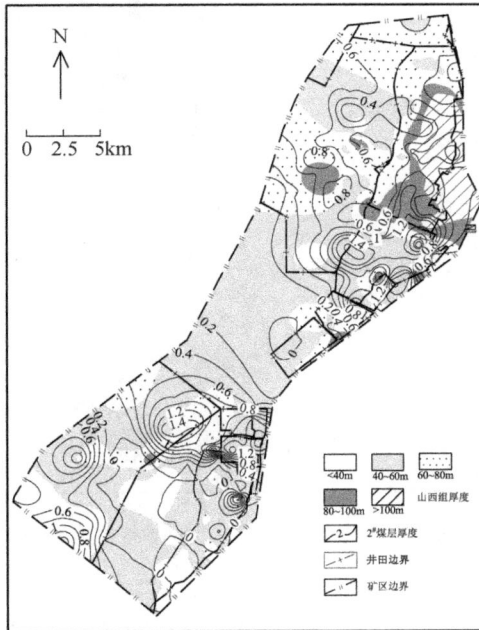

图 4-28　2#煤层厚度与山西组厚度的关系

2）3#煤层

随着造煤物质堆积速度的加快，3#煤层聚煤强度与盆地基底沉降速度呈现正相关关系（图 4-29），厚度较大的区域基本上都位于山西组厚度大于 60m 的矿区北部。

3）5#煤层

5#煤层主要发育在矿区南部，煤层厚度与太原组上段厚度之间无明显关系

（图 4-30），5[#]煤层的聚积可能受古地理因素控制。

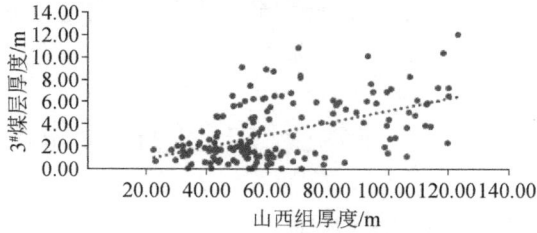

图 4-29　3[#]煤层厚度与山西组厚度的关系

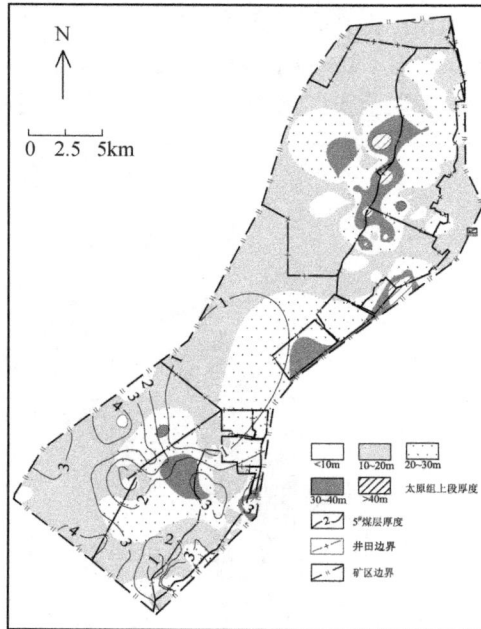

图 4-30　5[#]煤层与太原组上段厚度之间的关系

4）11[#]煤层

从 11[#]煤层厚度与太原组下段厚度叠加图（图 4-31）可见，11[#]煤层的聚煤强度与盆地基底的沉降速度有较显著的正相关关系。由于造煤物质堆积的速度大于盆地基底的沉降速度，富煤区域往往分布于坳陷速度相对较大的象山井田和桑树坪井田。

二、同沉积构造形迹对聚煤作用的控制

根据韩城矿区太原组（图 4-1）和山西组（图 4-6）的地层厚度变化规律以及盆地古地形面貌（图 4-25）推测，在石炭纪-二叠纪聚煤期，桑树坪井田以南、象

山井田以北的中部区域发育有近东西向延伸的同沉积背斜，与盆地基底 NEE 向延伸的古隆起有继承关系，可称其为文家岭同沉积背斜，在其南北两侧发育同沉积向斜。2#煤层发育较好的区域（下峪口井田及其周围和象山井田北部）位于该背斜两翼的相对坳陷部位；3#煤层和 11#煤层聚煤强度较大的区域基本上都位于同沉积向斜部位。

在韩城矿区没有发现同沉积断裂。

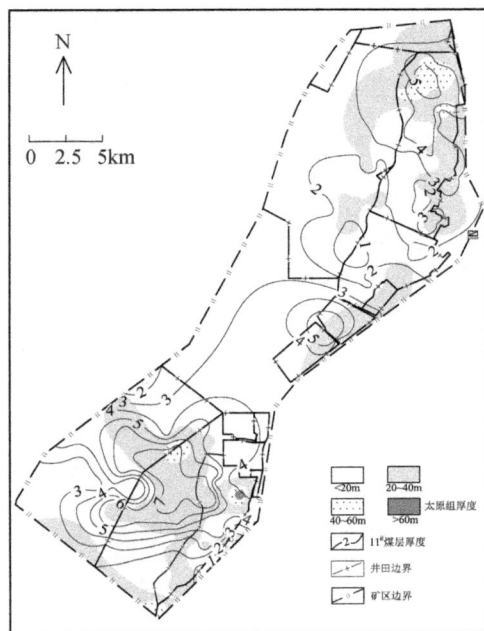

图 4-31　11#煤层厚度与太原组下段厚度之间的关系

第五章　地质构造的几何学解析

第一节　构造的类别与走向

一、构造的类别

韩城矿区地质构造相对复杂,构造类别比较齐全。既有断层又有褶皱,既有节理又有层滑。

1. 断层

韩城矿区范围内发现落差在 20m 以上的断层共 68 条,包括地震勘探发现断层 31 条,遥感新解译断层 6 条(图 5-1)。其中,落差在 100m 以上的断层占 23.5%,

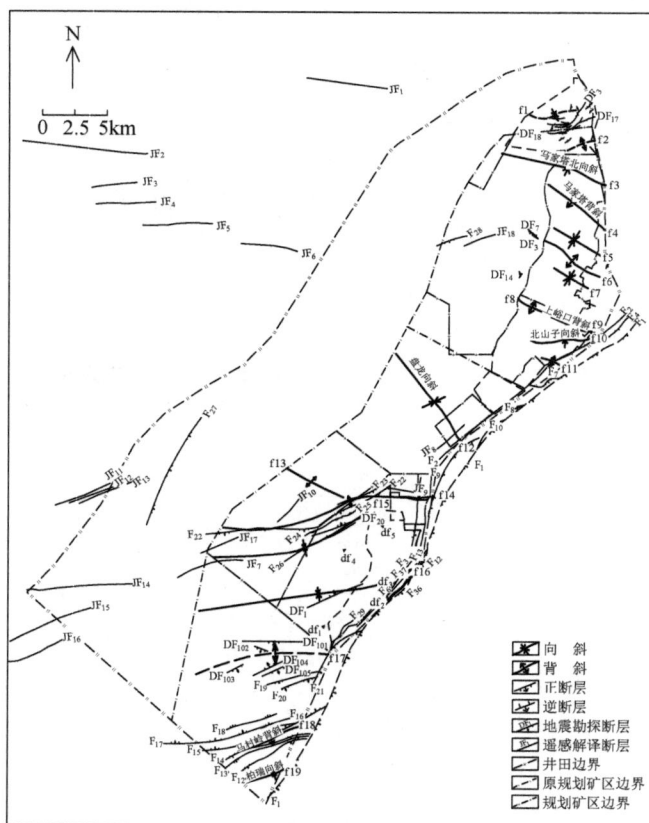

图 5-1　韩城矿区构造纲要示意图

正断层 44 条，逆断层 18 条（不含遥感解译断层）。此外，矿区内还发育大量落差小于 20m 的中、小型断层。

应用遥感地质方法对韩城矿区及其邻区进行了断裂构造解译，修正原有断层 11 条（表 5-1），新解译断层 18 条（表 5-2），其中 6 条在韩城矿区范围内。

表 5-1　修正断层一览表

编号	断层名称	性质	断层产状			断距/m	出露地点	长度/m	修正内容
			走向/(°)	倾向/(°)	倾角/(°)				
F_1	韩城大断层	正	20~50	SE	60	>500	龙门至龙亭	48 400	位置
F_2	上峪口逆断层	逆	45~60	SE	30~45	>100	上峪口沟至西墕沟	18 400	与 F_{31}、F_{11} 合并为 F_2 逆断层
F_4	禹门口逆断层	逆	50	SE	45~60	250~300	禹门口至上峪口	2 500	位置
F_5	莲花山逆断层	逆	40~60	NW	20~45	60~180	象山至盖儿岭	7 000	合并到 F_6 正断层
F_6	禹门口正断层	正	40	SE	70	40	主北村西沟	6 800	延伸至原 F_5 断层的位置
F_7	杨山庄村西正断层	正	45~90	SE	60		杨山庄	2 600	位置
F_9	石家沟正断层	正	15~60	SE	60		马沟渠至文家岭	7 700	位置
F_{11}	文家岭逆断层	逆							合并到 F_2
F_{22}	东泽村正断层	正	60	SE		250	东泽村	15 200	位置
F_{26}	庙底村二号正断层	正	65	NW	60	50	庙底村	6 300	位置
F_{31}	禹门山逆断层	逆							合并到 F_2

表 5-2　新解译断层一览表

编号	位置	走向/(°)	延伸长度/m	影像特征
JF_1	集义镇与南庄村之间	80	6 270	东端深灰色具弯曲粗纹理的斑块与灰白色斑块形成明显的线性影像，西端深绿色具黑色纹理的斑块与灰绿色斑块形成明显的线性影像，这两个线性影像均呈近东西向且位于同一条直线上
JF_2	堂壮村北 0.5km 处	80	9 690	东端灰紫色具 NWW 向、SWW 向弯曲粗纹理斑块与灰紫色具东西向粗纹理的斑块形成明显的线性影像，西端灰紫色、灰黑色斑块与深黑色斑块形成明显的线性影像
JF_3	堂壮村西南 1.4km 处	80	3 520	深黑色东西向近椭圆形斑块与灰红褐色矩形、三角形斑块形成明显的线性影像

续表

编号	位置	走向/(°)	延伸长度/m	影像特征
JF₄	骡子沟门以北约 0.5km 处	85	4 600	西端灰黑色具弯曲纹理的斑块与红褐色斑块形成明显的线性影像，东端灰白色斑块与灰黑色具放射状纹理斑块形成明显的线性影像，中部该线性影像造成两侧山梁错断
JF₅	寺塔及院子川以南约 0.2km 处	87	5 400	西部灰紫色具弯曲黑色纹理的斑块与灰紫色斑块形成明显的线性影像，东端黑色东西向展布斑块与灰紫色东西向斑块形成明显的线性影像
JF₆	院子川马家庄以南约 2.0km 处	84	4 380	西部山坡冲沟基本呈近南北走向，灰黑色、灰褐色相间分布的斑块与灰色斑块形成近东西走向的明显的线性影像，向东逐渐向南偏转，影像特征趋于模糊
JF₇	寺后塔以南	40～85	5 300	西端灰黑色斑块与灰紫色斑块形成明显的线性影像，东端灰绿色斑块与灰紫色斑块形成线性影像
JF₈	龙门镇源坪村以西约 0.5km	45	1 700	浅灰绿色具线性纹理的斑块与深灰绿色斑块形成明显的线性影像
JF₉	马沟渠煤矿西北约 3.0km 处	100	2 100	灰褐色、灰白色相间具南北向纹理的斑块与灰白色具零星黑斑的斑块形成明显的黑色线性影像，向东延伸至前部隆起断裂带，消失于石家沟附近
JF₁₀	薛峰水库南侧	45	2 450	灰黑色斑块与黑绿色斑块形成明显的线性影像
JF₁₁	马家湾断裂带	65～70	4 580	黑色条带状斑块与灰黑色、灰白色相间斑块，呈线性影像
JF₁₂	马家湾断裂带	65～70	3 770	黑色条带状斑块与灰黑色、灰白色相间斑块，呈线性影像
JF₁₃	马家湾断裂带	65～70	4 350	黑色条带状斑块与灰黑色、灰白色相间斑块从城明显的线性影像
JF₁₄	灵火村与寺儿坪之间	85	8 180	东端为灰紫色具弯曲纹理斑块相交形成的深灰色线性影像，向西沿河流延伸，为灰紫色斑块之间的灰白色线性影像
JF₁₅	寺儿坪以西	65～70	6 800	东端为浅紫灰色具南北状纹理斑块与浅紫灰色具东西状纹理斑块形成明显的线性影像，西段为灰白色具白色弯曲纹理斑块与灰黑色斑块形成明显的线性影像，中部线性影像略模糊
JF₁₆	寺儿坪以西	65～80	4 580（解译区内）	中部深黑绿色斑块与灰褐色斑块形成明显的线性影像，西端灰黑色斑块与灰色具白色斑点斑块形成明显线性影像，东端线性影像趋于模糊
JF₁₇	寺后塔以北	65	3 150	东端灰黑色三角状斑块与灰紫绿斑块形成明显的线性影像，西端灰黑色斑块与灰绿色、灰紫色斑块形成线性影像，两者位于同一条直线上，中部灰黑色线性影像较模糊
JF₁₈	龙骨岭东部	70	2 570	东端为灰黄色、灰绿色相间斑块交错形成的线性影像，西端为灰黑色呈弯月状斑块与灰绿色白块形成的灰黑色线性影像，两者位于同一条直线上，中部灰黑色线性影像较模糊

对矿区范围内的主要断层分述如下。

1）张扭性正断层

张扭性断层在全区最发育，其规模较大的断层如下所述。

（1）韩城大断裂（F_1）。韩城大断裂目前表现为大型正断层，是渭北煤田东部边缘的一条控制性大断裂。断层经山西禹门口入韩城后，向西南方向延伸，区内延展长度约 48.4km。断层走向 NE（20°～50°），倾向 SE，断距大于 500m（图 5-2）。按延伸方向不同分为四段，分别在英山、湨水河、盘河等处形成拐点。平面上呈舒缓波状延伸及带状分布，剖面上呈阶梯状正断层逐级向盆地方向降落。断层带内普遍见有角砾岩及断层泥，在盘龙河口可见该断层早期受挤压形成的小型叠瓦状逆断层以及发育其中的不协调褶皱。因此，F_1 断层具有先压扭后张扭的特点。

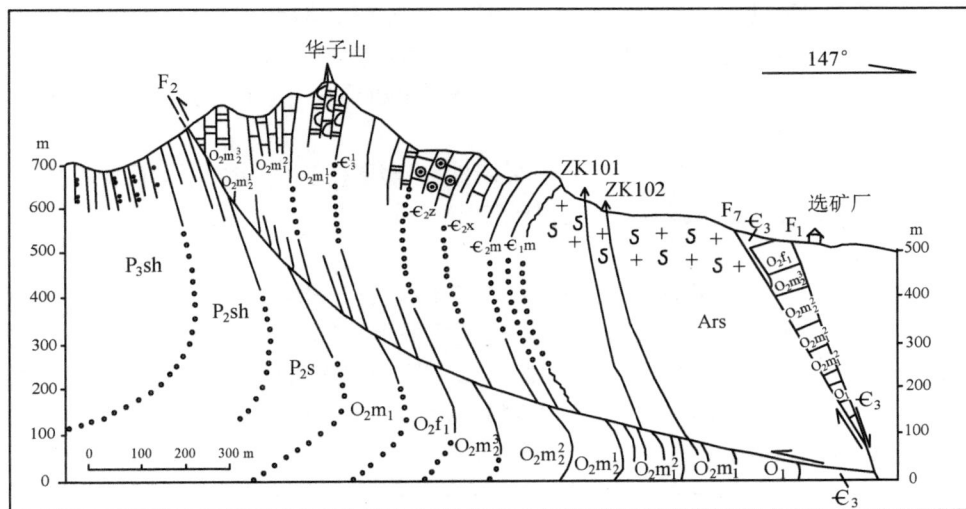

图 5-2　F_1、F_2 断层素描图

（2）马村岭正断层（F_{15}）。位于上官庄、清水河至乔子玄车站一线，走向 NEE，倾向 NW，断距 50～70m，其上盘为三叠系刘家沟组石英砂岩，下盘为上二叠统孙家沟组砂质泥岩夹细砂岩。上盘地层中反向张剪性裂隙十分发育。断层带中棱角状断层角砾岩较为发育，表现为张性特征。和 F_{15} 邻近且平行发育的几条正断层（F_{17}、F_{18}）特征非常相近。

（3）东泽村正断层（F_{22}）。位于韩城卢家山、西泽村牛槽村一线，延伸长度大于 15.2km，断层走向从西到东由近东西向转为 NE 向，倾向 S 至 SE，断距约 250m，向 NE 方向逐渐变小。断层上下盘地层分别为二叠孙家沟组和上石盒子组。断层面两侧岩石十分破碎，断层带宽约 2m，断层带内有泉水出露。断层角砾岩大小不一。断层上下盘中裂隙很发育。

（4）东泽村东（庙底村）正断层（F_{26}）。位于侯家岭—瓦龙庙一线，延伸 6.3km，断层走向 NE（65°～70°），倾向 NW，倾角约 60°，断距约 50m，断层断于孙家沟组之中。断层面凹凸不平，两侧岩石破碎，角砾岩棱角明显。断层带宽约 4m，带内发育两组裂隙，把岩石切成菱形小块，裂隙处多见泉水出露。

（5）龙骨岭正断层（F_{28}）。位于桑岭村至后贾山一线，延伸 2.5km，断层走向 NEE，倾向 SE，断距各处不一。在后村科东沟，断距 22m；上院村西沟处，断距 60m，断层带宽度 0.5m；涧东村西沟处，断距 45m，断层带宽度 2m；龙骨岭水库处，断层面直立，断距 13m。

（6）上山底村正断层（F_{37}）。展布于井田浅部的上山底至狮山一线，在上山底沟、下山底沟、沙锅渠、北涧西沟、狮山东坡等均有出露。在山底村一带表现于山西组地层中，在沙锅渠、狮山附近，则为奥陶系灰岩同太原组底部地层或太原组底部同山西组中上部地层接触，断层面倾向 SE，断距最大者达 100m 以上，一般为 30～50m。呈弧形与 F_{36} 断层平行，其两端皆与韩城正断层（F_1）相交。在其北侧存在与其形态较为相近的两条断层 F_{12} 正断层和 F_{13} 正断层。

2）压扭性逆断层

压扭性断层在全区发育较少，主要断续分布于东南边部的 F_1 大断裂西侧，由南向北，断层发育强度减弱，矿区中深部仅零星可见。对其规模较大的主要断层分述如下。

（1）禹门口-文家岭逆断层（F_2）。展布于禹门口—华子山—盘龙河湾一线，是区内规模最大的逆断层，该断层几乎与 F_1 断层平行展布，延伸长度 18.4km，断层总体走向 NE50° 左右，倾向 SE，倾角 30°～40°，且向深部变缓。断层分布稳定，出露完整，沿断层带不同层位老地层掩覆于较新地层之上，是一条压扭性的逆推走向断层（图 5-3）。

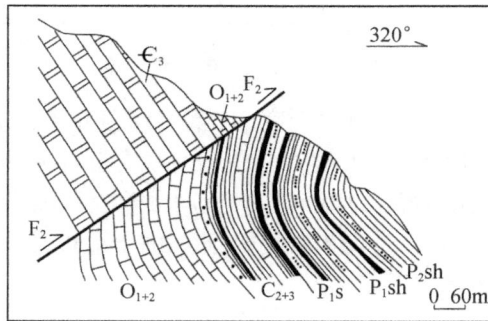

图 5-3　秃山北西坡 F_2 逆断层素描图

该断层作为边部的一条主要的控制性断裂，使北区边部地层倒转，断层带内地层产状零乱、揉皱、破碎、构造牵引现象和构造透镜体多见（图5-4）。断层带宽度10～20m，北宽南窄，断层带影响宽度一般超过200m，断层断距各处不一，北大南小，变化在20～150m。该断层伴生构造十分复杂，可见分叉与合并现象。

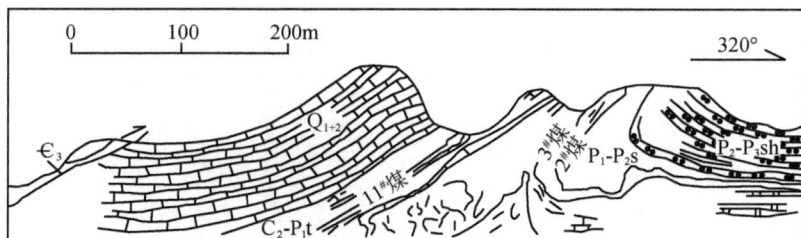

图 5-4　韩城上峪口沟地质构造横剖面图

据《陕西省煤炭资源潜力评价报告》，2010

（2）爱帖沟逆断层（F_{12}）。展布于清水、爱帖村向西至杨家庄一线，呈 NEE 方向延伸，长达 6km，倾向 SE，上石盒子组逆冲于孙家沟第一段之上，断距 350m 以上，断面附近有许多小褶曲，压性特征明显，挤压带宽约 40m。与 F_{13}、F_{14} 形成逆断层组（图5-5）。

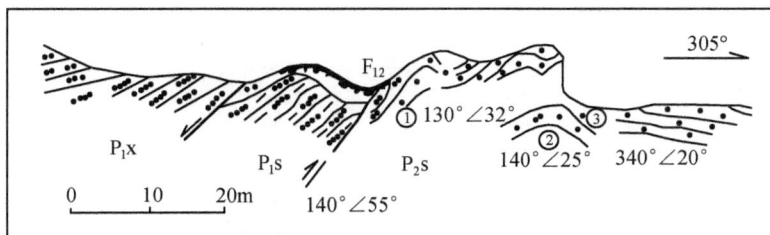

图 5-5　F_{12} 断层素描图

（3）爱帖村逆断层（F_{14}）。展布于清水至龙亭一线，断层走向近 NEE，倾向 SE，延伸长度约 6.9km。上盘上石盒子组推覆于下盘孙家沟组之上，邻近地层有明显的挤压现象。断层带宽约 10m。在清水村以北，断层下盘地层中发育小型地堑式正断层。在清水村北桥头，断层面旁侧，网状裂隙构成裂隙密集带。断层具有明显的压扭型特征。

2. 褶皱

在 $11^{\#}$ 煤层底板等高线图上（图 5-6）显示出韩城矿区发育大中型褶皱共 19 个。除了矿区规模的褶皱构造，在各井田还有不少小型褶皱发育。对矿区范围内的代表性褶皱分述如下。

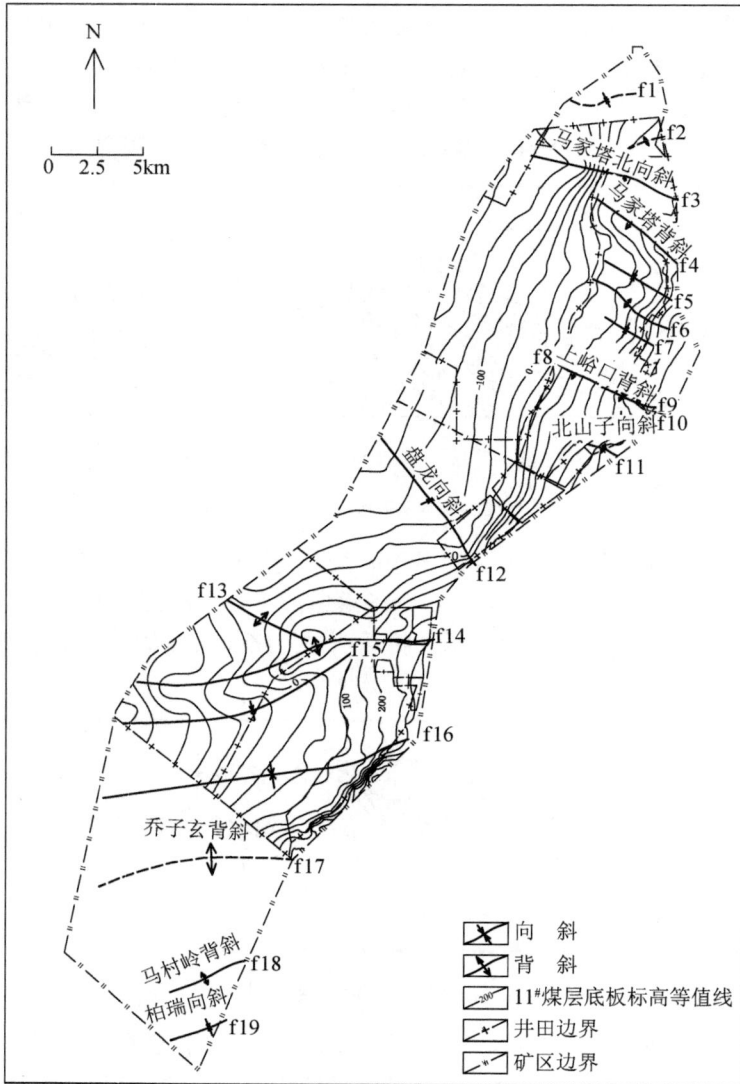

图 5-6　11#煤层底板褶皱构造分布图

（1）f3 马家塔北向斜。该向斜位于桑树坪井田和王峰井田北部，轴向 NWW—NW，区内延伸长度较大，属于北区延伸长度最大的褶皱构造。该向斜对煤层影响较大，在各煤层均有表现。该向斜两翼在 NW 方向上有一定程度的起伏，最高点位于桑树坪井田西部，最低点位于王峰井田最北端，形成中间高两边低的波状起伏。

（2）f4 马家塔背斜。该背斜是桑树坪井田乃至韩城矿区比较突出的褶皱构造之一，与马家塔北向斜平行，展布于桑树坪井田北部马家塔至三郎庙一线，延展至三郎庙南侧倾没。该背斜垂直影响幅度较大，在各煤层均有表现，最大幅度可达 40m 以上。该背斜同马家塔北向斜表现较为相似，背斜两翼在 NW 方向上呈现波状起伏，最高点位于马家塔西侧。在其南侧有 3 条平行的背向斜，规模均较小，在煤层底板等高线上反映不很明显。

（3）f9 上峪口背斜。该背斜位于上峪口沟，北端始于禹门口以北，受 F2（上峪口逆断层）切割，属于北区较大褶皱构造之一。其核部主要为中奥陶统峰峰组一段石灰岩和太原组煤系地层，枢纽作马鞍形起伏，北段和南段都有凸起，致使太古界在禹门口以南和上白矾以北都有显露，向 NW 向倾伏于煤系地层之下，在丁家坡附近消失。该背斜遭受的挤压强度较大，伴生的走向逆冲断层发育，造成叠瓦状组合，断面皆向 SE 倾斜，且倾角较缓。

（4）f10 北山子向斜。该向斜位于上峪口至泗洲庙一带，是北区规模较大的一条向斜，对各煤层影响较大。该向斜轴向近东西向，向 NW 发生偏转，呈弧线形。轴倾伏方向为 SWW 向，倾伏角约 5°，翘起端位于上峪口附近。在泗州庙一带变为宽缓向斜，地表不甚清楚。

（5）f12 盘龙向斜。该向斜为矿区内波幅最大的一条向斜，轴部位于盘龙河口以南，岭底勘查区中部，轴向 NW，区内延伸长度约 8.8km。其两翼产状不一致，北翼倾角较小，产状较为稳定，呈微波状；南翼倾角较大，产状变化较大，波状起伏较大。盘龙向斜的轴部为全区内地形相对较低点。

（6）f14 背斜。该背斜位于东泽村、张家岭一带，轴向发生偏转，东西两端轴向近东西向，中部轴向 NE，两翼倾角较大，区内延伸长度较大。在该背斜的两翼发育背向斜，南翼发育一条规模较小的向斜，该向斜轴向近东西，东段发生偏转转为 NE；西北翼发育一条走向 NE 的背斜，背斜幅度较大，受 f14 背斜的限制，区内延伸长度较小，与 f14 背斜呈"入"字形相交。

（7）f17 乔子玄背斜。位于乔子玄勘查区中部，向西倾伏，延伸长度相对较大，背斜形态呈弧形，其核部和两翼地层均为下三叠统刘家沟组与和尚沟组，两翼基本对称，南东翼受后期构造破坏较北西翼强。

3. 节理

韩城矿区的主要节理为典型的区域性构造节理。区内普遍发育有 4 组剪节理，不同走向的剪节理构成两套平面共轭剪节理系。局部地区可见在共轭剪节理系基础上发育的追踪张节理。部分节理被矿物充填，但总体上节理的充填性较差。

4. 层滑

区内层滑构造普遍发育，不仅引起煤层厚度的局部异常，而且导致煤体结构发生改变。根据层滑构造的成因，可以将区内层滑构造分为褶皱型层滑和断裂型层滑两类。北区多发育褶皱型层滑构造，南区多发育断裂型层滑构造。从钻孔及采掘工程揭露的煤体结构资料来看，北区煤体结构较南区复杂，北区多发育碎粒煤、糜棱煤，煤体较为破碎；南区以原生结构煤为主，局部发育碎粒煤、糜棱煤，由此可以推断北区层滑构造较南区更为发育（图5-7）。

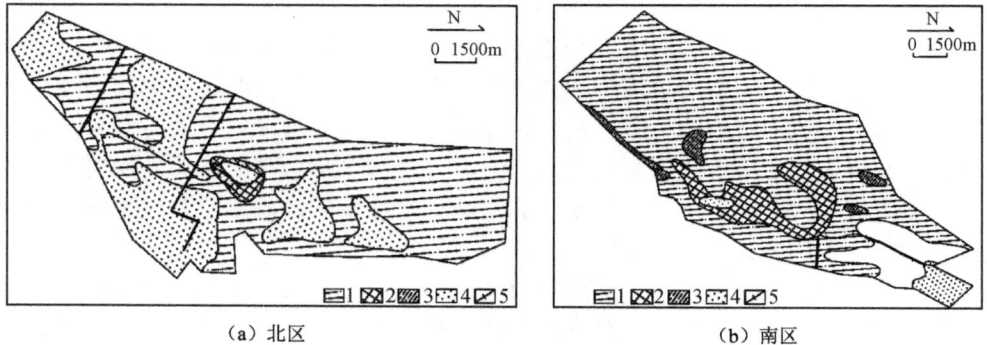

（a）北区　　　　　　　　　　　　　　（b）南区

图5-7　3#煤层煤体结构分布图

（据王双明，2008）

1. 原生结构煤；2. 碎裂煤；3. 碎粒煤；4. 碎粒煤及糜棱煤；5. 井田边界

二、各类构造的相互关系

1. 褶皱与断层的关系

（1）在同一期挤压构造应力作用下，逆断层往往与褶皱相伴出现，逆断层走向与褶皱枢纽走向基本一致（图5-1）。例如：禹门口—文家岭逆断层（F_2）与韩城矿区东南缘倒转背斜、乔子玄勘查区内的逆断层 F_{14} 与马村岭背斜、逆断层 F_{12} 与柏瑞向斜均为伴生关系。

（2）在较大背向斜轴部或背向斜转折端，正断层往往比较密集。例如：东泽村断裂带发育在东泽村背斜（f14）的轴部，与东泽村背斜展布范围基本一致。矿井生产中揭露的落差在 5m 以下的小断层，主要集中在背向斜转折端附近，如下峪口井田北山子向斜和上峪口背斜转折的地方，小断层较为发育。

（3）有些褶皱构造与断层活动相关。例如：在正断层上盘的反牵引形成背斜形态（F_{22} 正断层）、正断层的地垒式或地堑式组合，反映在煤层底板等高线图上往往表现为背斜或向斜构造。

2. 褶皱与层滑的关系

区内层滑构造较为普遍，导致构造煤广泛发育。其成因与褶皱构造形成过程中的层间滑动关系密切。

纵弯褶皱的形成过程必然伴随着卷入褶皱的岩层之间的层间滑动，因而，在褶皱构造发育区域，尤其是不同方向的褶皱构造横跨叠加的区域，往往会产生较强烈的层滑构造（图 5-8），韩城矿区北区即是如此。此外，由于层间滑动又可在煤层中产生牵引褶皱（图 5-9），下峪口井田 2324 工作面发育典型的顶滑底褶型层滑构造，滑面位于煤层顶部，煤层顶板相对煤层 NW 方向滑动，使煤层顶部产生锯齿状的牵引褶皱。

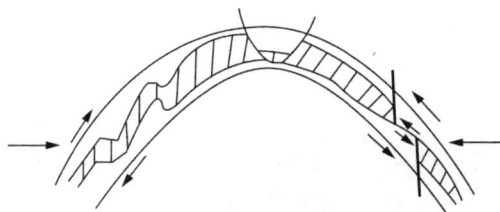

图 5-8　褶皱型层滑构造成因模式

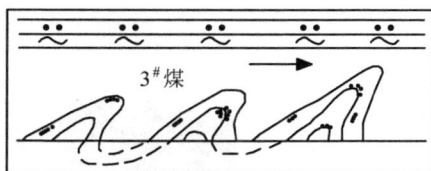

图 5-9　层滑形成的牵引褶皱

（下峪口井田 2324 工作面运顺）

3. 断层与层滑的关系

断层与层滑均属于断裂构造，只是一般意义上的断层多表现为切层断裂，而层滑主要表现为顺层断裂。在矿井工作面常常见到断层与层滑共生的现象，即先切层后顺层的所谓"顶断底不断"断层，或先顺层后切层的所谓"底断顶不断"断层（图 5-10）。

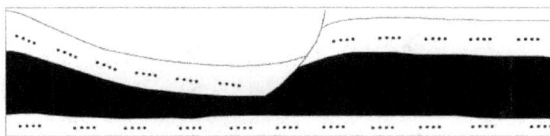

（a）"顶断底不断"，沿煤层底板发生层滑

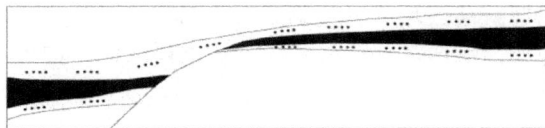

（b）"底断顶不断"，沿煤层顶板发生层滑

图 5-10　层滑与断层的关系示意图

"顶断底不断"是切层断裂与顺层断裂的组合，断层切入煤层时，倾角较大，进入煤层后倾角变小，顺层滑动，常形成背椅状和犁式断层（图 5-11）。"底断顶不断"则是顺层断裂与切层断裂的组合，表现为顺层滑动的断层倾角变大，切入煤层底板（图 5-12）。其在剖面上常出现滑动带煤层变薄甚至缺失的现象（图 5-13）。

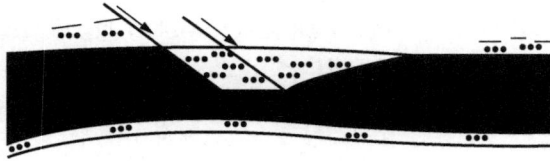

图 5-11　顶断底不断式断层

（象山井田 2305 工作面）

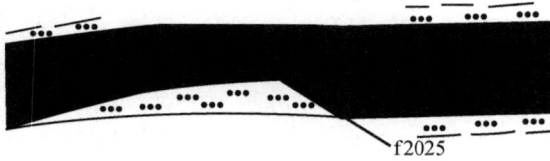

图 5-12　底断顶不断式断层 1

（象山井田 2307 工作面）

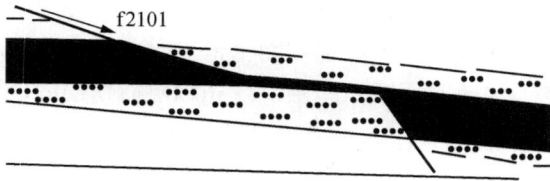

图 5-13　底断顶不断式断层 2

（象山井田 2313 风巷）

　　此外，穿刺构造也是与层滑相关的构造现象，在矿区内较为发育，主要分为顶/底板穿刺煤层型和煤层穿刺顶/底板型两种表现形式。这两种表现形式常常引起煤层分叉，造成局部减薄或增厚，同时，使得煤层糜棱化严重，煤层结构复杂或煤层顶底板节理发育，层理紊乱。前者往往会形成"逆断层"，后者往往会派生逆掩小断层。例如，下峪口井田内开采揭露穿刺构造较多，在 1121、1306、1309、2305、2206 及 2310 工作面均见顶板穿刺煤层现象，顶板在相对滑动过程中，部分片段被剥离，楔入煤层，同时，煤又沿剥离缝注入顶板或底板，从而使煤层结构复杂化（图 5-14 和图 5-15）。

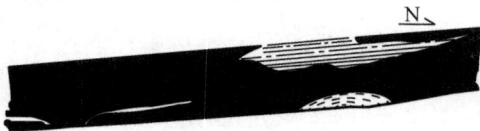

图 5-14　煤层穿刺构造 1

（下峪口井田 1121 工作面运输巷）

图 5-15　煤层穿刺构造 2

［下峪口井田 2310 炮采工作面（Ⅱ）煤壁］

三、褶皱的走向

矿区褶皱构造的轴向的优势方位为近东西向和 NW 向。北区的褶皱轴向以 NW 为主，其次为近东西向。NW 向褶皱多为直线型，部分褶皱呈弧线；东西向褶皱轴向发生偏转，轴向右旋；南区的褶皱轴向以近东西向为主，褶皱轴向发生偏转，东段向北偏转呈 NE 向（图 5-6）。

四、断层的走向

矿区断层走向以 NE、NW 和近东西向为主（图 5-16）。其中，落差较大的断层多切割整个含煤岩系，走向以 NE 向为主，其次为近东西向（图 5-17），其中 NE 向断层主要集中分布在矿区边浅部及深部，近东西向断层主要分布在矿区南部，以及枣庄井田。3#煤层开采揭露落差较小的断层主要以 NW 向为主，其次为 NE 向，断层多集中在象山井田、马沟渠井田、下峪口井田及桑树坪井田南部（图 5-18）。

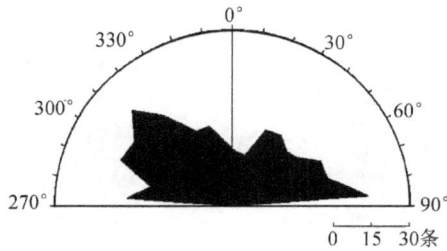

图 5-16　断层走向玫瑰花图
注：不包括地震勘探发现断层

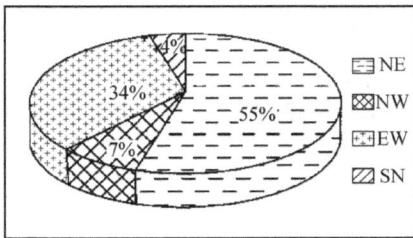

图 5-17　落差大于 20m 断层走向占比图

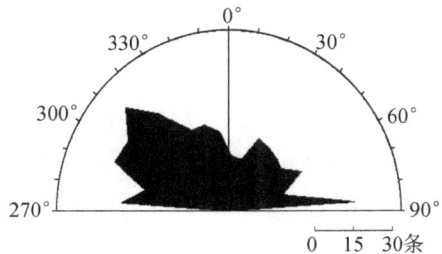

图 5-18　落差小于 20m 断层走向玫瑰花图
注：依据 3#煤层开采资料

五、节理的走向

矿区内剪节理的走向有 4 组，即 NW 向、NE 向、近东西向、近南北向。其中，近东西向与近南北向的节理构成一套共轭剪节理系；NW 向与 NE 向的节理构成另一套共轭剪节理系。在这 4 组节理中，近东西向和近南北向节理最为发育。

桑北井田近南北向、近东西向节理在南沟一带比较发育，且多发育于近东西向断裂两侧，呈"棋盘状"节理（图 5-19）。象山井田内节理的走向主要有近东西向、NE 向及 NW 向，其中近东西向节理最为发育。

图 5-19　桑北井田南沟的棋盘状节理

第二节　构造的规模与级次

依据区内褶皱规模的大小，将褶皱分为四级。依据断层落差将断层分为大型、中型、小型三级。

一、褶皱的规模

1. 褶皱的波幅

在矿区地层走向剖面上（图 5-20）可见，南区褶皱波幅明显大于北区。北区褶皱波幅较小，一般在 20m 左右，最大波幅约 40m；南区褶皱波幅约 100m，盘龙向斜波幅达到最大，约 150m。区内煤层中由于断层组合形式及层滑等所造成的小型褶曲的波幅均在 10m 左右，大部分波幅在 10m 以下。

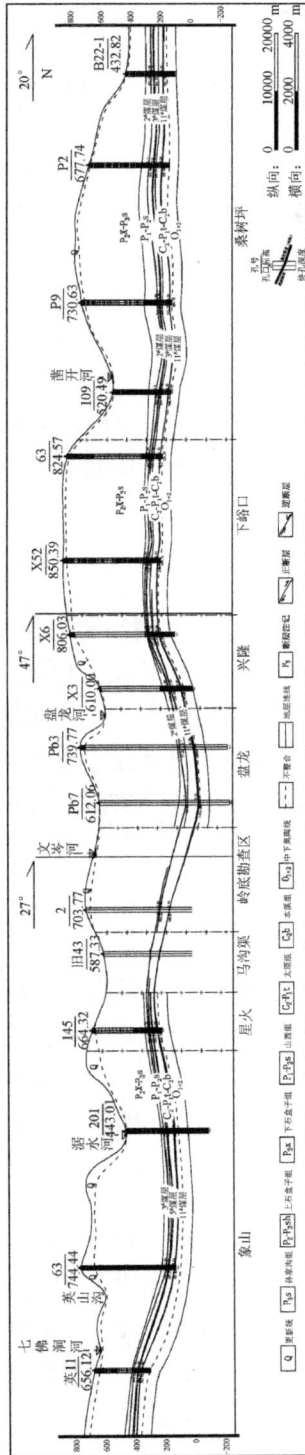

图 5-20　韩城矿区地质构造走向剖面图

2. 褶皱的长度

从 11#煤层底板等高线图上（图 5-6）可以看出，北区褶皱长度较小，仅马家塔北向斜、马家塔背斜和北山子向斜长度较大，其余长度均较小。南区褶皱长度均较大，f16 向斜为全区最大长度的褶皱，约 17.3km，远大于北区褶皱长度。区内煤层中由于断层组合形式及层滑等所造成的小型褶曲的长度均较小，仅有 3 条长度在 2000m 以上，其余均在 2000m 以下，其中长度在 1000m 左右的褶曲居多。

3. 褶皱的翼间角

区内大中型褶皱均较宽缓，两翼倾角较小，翼间角较大，一般大于 120°，多属于开阔平缓褶皱。整体上表现为：北区褶皱翼间角大于南区，向斜的翼间角大于背斜的翼间角。

4. 褶皱的波幅与长度的关系

从矿区地层走向剖面（图 5-20）和褶皱构造分布图（图 5-6）来看，北区褶皱波幅较小，一般在 20m 左右，其延伸长度也相对较小；南区褶皱波幅较大，一般在 100m 左右，其延伸长度也普遍较大，盘龙向斜波幅较大，为矿区内最大的褶皱构造，其延伸长度相对较大。对褶皱构造的波幅与长度进行统计分析可以看出，波幅大的褶皱延伸长度较大，褶皱的波幅与长度呈正相关关系。

二、褶皱的级次

1. 一级褶皱

一级褶皱构造是指在区内规模最大或最突出的构造。从 11#煤层底板标高的一次趋势图（图 5-21）可以看出，区内一级褶皱构造为一走向 NE，倾向 NW 的单斜构造。但从较大区域地质构造发育来看，该单斜构造实质上是 NE 向的韩城倒转背斜受后期构造破坏和剥蚀后残余的北西翼（图 5-22）。

2. 二级褶皱

从 11#煤层底板标高的三次趋势图上看出（图 5-23），区内 11#煤层底板等高线在 SW—NE 方向上呈正弦型波状曲线变化，反映出区内二级褶皱为轴向 NW 的复式背斜和复式向斜，南区为复式背斜，北区为复式向斜。背斜的弧顶位于象山井田南部乔子玄勘查区，向斜弧顶位于桑树坪井田南部。南区背斜波幅较北区向斜大，说明南区褶皱变形程度较北区更强。

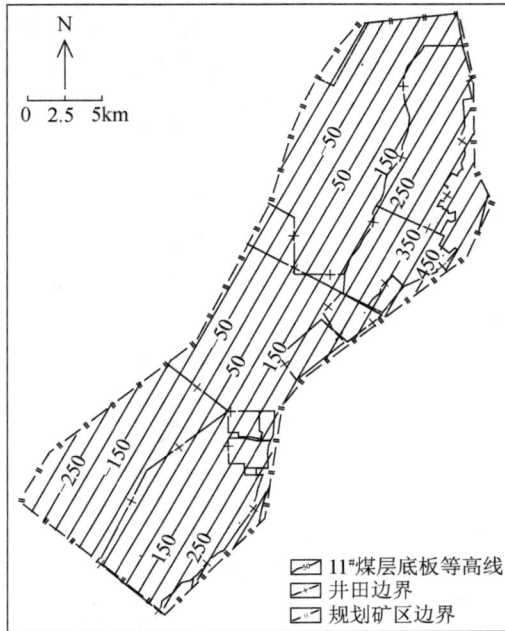

图 5-21　11#煤层底板标高一次趋势面图

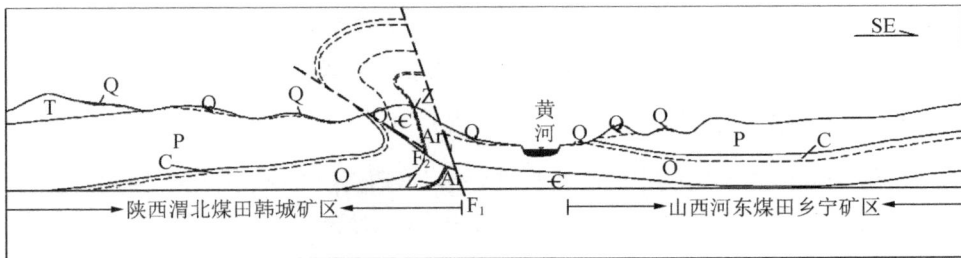

图 5-22　韩城矿区及其相邻矿区一级褶皱构造剖面示意图

注：韩城矿区剖面依据下峪口井田资料；乡宁矿区剖面依据船窝井田资料

3. 三级褶皱

区内三级褶皱是在复式背向斜的基础上发育的次一级褶皱构造，其轴向以 NW 向和近东西向为主。三级褶皱在南北两个区域表现特征有所不同（图 5-6）。

北区褶皱主要分布在桑树坪井田和下峪口井田，褶皱规模较小，轴向以 NW 为主，近东西向次之，褶皱两翼倾角较小，倾向相反，近于对称，属于宽缓褶皱，褶皱多为直线型，仅有少部分褶皱轴向发生偏转，褶皱变形强度由东向西减弱，近平行排列，在 NE 方向上表现为有规律的波状起伏；南区褶皱主要分布在象山井田和薛峰井田，褶皱规模较大，轴向以近东西为主，两翼倾角较小，褶皱较宽缓，属于宽缓褶皱，褶皱轴向多有偏转，东段向北偏转，褶皱变形强度由东向西减弱，背斜变形强度较向斜大，近平行排列，在近东西方向表现为有规律的波状起伏。

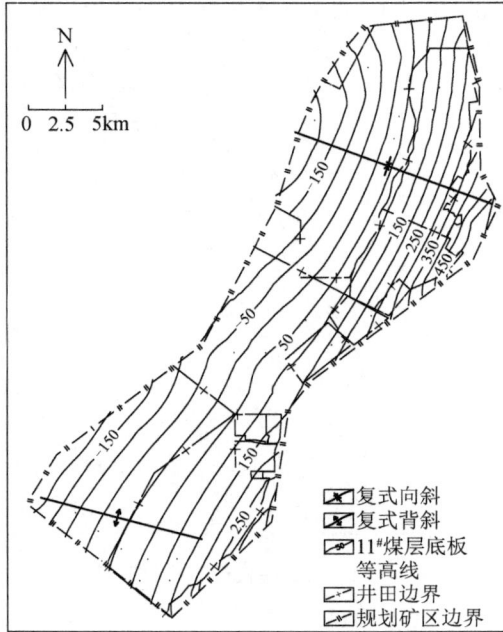

图 5-23　11#煤层底板标高三次趋势面图

4. 四级褶皱

四级褶皱构造为煤层中的小型褶曲，多为断层滑动牵引作用、断层组合（地垒、地堑）以及层滑等因素所造成煤层底板标高的变化，在煤层底板等高线图上表现为小型褶曲。

三、断层的规模

通常利用断层的落差、延伸长度来判断断层的规模大小。

1. 断层的落差

矿区内断层落差大多在 5m 以下，5m 以上断层较少。其中，落差较大的断层主要集中分布在东南缘边浅部断褶带、桑北断褶区、东泽村断褶带以及龙亭断褶区。在煤矿开采过程中发现的断层多在 5m 以下，其中 1～2m 断层居多（图 5-24），多分布在象山井田、下峪口井田东部和桑树坪井田南部。

2. 断层的长度

在矿区东南缘边浅部断褶带、东泽村断褶带以及龙亭断褶区（除东缘边浅部

断裂带内的 F_8 正断层组）内的断层规模较大，其延伸长度在 1000m 以上。矿区内断层延伸长度多集中在 20～100m（图 5-25）。

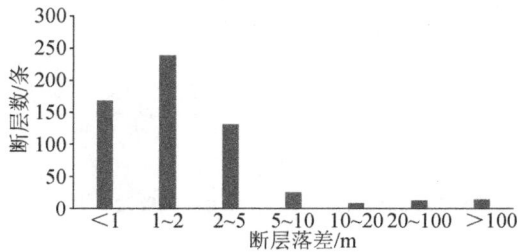

图 5-24　断层落差分布直方图

注：据 3# 煤层开采揭露的断层资料

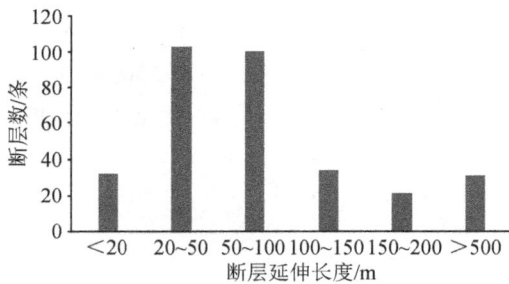

图 5-25　断层延伸长度分布直方图

注：据 3# 煤层开采揭露的断层资料

3. 断层的落差与长度的关系

从断层落差与断层延伸长度的统计分析得到（图 5-26～图 5-29），断层落差与延伸长度之间存在正相关关系，即断层落差越大其走向延伸长度越长，南区断层落差与延伸长度的正相关关系较北区显著。

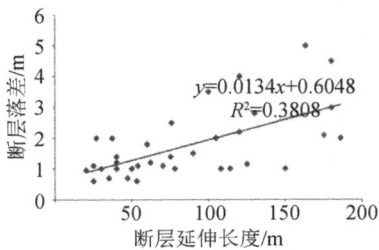

$y=0.0134x+0.6048$
$R^2=0.3808$

图 5-26　2# 煤层断层落差与延伸长度
关系图（北区）

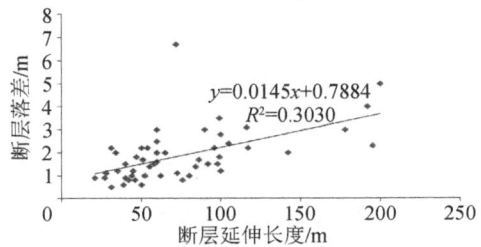

$y=0.0145x+0.7884$
$R^2=0.3030$

图 5-27　3# 煤层断层落差与延伸长度
关系图（北区）

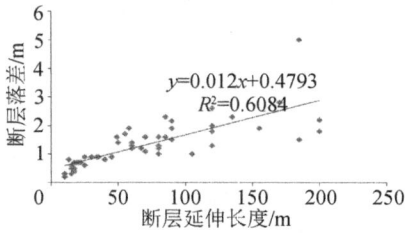

图 5-28　3#煤层断层落差与延伸长度
关系图（南区）

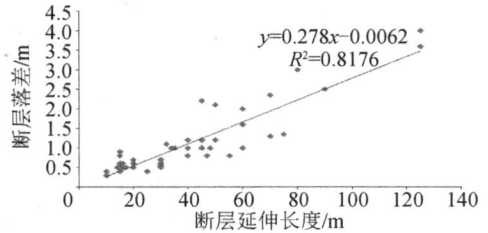

图 5-29　5#煤层断层落差与延伸长度
关系图（南区）

四、断层的级次

由于断层落差与延伸长度之间存在正相关关系，因此，依据断层落差的大小，把断层分为大型、中型、小型三级，即落差大于 20m 的断层为大型断层，落差在 5～20m 的断层为中型断层，落差在 5m 以下的断层为小型断层（图 5-30）。

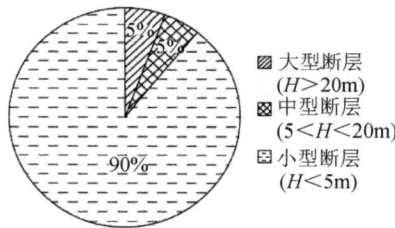

图 5-30　大、中、小型断层统计直方图

注：中小型断层依据 3#煤层开采资料

1. 大型断层

落差在 20m 以上，属于矿区内的主干断层，控制着矿区的构造格局。韩城矿区大型断层 31 条（不含地震勘探以及新解译断层），占断层总数的 5%。其中，正断层占 77.4%，逆断层占 22.6%。断层优势走向方位近东西向和 NE 向，有少量的 NW 向断层。大型断层的分布具有成带性，主要集中分布在东南边浅部断褶带、桑北断褶区、东泽村断褶带以及乔子玄断褶区。东南边浅部断褶带断层走向以 NE 向为主，其余区带断层走向均以近东西向为主。

2. 中型断层

落差在 5～20m 的断层，对煤矿生产有一定的影响，在矿区内属于中型断层。矿区内共有中型断层 33 条（不含地震勘探断层），占断层总数的 5.4%，以落差在

5～10m 的断层居多。其中，正断层占 87.6%，逆断层占 12.1%。断层走向可以分为 NW 向、NE 向及近东西向，其优势方位为 NW 向。

3. 小型断层

小断层落差在 5m 以下，1～2m 落差的断层居多，均是煤矿生产过程中揭露的断层，常发育在煤层顶、底板之间或其附近，在垂向上延伸不远，一般表现为不同煤层中的小断层自成系统。

通过对小断层的统计分析，目前区内已经揭露小断层占断层总数的 89.6%。其中，正断层占 92.0%，逆断层占 8.0%。小断层的走向有 NE 向、NW 向、近东西向及近南北向，其中 NW 向和 NE 向为优势方位。小断层的发育受大断层及褶皱的控制，主要集中分布在矿区边浅部，多分布在大型断层区带附近及褶皱轴部及转折端，其发育具有一定的条带性，尤其在南区存在明显的断层密集带，且断层密集带的展布具有一定的规律性。

第三节　构造组合特征

一、褶皱的平面组合型式

从 11# 煤层底板等高线图反映的三级褶皱构造可以看出（图 5-6），平行式组合型式在区内非常典型，是区内褶皱的主要组合型式。北区 NW 向的背向斜相间分布，呈近平行排列；南区近东西向背向斜近平行排列，展布于整个矿区南部。

二、断层的平面组合型式

韩城矿区内断层的平面组合主要表现为平行式、"入"字形及雁列式等排列型式，其中以平行式和"入"字形组合为主。

1. 平行式

平行式平面组合型式在矿区内比较常见，为区内断层的主要组合型式之一。区内规模相当、走向大体相同的断层，往往呈平行排列。区内东南边浅部断褶带、乔子玄断褶带以及东泽村构造断褶带内断层基本上均平行排列，如矿区东南边浅部断褶带内发育走向 NE 的 F_1、F_2、F_3 等断层，其相互平行分布于断层带内；乔子玄断褶带内发育一组走向 NEE 向，相互平行的隐伏断层（图 5-31）。

从煤层开采所揭露的小断层来看，小断层的平行式组合型式也较多。如在桑树坪井田南部 2301 工作面 F_{3212}、F_{3213}、F_{3214} 断层（图 5-32），断层性质一致，落差均在 1.00m 左右，断层平行排列；下峪口井田内的 F_{2090}、F_{2089} 与 F_{2088}、F_{2084}，

F_{2093} 与 F_{2091} 等（图 5-33）相互平行排列，且相互平行的断层落差相差不大；象山井田内 21502 工作面内发育数条断层均为正断层，断层落差多为 1m，断层相互平行排列（图 5-34）。

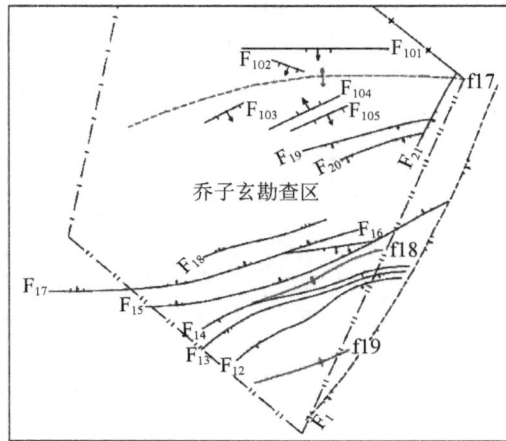

图 5-31　断层的平行式和"入"字形组合

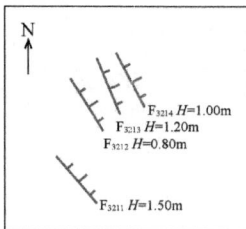

图 5-32　小断层的平行式组合 1

（桑树坪井田 2301 工作面）

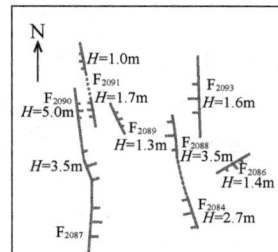

图 5-33　小断层的平行式组合 2

（下峪口井田）

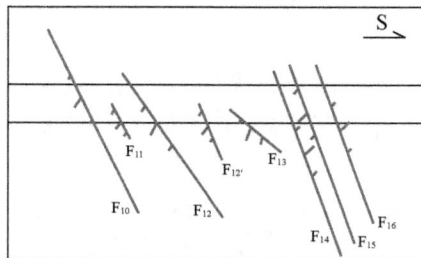

图 5-34　小断层的平行式组合 3

（象山井田 21502 工作面）

2. "入"字形

"入"字形断层组合型式，在区内也比较常见，为矿区内断层的主要组合形式之一。区内部分大型断层呈现该种断层组合型式。如东南边浅部 NE 向断裂带与矿区中部近 NE 向的东泽村构造带及乔子玄断褶带斜交，形成"入"字形组合；乔子玄断褶带内 F_{21} 与 F_{19} 和 F_{20}、F_{16} 与 F_{17} 和 F_{15} 斜交，形成"入"字形组合，F_{21} 阻挡了 F_{19} 和 F_{20} 再向东的发育，F_{17}、F_{15} 限制 F_{16} 在东西向的延伸（图 5-31）。

从煤层开采所揭露的小断层来看，该种组合型式在小断层中也较常见，如象山井田中部 21307 工作面，断层斜交，其主干断层落差大于两侧断层落差（图 5-35）。下峪口井田内 1204 工作面中的 F_{2038}、F_{2041}、F_{2043}、F_{2044} 相互切割，其特点以落差相对较大的断层如 F_{2038} 为主干，两侧小断层与主干切割成多个"入"字形叠加（图 5-36）；又如主石门中所见的 F_{2034}、F_{2035}、F_{2036}、F_{2037} 大于 2m 的断层，其以 F_{2037} 为主干，F_{2034}、F_{2035}、F_{2036} 等断层落差相对小的断层在一侧相交，形似羽状交接。

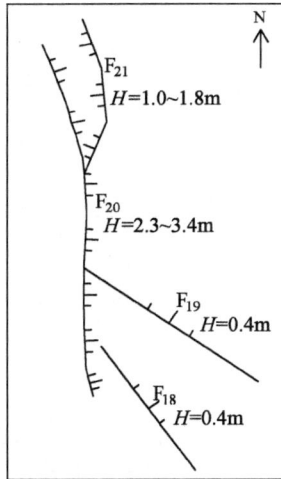

图 5-35　小断层"入"字形平面组合
（象山井田 21307 工作面）

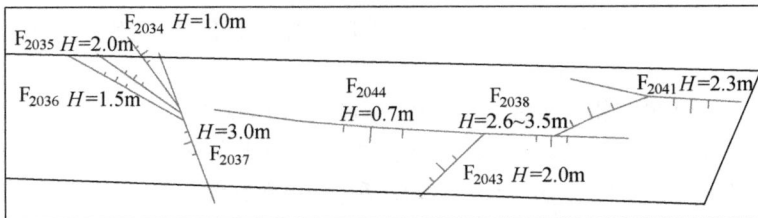

图 5-36　小断层"入"字形平面组合
（下峪口井田 1204 工作面）

3. 雁列式

雁列式断层组合型式是指由一系列走向大致平行的断层斜向排列而成的断层组合。该种断层组合型式在大型断层中不多见。在南区东泽村构造带内的 F_{23}、F_{24}、F_{26} 呈斜向排列，形成雁列式组合。

该种断层组合型式在小断层中也比较常见，在桑树坪井田中部数条规模相当的小断层呈斜列分布（图 5-37）；象山井田 21506 工作面、2315 工作面、2317 工作面也有揭露典型的雁列式组合（图 5-38）。

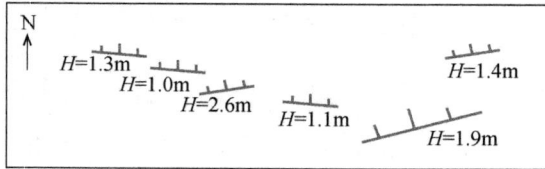

图 5-37　小断层的雁列式组合示意图 1

（桑树坪井田中部）

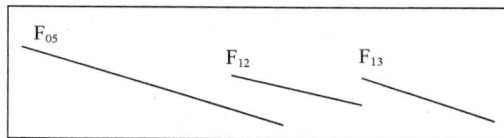

图 5-38　小断层的雁列式组合示意图 2

（象山井田 2315 工作面）

三、断层的剖面组合型式

区内断层以正断层为主，逆断层很少。断层组合型式多样，多以正断层组合为主，在剖面上的表现型式主要为阶梯式、地垒式、地堑式三大类组合，其次为逆断层的叠瓦式组合。

1. 阶梯式

阶梯式组合型式在区内普遍发育，采煤工作面揭露该种组合型式主要表现为两种形式。

其一，一组倾向相同的正断层与煤层倾向大体相同，正断层作用使同一煤层在断层倾向方向上依次跌落，造成工作面采线上的煤层在下山方向上上下台阶现象。如下峪口井田 21203 工作面（图 5-39）、象山井田 21502 工作面（图 5-40），断层倾向和煤层倾向一致，正断层的连续出现，使得煤层向下跌落，煤层埋藏深度发生变化。

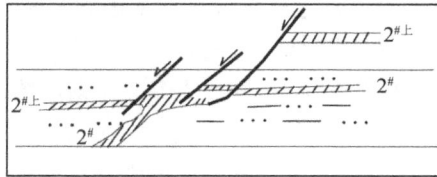

图 5-39　小断层的阶梯式组合

（下峪口井田 21203 工作面运输巷）

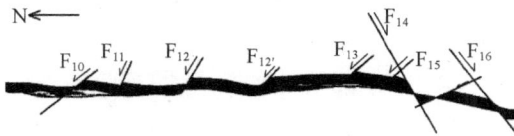

图 5-40　小断层的阶梯式组合

（象山井田 21502 工作面运输巷）

　　其二，一组正断层倾向相同，但其倾向与煤层倾向相反，正断层作用使得工作面采线上的煤层在剖面上呈现雁行式斜列，频繁出现突然断失又逐步出现，在上山方向下台阶的现象（图 5-41）。

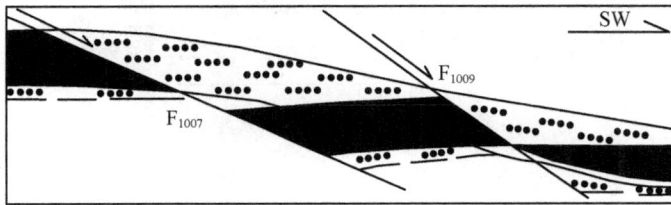

图 5-41　小断层的阶梯式组合

（象山井田 516 探水巷）

2. 地堑式

　　地堑式组合型式是指两条或多条走向大体一致的正断层，倾向相反且具有共同的相对下降盘，在剖面上显示为槽形断陷。该组合型式在区内常见，如在下峪口井田、象山井田 2307 工作面均有揭露。地堑式断层组合常造成巷道或工作面的煤层突然消失（图 5-42、图 5-43）。

3. 地垒式

　　地垒式组合型式是指两条或多条走向大体一致的正断层，倾向相反且具有共同的相对上升盘，在剖面上显示为中间高，两边低的断块隆起。该组合型式在区内也比较多，如在下峪口井田 21201 工作面揭露两条走向大致一样，而倾向相反形成的似地垒构造，两侧煤层变薄并逐渐成煤线消失，并伴有其他次级构造生成（图 5-44）；象山井田也在多个开采工作面中有揭露地垒构造，其两侧煤层变薄（图 5-45）。

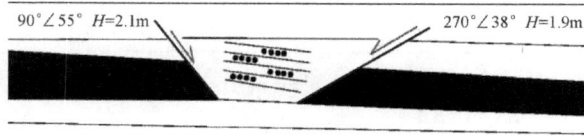

图 5-42　小断层的地堑式组合

（下峪口井田）

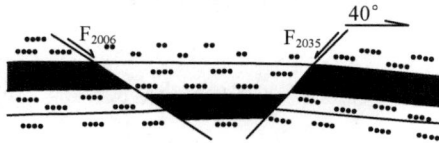

图 5-43　小断层的地堑式组合

（象山井田 2307 工作面）

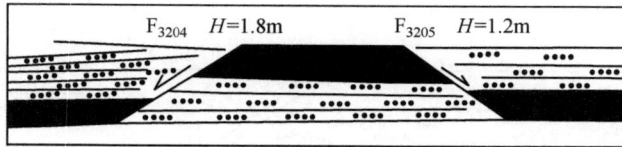

图 5-44　小断层的地垒式组合 1

（下峪口井田 21201 工作面）

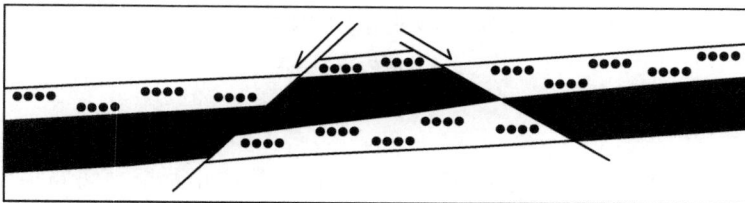

图 5-45　小断层的地垒式组合 2

（象山井田 2303 工作面）

4. 叠瓦式

叠瓦式组合型式是指两条或多条走向、倾向大体一致的逆断层组合，各断层上盘依次相对上冲、叠覆，呈屋顶盖瓦式。许多叠瓦状断层常常表现为有一条主干逆冲断层作为"底板"滑断面，在其上的逆冲岩席中发育有一系列铲状的分支逆叠瓦状断层，其间的弧形断片依次上冲叠置而构成叠瓦扇。

　　该种组合型式仅在区内浅部偶有揭露。如在象山井田 504 工作面，揭露有典型的叠瓦式逆断层构造，断层下盘有明显的牵引现象（图 5-46）；象山井田 280 岩石上山也揭露有叠瓦式逆断层组合型式（图 5-47）。

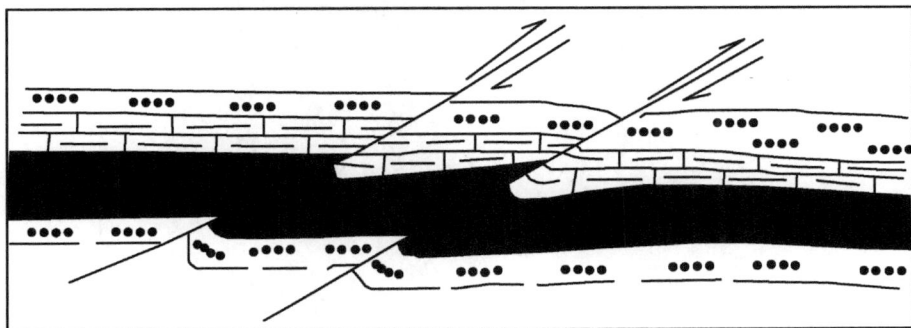

图 5-46　逆断层的叠瓦式组合 1

（象山井田 504 工作面）

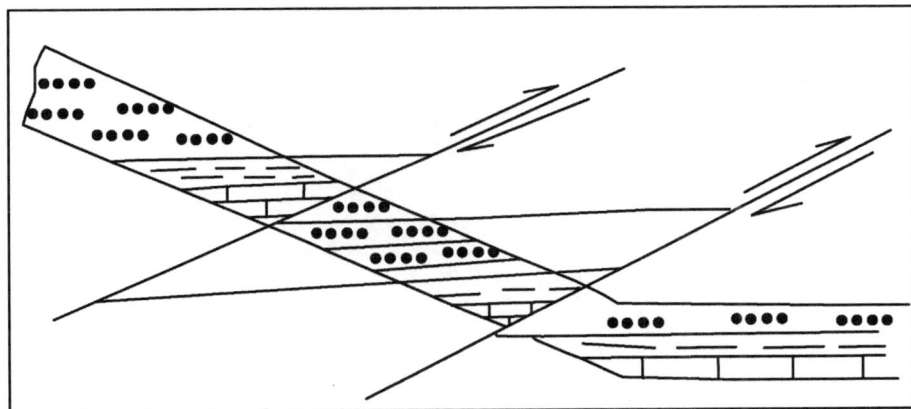

图 5-47　逆断层的叠瓦式组合 2

（象山井田 280 岩石上山）

第四节　构造发育规律

　　韩城矿区地质构造比较复杂，断裂构造与褶皱构造均较发育，但在空间上差异明显。总体具有"东西分带，南北分块；浅部复杂，深部简单"的规律。断裂构造与褶皱构造表现为"东强西弱、南强北弱"的特点；从断裂构造的发育形式看，南区以切层断层为主，北区以层滑构造为主，呈"南断北滑"的特点。

一、构造的东西分带

矿区在东西方向上可划分为"东南边浅部陡倾断裂带""中深部缓倾断褶带""西北缘马家湾断裂带"等3个构造条带（图5-48和表5-3）。

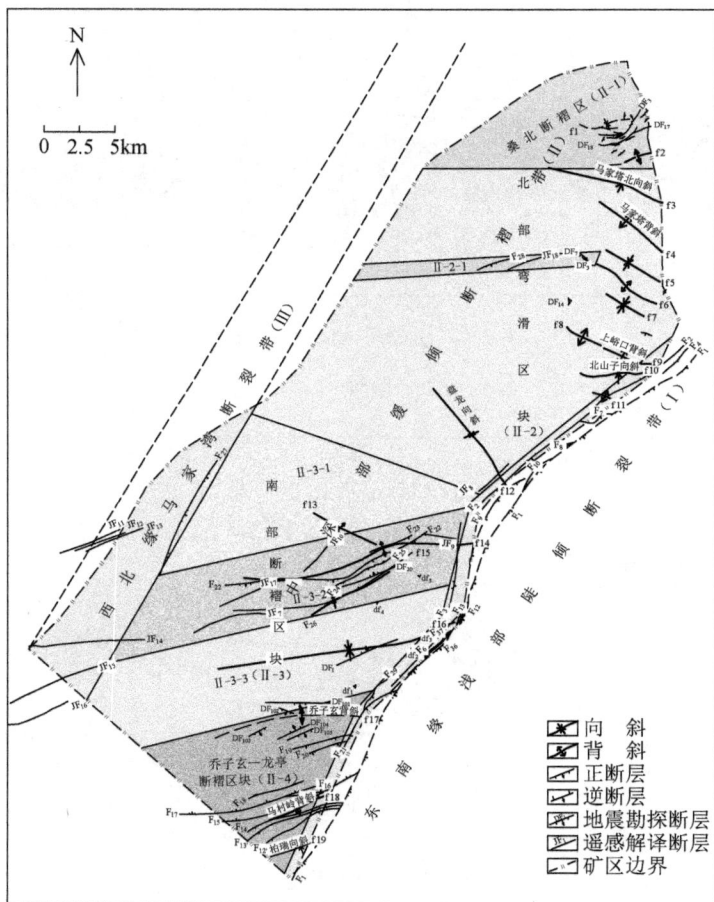

图 5-48　韩城矿区构造单元划分

1. 东南边浅部陡倾断裂带（Ⅰ）

该构造带宽约1.5km，延伸长度约48km（图5-48中的Ⅰ单元）。带内地层倾角较陡，多直立甚至倒转，地层出露较多，各个煤层埋深较小，煤层基本上处于风氧化带上。

表 5-3　韩城矿区构造单元及其主要特征

	一级	二级	三级	构造特征	位置及主要井田
韩城矿区构造单元划分	东南边浅部陡倾断裂带（I）			地层直立甚至倒转，发育数条走向 NE 的大型断裂构造	矿区东南缘，包括桑树坪井田以南各个井田的东部
	中深部缓倾断褶带（II）	桑北断褶区块（II-1）		以压性逆断层和褶皱构造为主，同时发育较多正断层	枣庄井田、深部预测区北部
		北部弯滑区块（II-2）	龙骨岭断裂带（II-2-1）	地层呈波状起伏，褶皱构造和层滑构造发育，断层发育较少；中部发育一条走向近东西向的断裂带	桑树坪井田、王峰井田、下峪口井田、燎原井田、兴隆井田、盘龙井田及深部预测区
		南部断褶区块（II-3）	白毛岭单斜（II-3-1）	东泽村背斜的北翼，构造较简单	薛峰井田北部、岭底勘查区南部及深部预测区南部
			东泽村背斜断裂带（II-3-2）	发育背斜，背斜的轴部发育走向 NE～NEE 的正断层	象山井田、薛峰井田、马沟渠井田、星火井田及深部预测区
			英山沟向斜（II-3-3）	发育走向 NEE 的向斜，大中型断层较少，多发育小断层，构造较简单	象山井田南部、薛峰井田南部、乔子玄勘查区北部及深部预测区南部
		乔子玄—龙亭断褶区块（II-4）		以正断层组合为主，夹压性褶皱和逆断层的破裂构造	乔子玄勘查区南部
	西北缘马家湾断褶带（III）			发育走向 NE 和近东西向断层，构造较复杂	深部预测区西部

该带发育沿 NE—NNE 向呈弧形延伸的褶皱断裂带，是全矿区构造变形强度最大而且影响最大的一个复合型构造带。作为矿区边浅部的控制性断裂带，该构造带由 15 条断层组成，断层大体呈平行排列，间距较小，断层规模均较大。主要断裂有 F_1、F_2、F_3、F_6、F_{21} 等。其中仅有 F_2、F_3 为逆断层，其余均为正断层。F_1、F_2 分别是区内规模最大的正断层和逆断层，组成北区边浅部的控制性断层。

2. 中深部缓倾断褶带（II）

该构造带是矿区的主体构造带，宽度约 16km，长度约 60km，面积约为 1000km^2（图 5-48 中的 II 单元）。带内地层倾角较小，多在 3°～8°，向 NW 缓倾。该带多发育断层、褶皱构造以及层滑构造，断层多为正断层。

3. 西北缘马家湾断裂带（III）

西北缘马家湾断裂带位于韩城矿区深部的白马滩（图 5-48 中的 III 单元）。该带是以马家湾正断层（F_{27}）为代表，走向 NE 的伸展构造带，但地表表现不明显。经遥感解译发现在矿区深部发育有数条走向近东西、NE 向断层。

二、构造的南北分区

矿区以中深部缓倾断褶带为主体，在此一级构造单元的基础上又由北向南依次划分为"桑北断褶区块""北部弯滑区块""南部断褶区块"以及"乔子玄—龙亭断褶区块"等 4 个三级构造单元。

1. 桑北断褶区块（II-1）

该区块位于桑树坪井田北侧（图 5-48 中 II-1 构造单元），区内地层倾角变化较大，东部地层倾角较西部大。经野外地质调查及三维地震勘探，该区块断层和褶皱构造发育。其中，正逆断层均发育且逆断层规模较大，断层走向以 NE 和 NEE 向为主，主要集中发育在井田中部，形成一条走向 NE—NNE 的挠褶带，挠褶带两头宽缓，中间细窄，呈"蜂腰形"；褶皱分布在断层带两侧，轴向与断层较为一致，轴向发生偏转，轴线呈弧线。

2. 北部弯滑区块（II-2）

该区块位于矿区北部（图 5-48 中 II-2 构造单元），区内地层倾角较小，沿 NE 向波状起伏。区内广泛发育褶皱和褶皱型层滑构造，断层发育较少，仅在龙骨岭发育一条龙骨岭断裂带。其中，褶皱主要集中分布在桑树坪井田和下峪口井田；龙骨岭断裂带展布于桑岭村至后贾山一线，以龙骨岭正断层（F_{28}）为代表，是矿区北部中深部唯一一条走向 NEE 的伸展断裂带，该断层地表覆盖较厚，旁侧次级构造也不多见。

3. 南部断褶区块（II-3）

该区块位于矿区南部，区内发育褶皱和断层，构造变形强度较大。该区断裂构造与褶皱构造相伴生，两者走向基本一致，为 NEE—NE 向。区内发育 2 条走向 NEE 向的构造密集条带，使该构造单元进一步划分为白毛岭单斜（II-3-1）、东泽村背斜断裂带（II-3-2）、英山沟向斜（II-3-3）（图 5-48）。

1）白毛岭单斜

位于 f14 背斜的北翼，据目前地质资料显示，区内断层不发育，仅发育一条短轴背斜，构造相对较简单。

2）东泽村背斜断裂带

位于东泽村—张家岭一带，带宽约 3km，主要由正断层和背斜组成，为一拉伸与挤压构造变形复合的构造带。带内褶皱轴向为 NNE—NE 向，褶皱变形强度大。主要褶皱有 f14 东泽村背斜，f16 向斜；断层发育在褶皱的轴部，由南向北呈阶梯状伸展跌落。断层走向多发生偏转，东部为 NE 向，向西转为 NEE 向，断层带内张性裂隙及次一级小断层十分发育。主要的断层有：F_{22} 正断层、F_{23} 正断层、F_{24} 正断层、F_{25} 正断层、F_{26} 正断层。

3）英山沟向斜区

位于东泽村构造带南部，区内发育宽缓的向斜构造，断层发育较少，构造相对较为简单。

4. 乔子玄—龙亭断褶区块（II-4）

该构造单元位于龙亭、乔子玄一带，该区构造变形较为复杂，以正断层组合为主体，间夹有褶皱和逆断层，断层带内张性次级断裂及裂隙十分发育。区内构造走向基本一致，沿 NEE 向平行展布，构造走向在东段发生变化，均由走向 NNE 转为走向 NE 向。其中，断裂以隐伏断裂构造为主，地表表现不明显。逆断层主要集中发育柏村向斜和马村岭背斜之间，乔子玄背斜处主要发育正断层。

区内平行展布有 8 条规模较大的正断层、3 条褶皱和 2 条逆断层。主要的断裂构造有：F_{12} 逆断层、F_{14} 逆断层、F_{13} 正断层、F_{15} 正断层、F_{17} 正断层、F_{18} 正断层、F_{19} 正断层、F_{20} 正断层等。主要的褶皱有：f18 乔子玄背斜、f19 马村岭背斜、f20 柏村向斜。

三、小断层在横向上的发育规律

1. 桑树坪井田

通过对 $3^{\#}$ 煤层开采过程中已揭露的 130 条小断层资料进行统计和作图分析发现，$3^{\#}$ 煤层中的断层多为正断层，逆断层较少，仅占断层总数的 12.3%；断层走向在各个方位均发育（图 5-49）；断层落差多在 2m 以下。

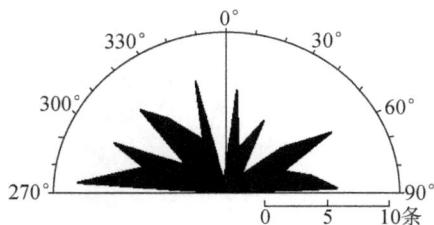

图 5-49　桑树坪井田 $3^{\#}$ 煤层小断层走向玫瑰花图

从 $3^{\#}$ 煤层构造分布图来看（图 5-50），已揭露区的断层密度为 13 条/km²，主要分布在井田南部，即 f6 背斜两翼和 f7 向斜南翼，且小断层发育具有密集成带性。目前可以划分出 NE 向、NW 向和近南北向等 3 组小断层密集带。其中，NE 向小断层密集带共 5 条（A1～A5），分布在井田 f6 背斜及井田最南端，近等间距平行排列，小断层密集带宽度在 110～180m；NW 向小断层密集带共 7 条（B1～B7），多分布在 f6 向斜以南，近等间距平行排列，小断层密集带宽度在 100～180m；南北向为小断层密集带共 3 条（C1～C3），均展布在 f6 背斜处，该带宽度在 110～140m。密集带之间断层相对较少。

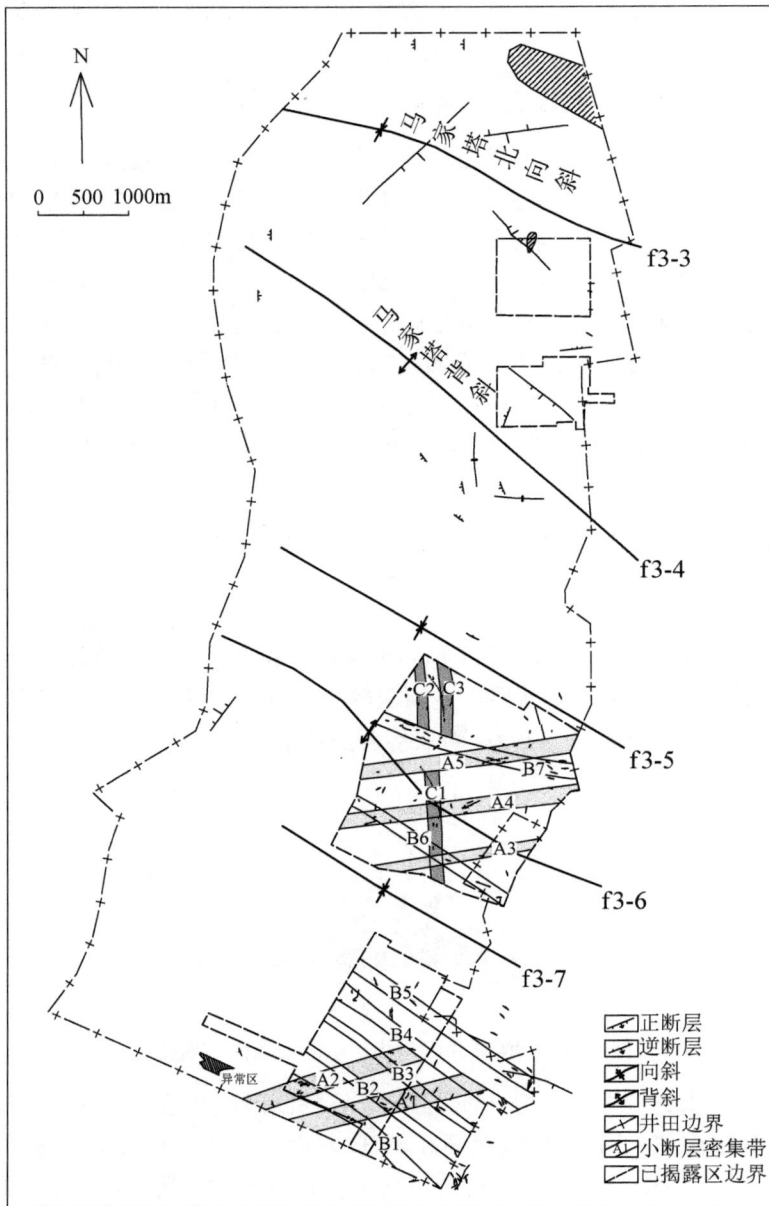

图 5-50　桑树坪井田 3# 煤层小断层分布图

2. 下峪口-燎原井田

下峪口井田发现小断层 213 条，其中，2#煤层中见断层 132 条，3#煤层见断层 81 条；燎原井田发现小断层 3#煤层 34 条。

1）2#煤层小断层发育规律

下峪口井田 2#煤层开采过程中揭露的小断层以正断层为主，逆断层发育较少，仅占断层总数的 6.6%，断层走向比较分散（图 5-51），断层落差多集中分布在 1～2m。

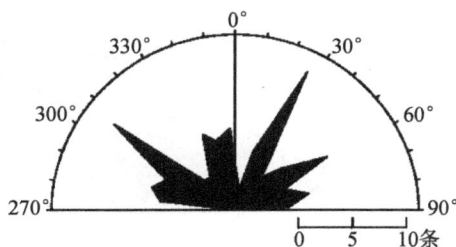

图 5-51 下峪口井田 2#煤层小断层走向玫瑰花图

从 2#煤层构造分布图来看（图 5-52），已揭露区的断层密度为 25 条/km²，东部的断层密度较西部断层密度大。断层多分布在变形强度较大的褶皱轴部、翼部转折端或者轴向弧形转折处。小断层走向多为 NWW、NW 和 NE 向，多与北山子向斜轴斜交。已揭露区的小断层可以划分为 NE 向、NW 向和近南北向等 3 组小断层密集带。其中，NE 向小断层密集带共 5 条（A1～A5），其展布方向变化较大，井田东部 3 条小断层密集带平行排列，具有等距性，小断层密集带间距 150～200m；NW 向小断层密集带共 3 条（B1～B3），分布在井田东部，其展布方向有所变化，小断层密集带宽度不一致，B1 小断层密集带断层密集较大，且断层带宽度较大；近南北向小断层密集带仅 1 条（C1），位于井田北山子向斜西端，密集带宽度较大，延伸长度较小，断层带内断层密度较大。密集带之间断层相对较少。

2）3#煤层断层发育规律

下峪口井田及燎原井田 3#煤层开采过程中揭露的小断层走向也比较分散（图 5-53、图 5-54），下峪口井田断层以正断层为主，逆断层发育较少，仅占断层总数的 10.5%，断层落差多集中分布在 1～2m；燎原井田正逆断层均发育，逆断层占断层总数的 52.9%，断层走向以 NW 向为主，断层落差集中分布在 1～2m。

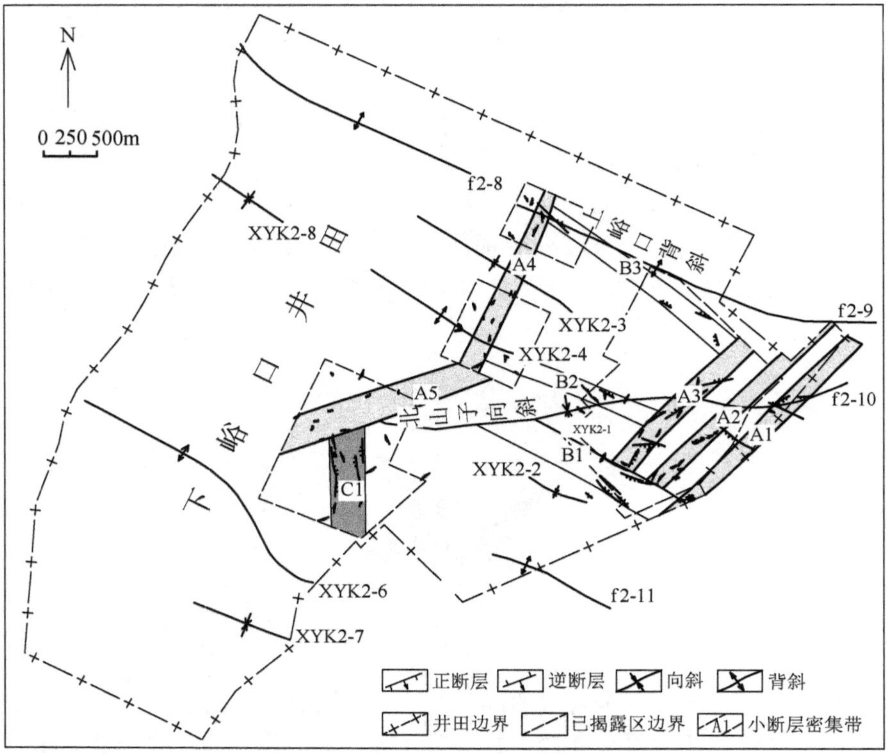

图 5-52　下峪口井田 2#煤层小断层分布图

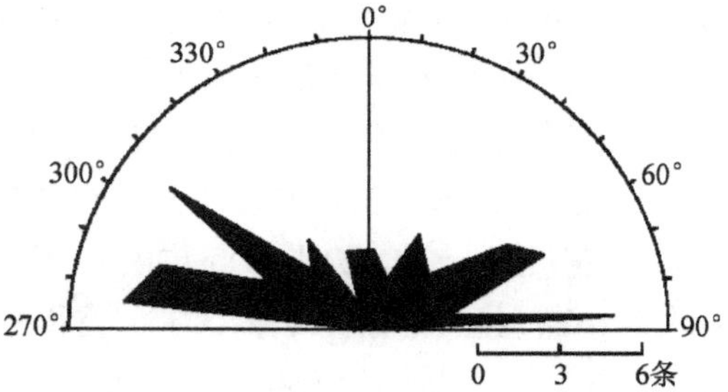

图 5-53　下峪口井田 3#煤层小断层走向玫瑰花图

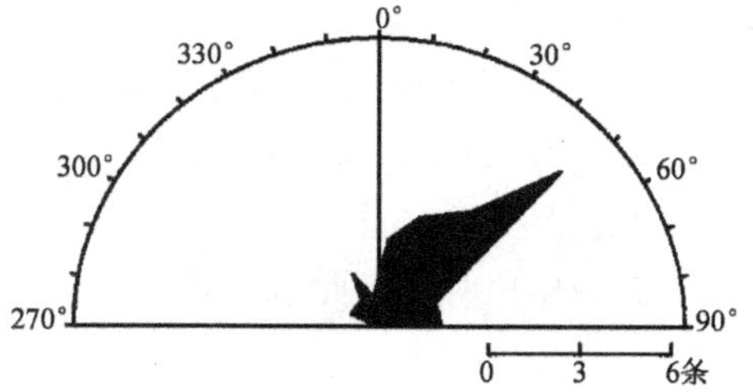

图 5-54　燎原井田 3#煤层小断层走向玫瑰花图

从 3#煤层构造分布图来看（图 5-55），断层密度为 12 条/km²，东部小断层密度大于西部小断层密度，小断层主要分布在井田北山子向斜南翼褶皱轴向转折端和上峪口背斜轴部及翼部转折处，北山子向斜南翼东段小断层密度最大。目前可以划分出 3 组小断层密集带，即 NE 向、NW 向、近南北向小断层密集带。其中，NE 向小断层密集带共 4 条（A1～A4），其展布方向较为一致，斜列分布在井田东部，延伸长度较短，断层密集带宽度不一，密集带之间的间距为 90～240m，断层密集带内断层密度均较大；NW 向小断层密集带共 3 条（B1～B3），小断层密集带平行排列，小断层密集带宽度在 120～140m，构造带间距为 130～200m；近南北向小断层密集带 3 条（C1～C3），位于井田北山子向斜两翼，断层带宽度不一，C2、C3 小断层密集带内断层走向与 C1 小断层密集带内断层走向不一，且 C2、C3 密集带带内断层密度较 C1 密集带内断层密度大。

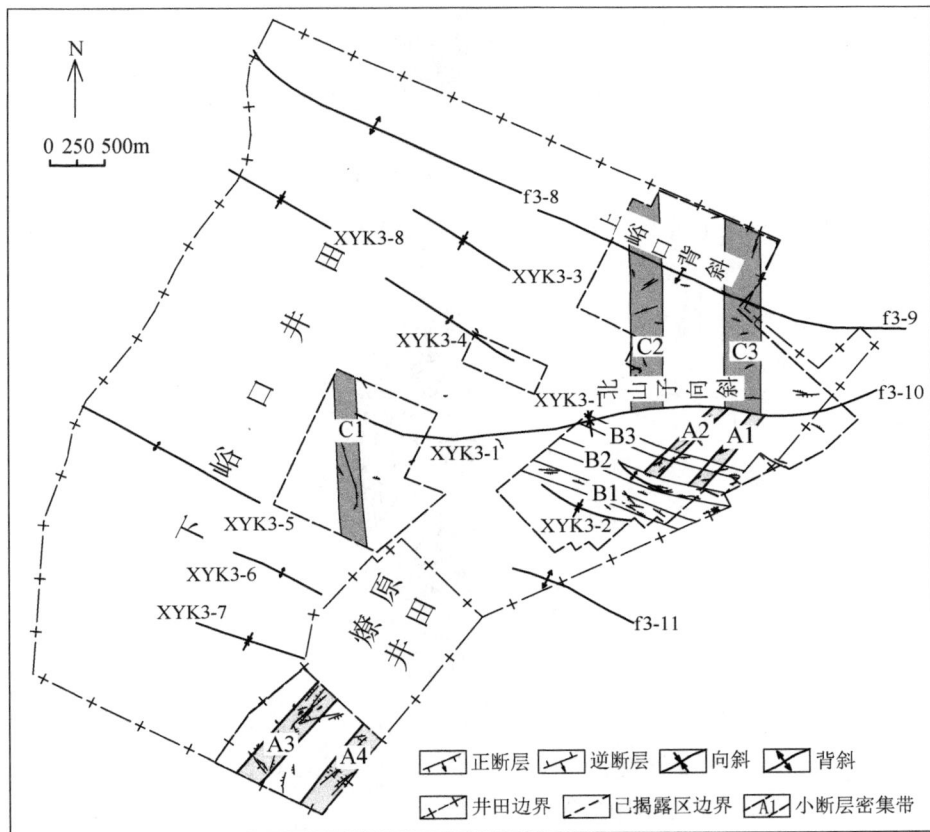

图 5-55　下峪口井田及燎原井田 3#煤层小断层分布图

3. 象山-马沟渠井田

象山井田发现小断层 391 条，其中，3#煤层中见断层 279 条，5#煤层见断层 112 条；马沟渠井田 3#煤层开采中发现小断层 63 条。

1）3#煤层小断层发育规律

象山井田和马沟渠井田 3#煤层开采过程中揭露的小断层较多，以正断层为主，逆断层较少，仅占断层总数的 2.0%。其断层走向以 NW 向为主（图 5-56），落差在 2m 以下断层占断层总数的 73%。

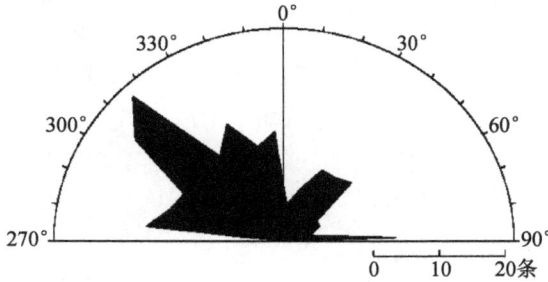

图 5-56　象山井田 3#煤层小断层走向玫瑰花图

从 3#煤层构造分布图来看（图 5-57），小断层密度为 29 条/km²，主要分布在

图 5-57　象山井田北部及马沟渠井田 3#煤层小断层分布图

象山井田北部、F₃逆断层沿线以及f16向斜轴向转折端。小断层发育具有密集成带性，且小断层密集带的展布规律性较强。目前可以划分出4组小断层密集带，即NE向、NW向、近南北向和近东西向小断层密集带，以NW向小断层密集带为主。小断层密集带内断层密度大于小断层密集带之间的断层密度。其中，NW向小断层密集带共17条（A1～A17），该走向小断层密集带近似平行等间距排列，小断层密集带宽度约110m，间距300～450m，延伸长度大；近东西向小断层密集带共5条（B1～B5），该组小断层密集带间距约100m，宽度90～150m；NE向小断层密集带共9条（C1～C9），该组小断层密集带呈斜列分布，断层带宽度变化较大，延伸长度较短，与NW向构造带相交止于NW向构造带；近南北向小断层密集共2条（D1～D2），井田边浅部F₃逆断层附近存在1条延伸长度较大逆断层带，另外1条小断层密集带处于井田中部，其延伸长度均较小，相交于NW向断层带。

2）5#煤层小断层发育规律

象山井田5#煤层开采过程中揭露的小断层较多，均为正断层。其断层走向以NW向为主（图5-58），70%的小断层落差在2m以下。

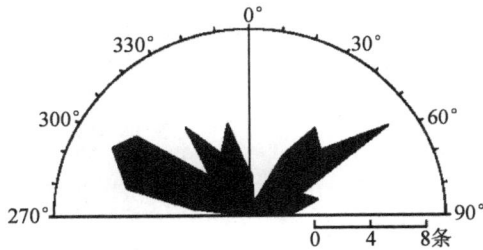

图5-58 象山井田5#煤层小断层走向玫瑰花图

从5#煤层构造分布图来看（图5-59），小断层发育密度为17条/km²，主要分布在井田中北部、F₃断层沿线以及f16向斜转折端。

小断层发育具有密集成带性，且其展布具有一定的规律性。目前可以划分出NE向和NW向2组小断层密集带，以NW向小断层密集带为主，小断层密集带内断层密度大于小断层密集带之间的断层密度。其中，NW向小断层密集带共9条（A1～A9），该组小断层密集带宽度约110m，间距280～420m，延伸长度大，该组小断层密集带近似等间距平行排列；NE向小断层密集带共7条（B1～B7），该组小断层密集带的宽度变化较大，延伸长度较短。

综上所述，矿区内小断层在横向上具有以下发育规律：其一，小断层主要集中在幅度较大的褶皱核部、翼部和转折端及大型断层发育区，小断层的发育密度东大西小、南大北小（表5-4）；其二，小断层优势走向为NW向和NE向，其中北区断层各个方向均发育，南区以NW向为主；其三，小断层发育具有密集成带性，主要发育 NE 向、NW 向、近东西向及近南北向 4 组断层密集带，尤其在南区小断层密集带展布的规律性较强，以 NW 向断层密集条带为主，近等间距排列，其次为 NE、南北和东西向断层密集条带。

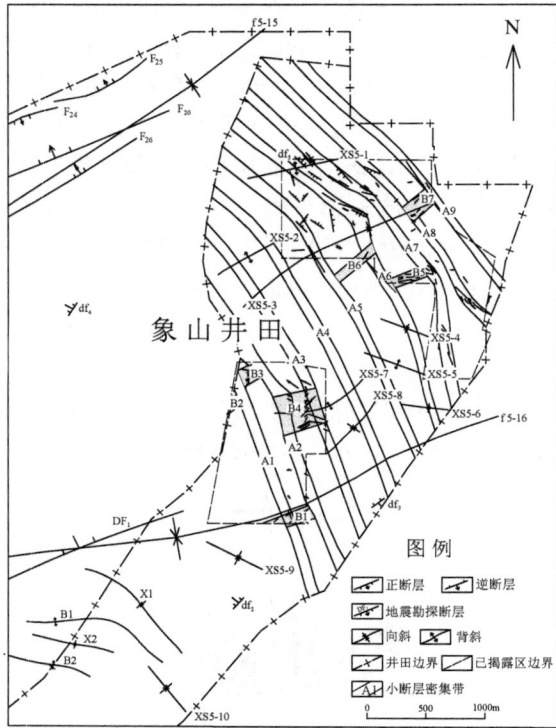

图 5-59　象山井田 5#煤层小断层分布图

表 5-4　各井田断层密度统计表

井田		断层密度/（条/km²）
桑树坪井田	3#煤层	13
下峪口井田	2#煤层	25
	3#煤层	16
象山井田	3#煤层	29
	5#煤层	17

四、小断层在垂向上的发育规律

为了研究小断层在垂向上的发育规律，需要对比上下叠置工作面所揭露的小断层特征。韩城矿区能满足这一要求的区域不多，仅下峪口井田有部分 2#煤层开采工作面和 3#煤层工作面有上下叠置关系，象山井田有部分 3#煤层开采工作面和

5#煤层工作面有上下叠置关系。因此，2#煤层开采过程中揭露的小断层垂向发育规律主要依据下峪口井田的小断层资料进行研究，3#煤层开采过程中揭露的小断层的垂向发育规律主要依据象山井田的资料。

1. 2#煤层小断层的垂向发育规律

通过对下峪口煤矿2#煤层和3#煤层开采中揭露小断层的对比分析，仅在北山子向斜南翼的转折端处出现个别断层贯穿2#和3#煤层，但断层位置发生偏移，断层落差向深部逐渐变小。总体上来看，在2#煤层中发现的小断层很少能切割到3#煤层，垂向切割深度多小于2#和3#煤层间距，断层落差大于2.0m的断层垂向切割深度多大于15m，个别落差大于2.0m的断层垂向切割深度小于15m（表5-5）。

表5-5　下峪口井田2#煤层断层切割深度统计表

2#煤层断层编号	2#煤层断层落差/m	3#煤层断层落差/m	2#距3#煤层之间的间距/m	断层位置（2#煤层/3#煤层）	切割深度与煤层间距关系
2098	3.0		13	23203工作面	
2099	3.0		13	23203工作面	
	1.0		11	23203工作面	
	0.5		16	23203工作面	
2103	1.6		8	23207工作面	
2101	3.0		7	23207工作面	
2102	2.5		9	23207工作面	
2094	1.6		8	23201进风顺槽	
2091	1.0~1.7		10	23207 2#回顺	
2089	1.3		11	23207 2#回顺	断层切割深度小于煤层间距
2086	1.4		12	23207 2#回顺	
2084	2.7		11	23207工作面	
2097	3.5		6	23211工作面	
2096	4.0		6	290皮落差	
2088	3.5		11	23207工作面	
	1.2		20	21206 2#工作面	
	1.2		24	21206 2#工作面	
	1.0		24	21206 2#工作面	
	1.4		20	21206 1#工作面	
	0.5		24	21206 1#工作面	

2#煤层断层编号	2#煤层断层落差/m	3#煤层断层落差/m	2#距3#煤层之间的间距/m	断层位置（2#煤层/3#煤层）	切割深度与煤层间距关系
2076	1.8		16	2210 切眼	
2078	1.0		16	2218 回顺	
2077	1.3		22	2218 联巷	
2075	1.0		14	2208 回顺	
2074	1.0		14	2208 回顺	
2060	1.0		14	2203 进顺	
2053	1.0		20	1215 回顺	
2055	1.0		16	1215 进顺	
2047	1.1		21	1211 面内	
2054	1.2		18	1215 切眼	断层切割深度小于煤层间距
2083	4.0		14	2206 工作面	
2080	1.5～1.6		19	1216 回顺	
2044	1.3		18	1203 工作面	
2043	1.0		18	1203 工作面	
2017	2.1		19	1201 回顺	
2031	1.0		16	1203 工作面	
2038	2.6		19	1204 面内	
2013	2.6		14	1200 回顺	
2010	0.7		14	1200 南	
2049	2.2		22	1214 进顺	
2079	3.0		16	1209 工作面	
2087	3.5	1.0～3.0	7	23207 进顺/23307 工作面	
2090	5.0	1.0～3.0	7	23207 2#回顺/23307 工作面	断层切割深度大于煤层间距
2016	2.0		15	1201 运顺/3020 工作面	
2022	2.6	2.0	19	1203 工作面/1303 工作面	
2011	2.5	1.3～2.0	17	南 1200 进顺/1301 工作面	

2. 3#煤层小断层的垂向发育规律

通过对象山井田 3#煤层和 5#煤层开采中揭露小断层的对比分析，井田南部采区断层上下连通性差，仅在井田边浅部及北部采区个别工作面断层贯穿 3#和 5#煤层，断层落差变小，断层位置偏移。总体上来看，在 3#煤层中发现的小断层能够切割到 5#煤层中的较少，仅有部分落差在 2.5m 以上的断层可延深到 5#煤层，断层垂向切割深度大于 15m，个别落差小于 2m 的断层也可延伸到下部 5#煤层中（表 5-6）。

表 5-6 象山井田 3#煤层断层切割深度统计表

3#煤层断层编号	3#煤层断层落差/m	5#煤层断层落差/m	3#距 5#煤层之间的间距/m	断层位置（3#煤层/5#煤层）	切割深度与煤层间距关系
F$_{21302}$	2.5	1.5	23	21302 工作面/21501 工作面	
F$^{19}_{2325}$	1.5		29	2325 工作面/11505 工作面	
F$^{01}_{2323}$	4.8		22	2323 工作面/11504 工作面	
F$_{2079}$	3.2～4.6	1.0	25	2313 工作面/11501 工作面	
F$_{2047}$	3.0～11.0	4.0	15	2318 工作面/2509 工作面	断层切割深度大于煤层间距
F$_{2001}$	4.0～14.2	2.5	18	2301 总联巷口/2501 运输巷	
F$_{2043}$	4.0		18	2310 工作面/2508 工作面	
	5.0	1.4	29	2325 工作面/11505 工作面	
	2.5		25	2323 工作面/11504 工作面	
	1.8	0.8	21	306 运输巷/505 工作面	
	1.4		15	2302 工作面/2501 工作面	

3. 小断层密集带的垂向发育规律

北区小断层密集带在上下不同煤层中的展布特征不同，南区小断层密集带在上下不同煤层中发育的位置和方向基本一致，主要分布在大型断层带附近及褶皱轴部和转折端处部位（图 5-52 和图 5-55；图 5-57 和图 5-59）。

4. 小断层密度的垂向变化规律

2#煤层发育的小断层密度大于 3#煤层的小断层发育密度，3#煤层的小断层密度又大于 5#煤层的小断层密度（表 5-4）。即在纵深方向上，层位越低，小断层越少，上层煤开采中揭露的小断层可能多于下层煤开采中揭露的小断层。

5. 小断层预测

区内多数小断层垂向切割深度较小。根据韩城矿区主要煤层的间距来看，落差在 2m 以下的小断层一般不会同时切割上下 2 个煤层；仅有部分落差在 2m 以上的断层垂向切割深度大于煤层间距，可以延深到下层煤层。但下峪口井田在开采 2#煤时发现的落差 4m 的断层，其垂向切割深度不到 6m，在达到 3#煤层之前就已经尖灭；而象山井田却有个别落差 2m 以下的断层，其垂向切割深度达到 15m 以上，同时切割了 3#煤层和 5#煤层。

第六章　地质构造的运动学与动力学解析

第一节　矿区构造的运动学特征

一、晚古生代以来构造运动的主要形式

根据地层发育状况（第二章）及其构造变形特征（第五章）推测，晚古生代以来韩城矿区所在区域既有垂向运动，又有水平运动。垂向运动先后表现为整体沉降和不均匀抬升，水平运动则表现为挤压收缩和随后开始的拉张伸展。

自古生代晚石炭世到中生代中三叠世末，是韩城矿区所在区域的整体沉降阶段，在此阶段形成的各组地层连续沉积，整合接触。晚三叠世至新近纪中新世末，区域地壳不均匀抬升，造成侏罗系、白垩系、古近系等地层缺失，且自SE向NW方向，接受了更多较新时代的地层，而从NW向SE方向，出露了更多较老时代的地层；上新世以来，局部地区发生小规模沉降，接受了上新统和第四系沉积。

韩城矿区近东西走向的褶皱构造和逆断层主要发育在中南部，向北逐渐弱化，说明区内曾经发生过自南向北的挤压收缩运动；矿区东南边浅部发育的倒转背斜（目前只保留其西翼的一部分）和以 F_2 为代表的大型逆断层，说明区内曾经发生过由 SE 向 NW 方向的挤压收缩运动；以 F_1 为代表的正断层和矿区内广泛发育的大量正断层及其组合，则是由 NW 向 SE 方向拉张伸展的结果。

根据区域大地构造背景及其演化史（第三章）分析，韩城矿区自南向北的挤压收缩运动发生在印支期，由 SE 向 NW 方向的挤压收缩运动发生在燕山期，由 NW 向 SE 方向的拉张伸展出现在喜山期。

二、升降运动分析原理

1. 沉降史分析原理

现代构造理论认为，盆地基底的沉降（总沉降量）包括构造作用引起的构造沉降和沉积负荷产生的负荷沉降两部分。总沉降量反映了地层沉积后盆地下沉的幅度以及该地层的埋藏历史。从总沉降量中除去沉积负荷所造成的沉降量就得到构造沉降量。沉降史反演分析常用回剥法进行。回剥法就是利用岩石骨架厚度不变模型，按照从新到老的顺序逐层去掉各个时期上覆地层，通过压实校正等校正

方法获得各年代地层的原始沉积状况及盆地可能的原始形状。

2. 去压实校正原理

对现今沉积地层厚度进行压实校正，将其恢复到地质历史时期沉积时或埋藏过程的原始厚度。在正常压实情况下，一般假设沉积物孔隙度随深度增加满足指数关系，即

$$\phi(z) = \phi_0 \times e^{-cz} \tag{6-1}$$

式中，$\phi(z)$ 为埋藏深度 z 处的地层岩石孔隙（%）；ϕ_0 为地表（$z=0$）时沉积物原始孔隙度（%）；c 为地层压实系数（m^{-1}），随岩性不同其取值不同。

假定压实前后地层的骨架厚度始终不变，沉积岩层的骨架厚度（h_s）是沉积岩层厚度（岩层顶底界深度差值）减去单位面积的孔隙体积，其总是小于实际地层厚度地层，地层的骨架厚度公式为

$$h_s = \int_{z_1}^{z_2} [1 - \phi(z)] \mathrm{d}z \tag{6-2}$$

式中，h_s 为岩石骨架厚度；z_1 和 z_2 分别为地层顶底界的埋藏深度；$\phi(z)$ 为地层的孔隙度-深度曲线函数。

根据本研究区地层岩性特征，将其线性公式确定为

$$\phi(z) = p_s \phi_s(z) + p_m \phi_m(z) + p_c \phi_c(z) \tag{6-3}$$

式中，p_s 为地层砂岩含量；p_m 为地层泥岩含量；p_c 为地层煤岩含量，三者之和等于 1；与岩性对应的 $\phi_s(z)$、$\phi_m(z)$ 和 $\phi_c(z)$ 由式（6-1）确定。

将（6-3）式代入（6-2）式积分得到

$$h_s = z_2 - z_1 + p_s \phi_{0s} \frac{e^{-c_s z_2} - e^{-c_s z_1}}{c_s}$$
$$+ p_m \phi_{0m} \frac{e^{-c_m z_2} - e^{-c_m z_1}}{c_m} + p_c \phi_{0c} \frac{e^{-c_c z_2} - e^{-c_c z_1}}{c_c} \tag{6-4}$$

式（6-4）是对应式（6-3）考虑三种岩性的骨架厚度。由式（6-4）变换得到

$$z_2 = h_s + z_1 - p_s \phi_{0s} \frac{e^{-c_s z_2} - e^{-c_s z_1}}{c_s}$$
$$- p_m \phi_{0m} \frac{e^{-c_m z_2} - e^{-c_m z_1}}{c_m} - p_c \phi_{0c} \frac{e^{-c_c z_2} - e^{-c_c z_1}}{c_c} \tag{6-5}$$

式（6-5）是考虑三种岩性的地层底界公式，z_2 初值可取为该地层的顶界加上其骨架厚度，代入式（6-5），逐次迭代，直到一定误差范围，最终迭代结果即为所求的古地层底界。

3. 基本参数的选取

韩城矿区生产矿井主要分布在南区的象山井田、北区的桑树坪井田和下峪口井田，南区的薛峰井田和北区的王峰井田已经完成勘探，正在进行矿井建设。采用回剥分析法进行沉降史模拟研究，依据的钻孔资料分别选自象山井田（XS20）、薛峰井田（XF21-9）、桑树坪井田（B7-2）和王峰井田（ZK 补 5）（图 6-1），四个单井钻孔所揭露的地层厚度较为完整，横向变化小，未受到构造破坏，在韩城矿区具有一定的代表性。

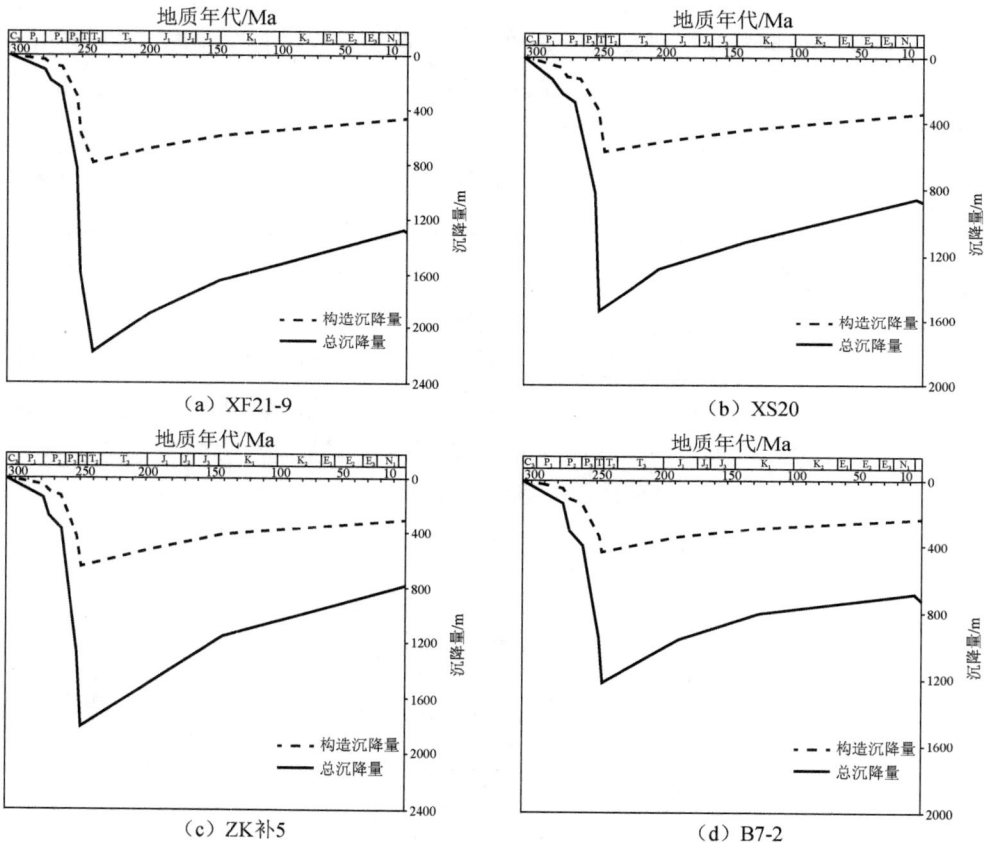

图 6-1　韩城矿区代表性钻孔沉降史曲线图

沉降史模拟所需的地层分层数据、各层段孔隙度数据和岩性描述等基础资料，以单井柱状图及勘查区地质总结报告为主，一般从钻孔柱状图中提取统计。地层年龄值依据全国地层委员会 2012 年 9 月发布的最新国际地层表。韩城矿区自晚古生代以来，沉积地层以陆相为主体，古水深变化较小，在恢复地层原始厚度过程中可忽略不计。对中生代以来地层剥蚀量的估算采用地层厚度对比法,结合渭北隆起中西部邻区地层厚度进行分析。

三、升降运动量计算

1. 沉降曲线对比

通过对 4 个钻孔的地层资料进行沉降史反演分析,得到其沉降史曲线如图 6-1 所示。从该图可见,自晚石炭世到中三叠世,沉降曲线均下降,代表多次幅度不等的沉降;中三叠世晚期至新近纪中新世末期沉降曲线上升,代表地壳较长时期的抬升,造成侏罗系、白垩系、古近系等地层缺失;上新世以来,沉降曲线转向下降,代表该时期又一次发生小规模的沉降,局部地区接受了上新统和第四系沉积。

沉降曲线的斜率变化,反映出在不同地质历史时期沉降速率的变化规律。在石炭纪-二叠纪,矿区沉降速率自东向西、自北向南减小;在早中三叠世,矿区沉降速率自东向西、自北向南增大。晚三叠世开始的抬升运动自东向西、自北向南扩展(表 6-1)。

表 6-1　晚石炭世-中三叠世沉降速率一览表　　　　　单位:m/Ma

地层(代号)	薛峰井田	象山井田	王峰井田	桑树坪井田
	XF21-9	XS20	ZK 补 5	桑 B7-2
二马营组(T_2e)	66.59	0	0	0
和尚沟组(T_1h)	67.48	0	0	0
刘家沟组(T_1l)	349.52	246.40	240.21	0
孙家沟组(P_3s)	181.93	242.40	133.46	283.54
上石盒子组(P_2-P_3sh)	49.82	52.72	64.34	51.40
下石盒子组(P_2x)	6.06	4.29	9.54	11.31
山西组(P_1-P_2s)	18.84	18.20	28.80	43.02
太原组(C_2-P_1t)	3.73	6.28	5.02	5.68

晚古生代,矿区内构造沉降量比较均匀,总沉降量在 1300m 以上,仅薛峰井田的沉降量相对较小。进入三叠纪以后,薛峰井田的沉降速率突然加快,从而导致该区累计沉降量超过 2000m,成为全区之最(表 6-2)。

表 6-2　各钻孔沉降量和抬升量对比表　　　　　单位:m

钻孔号	晚古生代		晚石炭世以来	
	构造沉降量	总沉降量	累计沉降量	抬升量
XF21-9	429	1191	2179	907

钻孔号	晚古生代		晚石炭世以来	
	构造沉降量	总沉降量	累计沉降量	抬升量
XS20	493	1369	1664	769
ZK 补 5	500	1379	1638	856
桑 B7-2	486	1354	1378	683

2. 升降阶段划分

韩城矿区自晚古生代以来的沉降史大致可分为区域性沉降、不均匀抬升和局部沉降等三个阶段。

第一阶段为晚石炭世至中三叠世的区域性沉降阶段。可将该阶段进一步划分为如下三个时段。Ⅰ段为晚石炭世至中二叠世，沉降曲线下降，斜率逐渐变大，反映沉降速率由小变大，沉降量不断增加，发育太原组和山西组含煤地层，该时期聚煤作用和造煤物质的堆积速度关系。Ⅱ段为中二叠世至早三叠世早期刘家沟组，沉降曲线斜率急剧变大，沉降速率突然加快，整个矿区依次沉积了下石盒子组、上石盒子组、孙家沟组和刘家沟组地层，使得含煤地层埋藏深度不断增加，至少达到 1300m 以上。Ⅲ段为早三叠世晚期至中三叠世，沉降曲线斜率减小，速率骤降。除薛峰井田保留有早三叠世晚期的和尚沟组和中三叠世的二马营组地层外，矿区大部分井田缺失这一时段的地层。

第二阶段为晚三叠世至中新世的不均匀抬升阶段。研究区构造抬升作用自东向西、自北向南依次发生，且抬升幅度自西向东快速增大，矿区总抬升量在 600m 以上，东部区域中上三叠统遭到剥蚀，侏罗纪、白垩纪、古近纪地层普遍缺失。这一阶段的构造抬升作用一直延续到了新近纪中新世。

第三阶段为上新世至第四纪。经历长期的抬升剥蚀后，研究区局部地带于新近纪上新世和第四纪下降，沉降量较小。这一阶段的沉降对煤系煤层的赋存状况影响不大。

3. 升降运动特征

（1）自晚石炭世以来，韩城矿区先后经历了晚石炭世-中三叠世的区域性整体沉降、晚三叠世-中新世的不均匀抬升和上新世-第四纪的局部沉降。

（2）在整体沉降阶段，地壳沉降速率有逐渐加快的趋势；石炭纪-二叠纪，韩城矿区地壳沉降速率有东部大西部小、北部大南部小的差异，在早-中三叠世，沉降速率向西向南增大；晚古生代以来，韩城矿区总沉降量在 1300m 以上。

（3）晚三叠世开始的不均匀抬升运动表现出东强西弱、北早南晚的规律，总抬升量在 600m 以上。

四、水平运动分析原理

平衡剖面是指可以把剖面上的变形构造通过几何学原则全部复原成合理的未变形状态的剖面。平衡剖面技术在挤压构造和褶皱-冲断带的构造分析中已经比较成熟，并且可以定量地描述变形和形成发育过程。Gibbs 首次将平衡剖面原理引入张性地区的构造恢复，为张性地区平衡剖面恢复提供了理论指导。近年来，中国学者对张性构造、多期次不均衡剥蚀构造的平衡剖面恢复及平衡剖面确定古构造应力场等方面进行了探索性研究，为多期次叠合盆地的平衡剖面分析提供了经验方法和理论指导。

平衡剖面方法是依据物质守恒的原理提出的，并根据实际的地质情况，提出了体积守恒、面积守恒、长度守恒、断距一致及缩短量一致等一系列基本的几何学原理，作为剖面分析、解释、恢复的依据准则和限制条件。

结合研究区实际地质情况，应根据地层标志层长度守恒具体分析。若岩层间没有不连续面，则其恢复后的原始长度在同一剖面中应当一致。否则，在长层与短层间有一不连续面。具体做法是先在剖面两端选定一对参考线，参考线要选在无层间滑动之处，如主要褶皱的轴面处，或在未变形区的垂直于岩层的总倾斜的面上，然后测量两参考线间的标志层长度，恢复前后长度相等，剖面才算平衡。

假设喜山期以来目前剖面标志层水平长度为 L_2，经平衡剖面恢复，燕山期剖面标志层水平长度为 L_1，则剖面的伸展应变量 $\Delta L = L_2 - L_1$，其伸展率 $V = \Delta L / L_1$，当恢复至前燕山期剖面标志层水平长度为 L_0 时，则剖面的压缩应变量 $\Delta L' = L_1 - L_0$，剖面的压缩率 $V' = \Delta L' / L_0$。

五、收缩运动量与伸展运动量计算

1. 平衡剖面的制作

在制作平衡剖面的过程中，首先要选取合适的剖面。选取剖面时遵循以下原则：①剖面线垂直于构造带走向；②剖面能够反映矿区晚古生代以来的构造演化；③剖面尽可能穿过研究区主要井田的构造带，有利于对比分析不同剖面的构造变形状况；④尽可能选取原有的勘探线剖面图。

根据剖面选取原则，选取了 4 条横剖面（象山井田 19-19′勘探线、薛峰井田13-13′勘探线、下峪口井田 12-12′勘探线、桑树坪井田 7-7′勘探线）和 1 条走向剖面 I-I′进行平衡剖面恢复。剖面位置详见图 6-2。

（1）象山井田 19-19′勘探线剖面（图 6-3），剖面方向 NW—SE 向，依次经过钻孔英 21、英 20、英 9、英 8、英 15、英 7。其中，正断层 F_2 经过钻孔英 8，正断层 F_{12} 经过钻孔英 7，逆断层 F_{16} 经过钻孔英 15。剖面由下向上依次发育奥陶系、

本溪组、太原组、山西组、下石盒子组、上石盒子组、孙家沟组、第四系地层，
标志层为 11# 煤层。

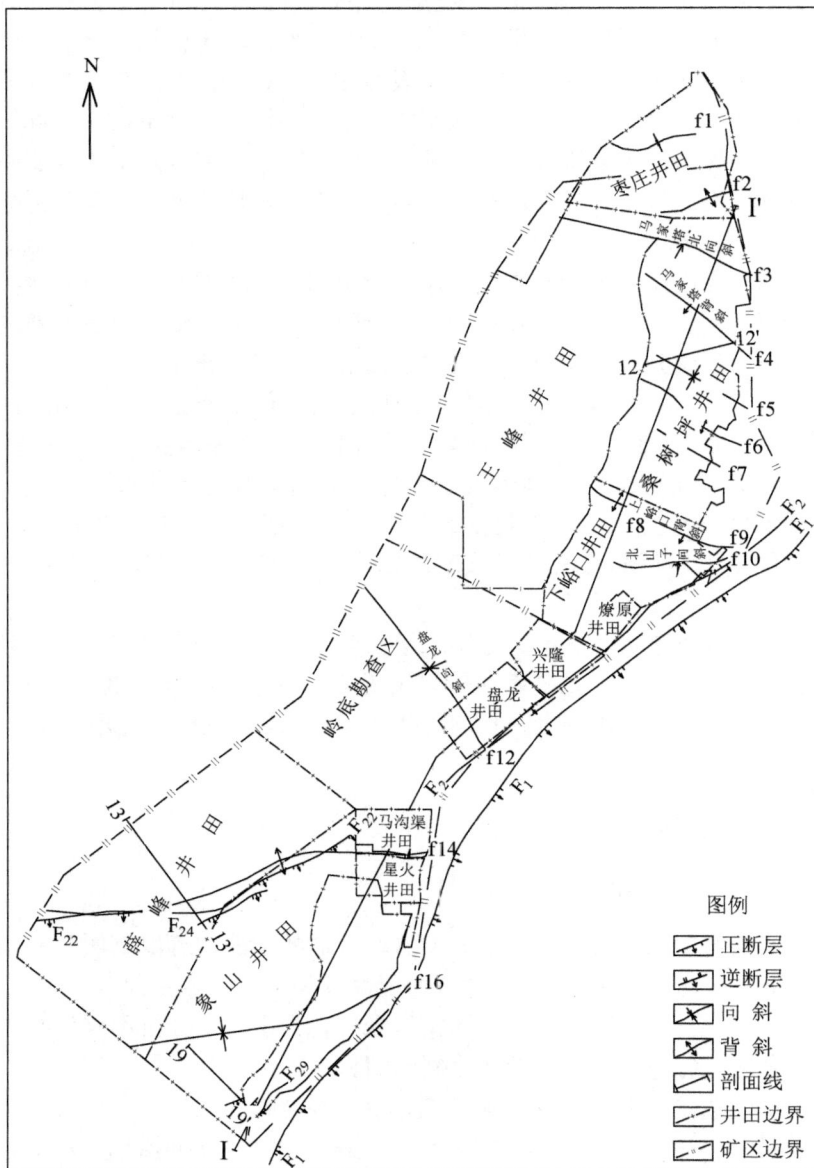

图 6-2　韩城矿区平衡剖面位置图

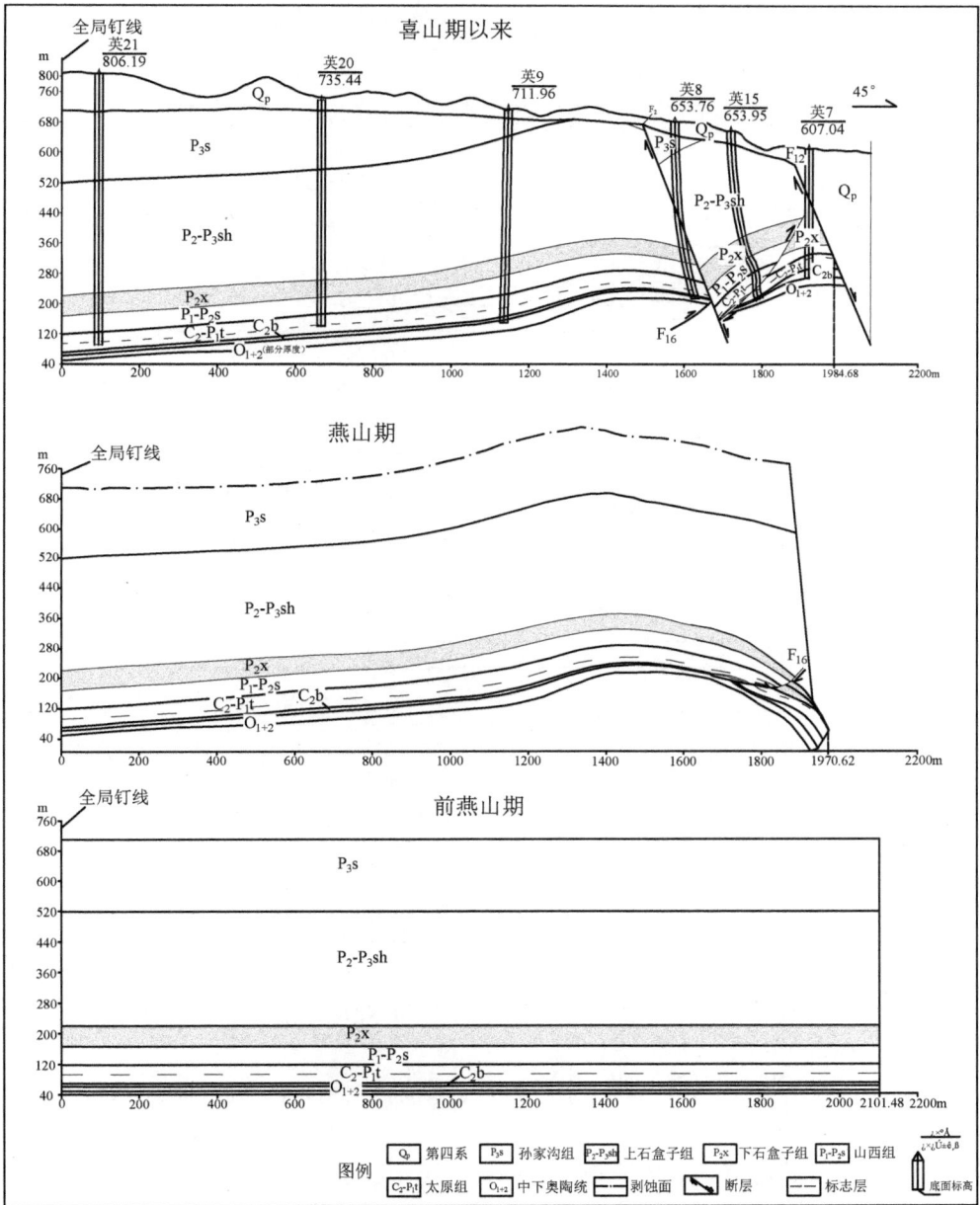

图 6-3　象山井田 19-19′平衡剖面

（2）薛峰井田 13-13′勘探线剖面（图 6-4），剖面方向 SE，剖面由 NW 至 SE 向依次经过钻孔 XF13-1、XF13-6、XF13-9、XF13-12，剖面通过倾向 SE 的正断层 F$_{22}$ 和正断层 F$_{24}$ 以及倾向 NW 的正断层 F$_{26}$，其中，正断层 F$_{24}$ 和正断层 F$_{26}$ 经过钻孔 XF13-12。剖面由下向上依次普遍发育奥陶系峰峰组、太原组、山西组、下石盒子组、上石盒子组、孙家沟组、上三叠纪刘家沟地层，局部发育和尚沟组、第四系地层，标志层为太原组地层。

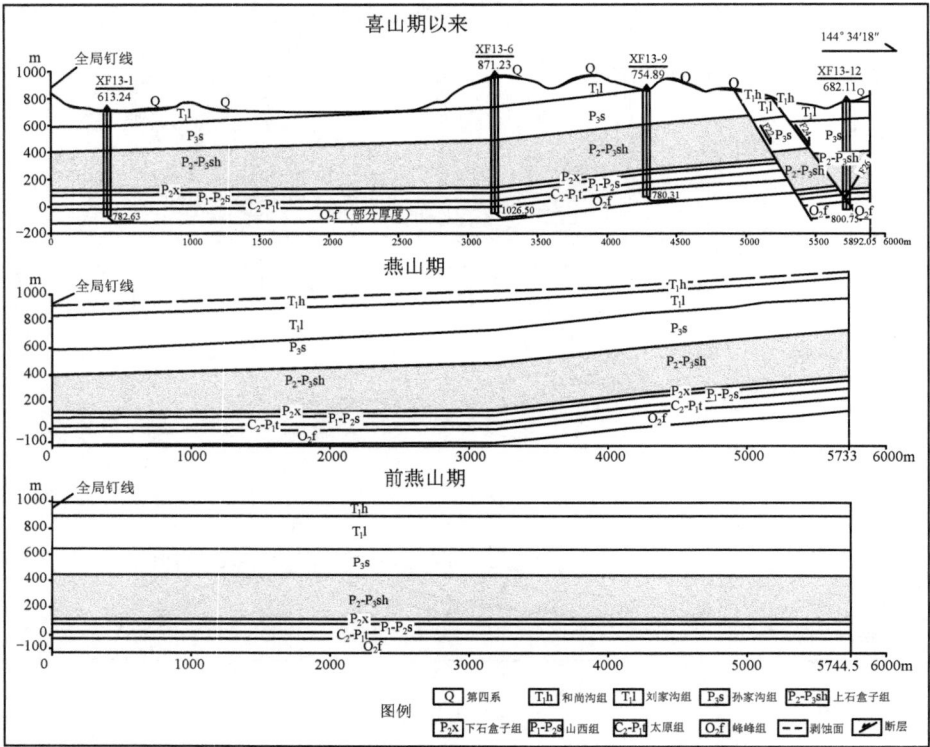

图 6-4　薛峰井田 13-13′平衡剖面

（3）下峪口井田 7-7′勘探线剖面（图 6-5），剖面走向 SE 向，依次经过钻孔 311、钻孔 B9、钻孔 310，地层由下向上发育马家沟组、太原组、山西组、下石盒子组、上石盒子组和第四系地层，标志层为 11#煤层。剖面的东南段地层近于直立，并被倾向 SE 的 F_2 逆断层切割。

（4）桑树坪井田 12-12′勘探线剖面（图 6-6），剖面走向 SE 向，依次经过钻孔 105、钻孔 127、钻孔 104、钻孔 103、钻孔 850、钻孔 P3 和钻孔 102，地层由下向上发育奥陶系峰峰组、太原组、山西组、下石盒子组、上石盒子组、孙家沟组以及第四系地层，剖面构造宽缓褶皱为主，未见大中型断层，标志层为太原组地层中的 11#煤层。

（5）矿区 NE 走向剖面（图 6-2 中 I-I′），该剖面由北向南依次经过桑树坪井田、下峪口井田、兴隆井田、盘龙井田、领底勘查区、马沟渠井田、星火井田及象山井田，地层由下向上发育奥陶系、本溪组、太原组、山西组、下石盒子组、上石盒子组、孙家沟组以及第四系地层，标志层为发育于太原组地层中的 11#煤层。

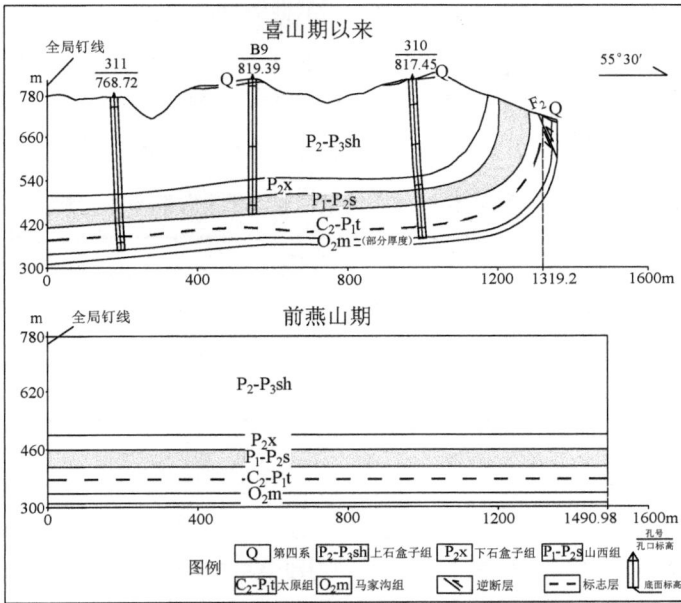

图 6-5　下峪口井田 7-7′平衡剖面

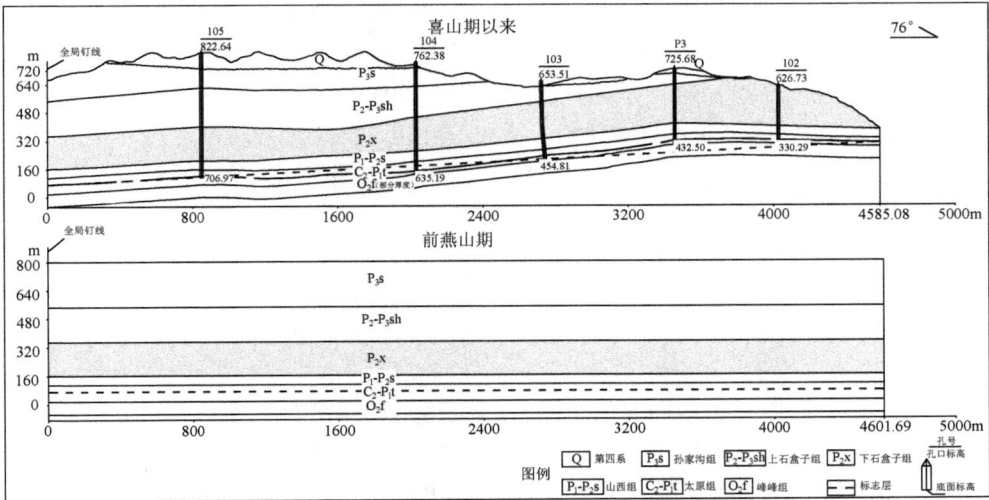

图 6-6　桑树坪井田 12-12′平衡剖面

2. 收缩运动量

NE 走向的 I-I′剖面可以反映印支期矿区地层受近南北向挤压应力后出现的收缩变形。经过制作平衡剖面，得到矿区地层在南北方向上的收缩率为 1.4%，其中，矿区南部该时期地层的收缩率为 1.842%，矿区北部地层的收缩率为 0.914%。

燕山期矿区地层受到自 SE 向 NW 方向的挤压应力，象山井田 19-19′勘探线剖面图、薛峰井田 13-13′勘探线剖面图、桑树坪井田 12-12′勘探线剖面图、下峪口井田 7-7′勘探线剖面图反映该时期的收缩变形。对上述四条剖面进行平衡剖面制作，分别计算出其在燕山期地层的收缩量及收缩率，见表 6-3。

表 6-3　燕山期矿区代表性剖面收缩量及收缩率对比表

燕山期	收缩量/m	收缩率/%
象山 19-19′剖面	130.86	6.227
薛峰 13-13′剖面	11.5	0.2
下峪口 7-7′剖面	171.77	11.52
桑树坪 12-12′剖面	16.61	0.361

3. 伸展运动量

喜山期以来，研究区地层受到自 NW 向 SE 方向的拉张应力，象山井田 19-19′勘探线和薛峰井田 13-13′勘探线剖面反映出此期间形成的伸展构造。经平衡剖面分析可知，象山井田 19-19′勘探线喜山期以来地层伸展量为 14.06m，伸展率为 0.713%（图 6-3）；薛峰井田 13-13′勘探线喜山期以来地层伸展量为 159.05m，伸展率为 2.774%（图 6-4）。由于薛峰井田 13-13′勘探线穿过东泽村构造带中的 2 条大型正断层，而象山井田 19-19′勘探线没有穿过矿区东南缘的大型正断层，所以通过平衡剖面恢复得到的 19-19′勘探线剖面的伸展率偏小。实际上矿区伸展构造的强度是自 NW 向 SE 方向增强的。桑树坪井田 12-12′勘探线剖面图、下峪口井田 7-7′勘探线剖面图因为没有经过大中型正断层，未表现出明显的地层伸展变形。

4. 水平运动特征

根据印支期以来矿区地层挤压收缩率和拉张伸展率的变化情况（图 6-7），联系矿区挤压收缩构造和拉张伸展构造的空间分布实际，可得矿区水平运动具有以下特征。

（1）印支期发生由南向北的水平挤压运动，地层在南北方向上收缩变形，收缩率表现为南区大、北区小。因而在走向剖面上，南区形成近东西走向的逆断层和波幅较大的褶皱，北区形成相对平缓的波状弯曲，整个矿区印支期水平挤压产生的挤压收缩变形呈现出"南强北弱"的特点。

（2）燕山期发生由 SE 向 NW 的水平挤压运动，地层在 NW—SE 方向上收缩变形，收缩率表现为东部大、西部小、北区大、南区小；边浅部地层直立甚至倒转，整个矿区燕山期水平运动呈现"北强南弱、东强西弱"的特点。

（3）比较印支期和燕山期的地层收缩率以及两期挤压收缩运动所产生的褶皱级次和规模可见，印支期近南北向挤压运动强度不大，燕山期水平挤压强度明显高于印支期，该期挤压运动对整个矿区的改造作用基本决定了矿区现今的构造面貌，两期水平挤压运动整体呈现出"两期复合，后强前弱"的特点。

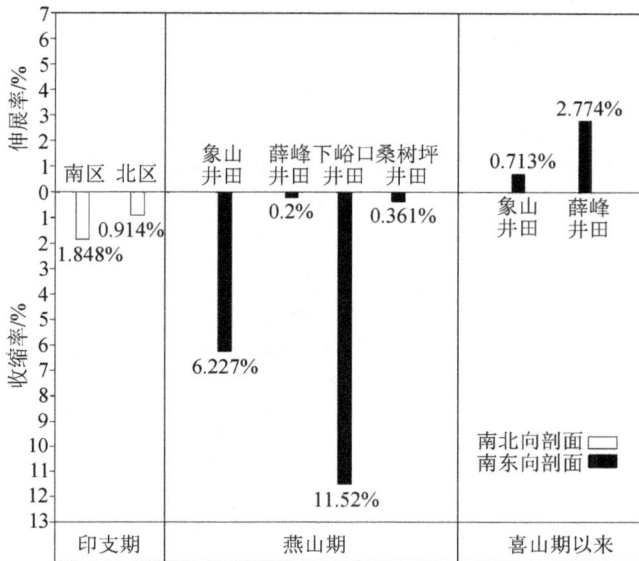

图 6-7　不同时期地层伸缩率对比图

（4）喜山期发生 SE 向水平拉张运动，矿区普遍出现伸展变形，且大中型正断层主要发育在矿区东南部以及边浅部，整个矿区喜山期水平运动呈现出"东强西弱，南强北弱"的特点。

第二节　区域古构造应力场特征

根据区域大地构造演化史分析，古生代以来，鄂尔多斯地块经历了两种截然不同的地球动力学体制：古生代-中生代主要受挤压构造体制控制；新生代以来主要受 NW—SE 向拉张应力作用，属伸展构造体制。其中，喜山期以前的挤压构造体制又可分为印支期的近南北向挤压和燕山期的 NW 向挤压两个阶段。

一、印支期的古构造应力场

印支期区域古构造应力场以近南北向挤压为特点，含煤岩系受到首次改造。

张泓等（2000）经野外调查，观测、统计了石炭纪-二叠纪和三叠纪地层的节理系，并整理了褶皱变形资料，求得主压应力轴产状。盆地不同地区的主压应力轴的产状不尽相同，但从统计角度出发，最大主压应力（σ_1）的产状为（179°～359°）∠（2°～3°）；最小主压应力轴（σ_3）的平均走向为 88°～268°，倾角近水平。

王锡勇等（2010）对鄂尔多斯盆地东缘黄河沿岸一带中-新生代构造特征的研究表明，鄂尔多斯盆地东缘前燕山期古构造应力场以近南北向挤压为主要特征，最大主压应力轴的方位为5°～185°，最小主压应力轴的方位为95°～275°。

王双明等（2008）对韩城矿区煤层气赋存规律专项研究中，野外系统收集了各类节理5000余条，结合区域应力特征进行野外分期配套，并在室内采用求解主应力状态的应用程序，由计算机自动恢复了各节理点应力状态，得出前燕山期最大主压应力σ_1的方位为8°～188°；最小主压应力σ_3的方位为100°～280°（图6-8）。

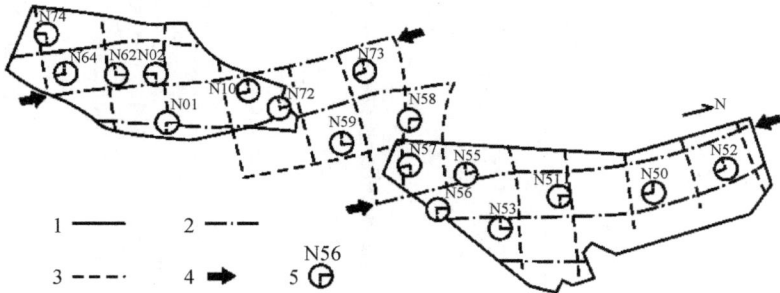

图 6-8　印支期主应力轨迹图

（据王双明，2008）

1. 矿区边界线；2. 最大主应力迹线；3. 最小主应力迹线；4. 地层压缩方向；5. 点应力状态

二、燕山期的古构造应力场

韩城矿区所在区域在侏罗纪早期开始受到逐渐加强的来自古太平洋方向由 SE 向 NW 方向的挤压力作用，构造变形主要表现为东南部抬升，西北部沉降，石炭纪-二叠纪煤系煤层受到更为强烈的改造，形成了韩城矿区煤田构造的基本面貌。

张泓等（2000）将属于燕山期的纵弯褶曲和侏罗纪煤系大量节理系数据进行主应力轴解析的结果表明，燕山运动的最大主压应力轴的优选产状为130°∠2°～310°∠4°；最小主压应力轴的方向为 40°～220°，倾角近于水平；中间主压应力轴的平均倾角均在80°以上。

王锡勇等（2010）等根据鄂尔多斯盆地东缘发育的一系列走向 NE 向、NNE 向的宽缓短轴褶皱，以及测得的燕山期共轭节理所取得的点的应力状态，得到盆地东缘燕山期构造应力场，最大主压应力轴的方位为128°～308°，倾角6°左右，最小主压应力轴的方位为38°～218°。

王双明等（2008）根据对韩城矿区南区象山、北区桑树坪等井田煤样的近1600个镜煤反射率测试结果，该期应力场中最大主压应力方位是127°～307°，最小主应力方位是38°～218°（图6-9）。

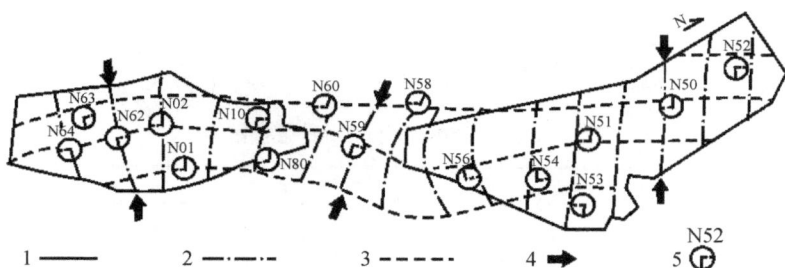

图 6-9　燕山期主应力轨迹图

（据王双明，2008）

1. 矿区边界线；2. 最大主应力迹线；3. 最小主应力迹线；4. 地层压缩方向；5. 点应力状态

三、喜山期的构造应力场

喜山期区域构造体制发生重大变化，区域构造应力场由挤压转变为拉张，韩城矿区所在区域普遍受到由 NW—SE 方向的拉张构造应力作用，伸展构造广泛发育。

张泓等（2000）根据白垩统志丹群的构造变形资料重建喜山期的构造应力场，研究表明该期鄂尔多斯地块东南缘最大主压应力轴的方位为 30°～120°，倾角 1°～2°；最小主压应力轴的优势方位是 121°～301°，倾角近于水平；中间主压应力轴大都近于直立或有 80°左右的倾斜。

王锡勇等（2010）根据鄂尔多斯东缘恢复的喜马拉雅期的构造应力场特征，最大主压应力轴呈 NE—SW 向（42°～222°），最小主压应力轴的方位为 132°～312°。

王双明等（2008）对韩城矿区喜山期的构造应力场的研究表明，研究区最大主压应力轴的方位为 40°～218°；最小主压应力轴的优势方位是 130°～310°（图 6-10）。

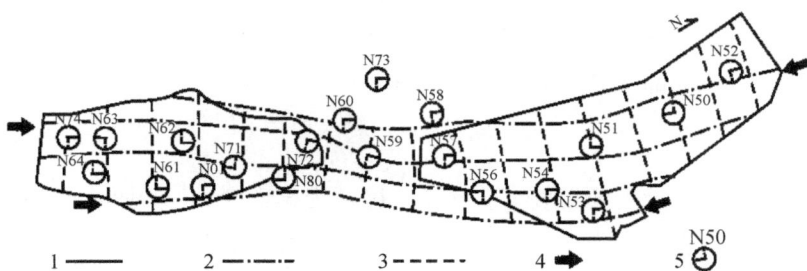

图 6-10　喜山期主应力轨迹图

（据王双明，2008）

1. 矿区边界线；2. 最大主应力迹线；3. 最小主应力迹线；4. 层压缩方向；5. 应力状态

将前人研究得到的鄂尔多斯盆地东南缘——韩城矿区区域古构造应力场特征参数汇总（表 6-4）比较后可见，他们的研究结果虽然略有不同，但基本结论是一致的，而且和区域大地构造背景的分析结论也是相符的。在下一步进行古构造应力场反演时，将采用表 6-4 中王双明等（2008）的研究成果。

表 6-4　古构造应力场特征参数表

研究者	印支期		燕山期		喜马拉雅期	
	$\sigma_1/(°)$	$\sigma_3/(°)$	$\sigma_1/(°)$	$\sigma_3/(°)$	$\sigma_1/(°)$	$\sigma_3/(°)$
张泓等，2000	179～359	89～268	130～310	40～220	30～210	121～301
王双明等，2008	8～188	100～280	127～307	38～218	40～218	130～310
王锡勇等，2010	5～185	95～275	128～308	38～218	42～222	132～312

第三节　矿区构造成生期及其构造型式

一、矿区构造成生期的划分

构造成生期是指某一期地质构造的整个发生、发展过程，既涉及构造的形成时期，又包括它持续的活动时期。每个构造成生期都有一定的古构造应力场作用，因而形成具有一定特点的地质构造。

渭北地区的煤田构造主要形成于中生代以来。根据渭北煤田中生代以来的区域古构造应力-应变场演化历史及构造变形特征，可将研究区及其邻近区域的煤田构造划分为三个构造成生期。第一期：印支期（T_3）；第二期：燕山期（J-K_1）；第三期：喜马拉雅期（K_2-Q）。

二、各构造成生期的构造型式

构造型式是指在同一构造应力作用方式下产生的不同形式、不同方向构造形迹的组合，各组成部分之间具有成生联系。

1. 第一构造成生期及其构造型式

第一构造成生期为晚三叠世印支期，区域古构造应力场以近南北向挤压为特点。在该构造应力场作用下，韩城矿区含煤岩系及其上覆地层中形成近东西向延伸的纵弯褶皱和近东西走向的逆断层（表 6-5）。在此期间，还形成由 NE 走向和 NW 走向剪裂面构成的平面共轭剪节理系（图 6-11）。这些剪裂面成为矿区地层中的脆弱面，在后期区域古构造应力场作用下，剪裂面往往发育成为断层。矿区东南边浅部后来出现的 NE 走向断裂、薛峰井田西北部的马家湾 NE 向断裂等，在第一构造成生期可能都表现为 NE 走向的剪裂面。

表 6-5 印支期形成的构造组合

分区	井田	名称及编号	位置	轴向/走向
北区	桑北勘查区	f1 向斜	桑北勘查区的北部	NWW
		f2 背斜	桑北勘查区南部	EW—NW
	桑树坪井田	f3 马家塔北向斜（SR₂）	马家塔北部	NWW—NW
		f4 马家塔背斜（Z₃）	北部马家塔	NW
		f5 向斜	井田中部	NW
		f6 背斜	井田南部	NW
		f7 凿开河向斜	井田南缘	NW
	下峪口井田	f8 背斜	井田北部	NW
		f9 上峪口背斜（Z₇）	上峪口	NW
		f10 北山子向斜（Z₈）	上峪口、泗洲庙	EW
		f11 背斜	井田东缘	NW
	岭底勘查区	f12 盘龙向斜	盘龙河一带	NW
南区	象山井田	f14 背斜	东泽村、张家岭一带	NWW
		f16 向斜	井田南部	NWW
	乔子玄勘查区	f17 乔子玄背斜（Z₂₀）	赵峰、杨家河、李塬一线	NW—EW
		F_{14}、F_{12} 逆断层	清水岭村至龙亭一线	NEE

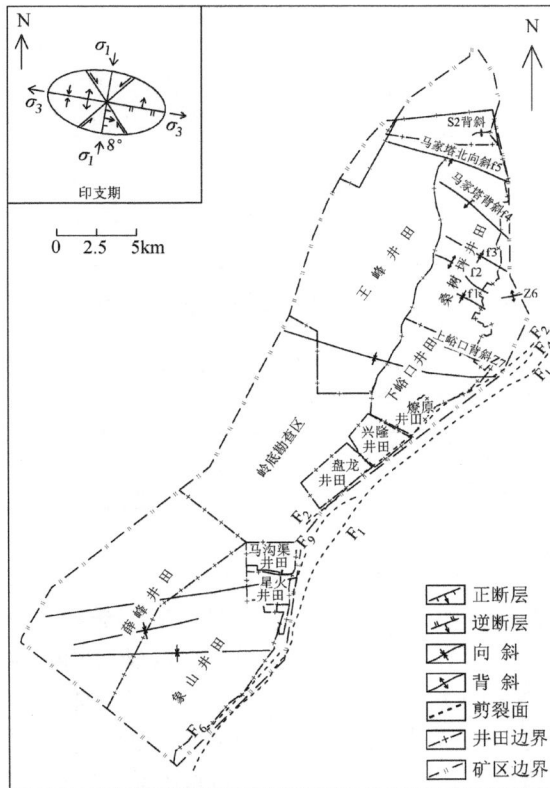

图 6-11 印支期古构造应力状态及构造分布简图

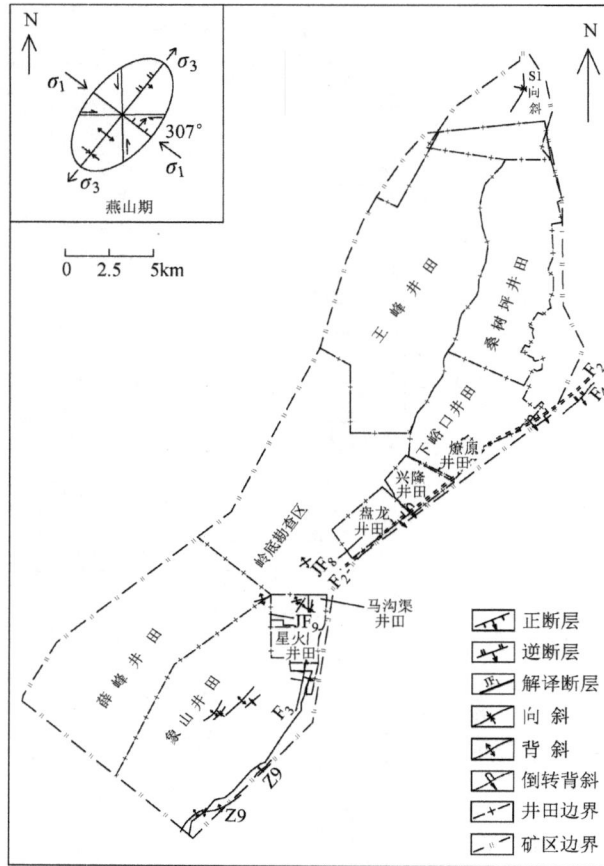

图 6-12　燕山期构造应力状态及构造分布简图

表 6-6　燕山期形成的逆断层

编号	名称	位置	性质	走向
F_2	禹门口—文家岭逆断层	禹门口—华子山—盘龙河湾	逆	50°
F_3	西塬沟逆断层	西塬沟	逆	50°

2. 第二构造成生期及其构造型式

第二构造成生期从侏罗纪-早白垩世，是韩城矿区最重要的一次构造变形期，决定了本区煤炭资源的赋存状况。本构造成生期区域古构造应力场表现为自 SE 向 NW 的挤压，构造变形主要表现为东南部抬升、西北部沉降，形成区内规模最大的一级构造，即走向 NE，倾向 NW 的单斜构造（图 5-22）。从更大区域来看，该单斜构造是一大型倒转背斜构造受断层切割和剥蚀后所残留的北西翼。此"单斜构造"浅部较陡，地层倾角大，局部甚至直立，向 NW 方向地层埋深加大且地层较平缓,倾角约为8°。从11#煤层底板等高线图(图5-6)可见,第二构造成生期形成的次级 NE 向褶皱主要发育于矿区北部,褶皱规模较大,延伸较长,与印支期形成的近东西向褶皱横跨叠加。

受此期挤压构造应力场影响,矿区东缘成为区域应力的集中带,在印支期形成的部分 NE 向剪裂面基础上发育压扭性逆断层(图6-12),典型的如桑北逆断层带、F_2 及 F_3 逆断层(表6-6)。此外,该期还形成由近东西走向和近南北走向剪裂面构成的平面共轭剪节理系。

3. 第三构造成生期及其构造型式

晚白垩世-新生代,区域构造体制发生了重大变化,由挤压构造体制转化为伸展构造体制,韩城所在区域构造演化进入第三构造成生期,构造应力场以 SE 向拉张为特征,伸展构造大量出现,煤矿生产过程中揭露的大量正断层都是这一时期的产物(图 6-13)。第三构造成生期形成的主要断层见表 6-7。其中最为明显的是张扭性正断层 F_1。同时,拉张构造应力场牵动了前两期已形成的构造破裂面,使大部分破裂面发生不同程度的张裂,结果形成了一系列不同走向的正断层。

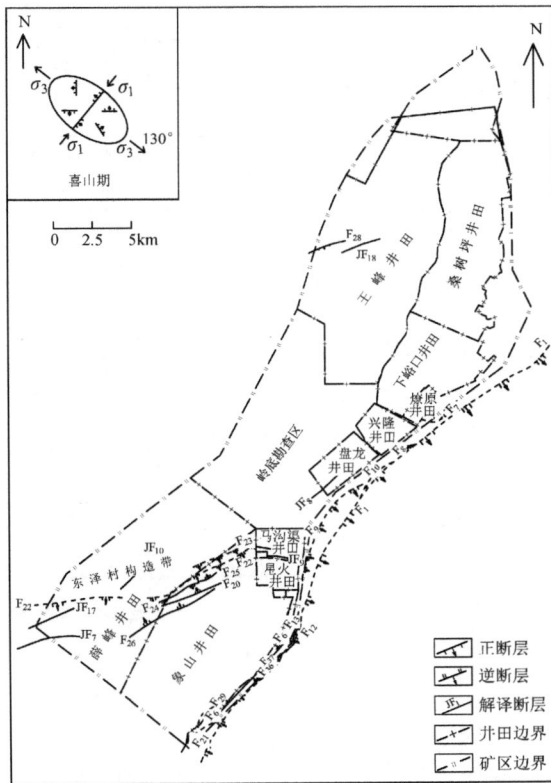

图 6-13　喜山期构造应力状态及构造分布图

表 6-7　喜山期形成的主要断层一览表

井田	编号	名称	位置	性质	走向
区域大断裂	F_1	韩城大断层	龙门至龙亭	正	40°～70°
乔子玄勘查区	F_{101}	西番地—暖和圪劳正断层	乔子玄勘查区北部	正	EW
	F_{102}		乔子玄勘查区中部	正	20°
	F_{103}		乔子玄勘查区中部	正	70°
	F_{104}		乔子玄勘查区中部	正	75°
	F_{105}	徐家圪劳—王圪劳正断层	乔子玄勘查区中部	正	75°
	F_{13}		清水一带	正	NEE
	F_{15}	马村岭正断层	上官庄、清水河至乔子玄车站	正	80°
	F_{16}	清水河正断层	清水河	正	NE
	F_{17}	高家坡正断层	高家坡到马村一带	正	NE
	F_{18}	西王村正断层	东王村一带	正	NE
	F_{19}	梯腊川正断层	西英村西马家圪劳一带	正	80°
	F_{20}	西英村正断层	西英村西部	正	80°
	F_{21}	东英村正断层	南西庄到东英村一线	正	NE
象山井田 薛峰井田	F_{22}	东泽村正断层	东泽村、马山村一带	正	65°
	F_{23}	张家岭正断层	张家岭村至郑家崖村	正	NE
	F_{24}	前梁村正断层	西泽村至半岭村	正	NE
	F_{25}			正	NE
	F_{26}	东泽村东（庙底村）正断层	东泽村、柏林村之间	正	65°
	F_{27}	马家湾正断层	马家湾断裂带	正	NNE
	F_{29}	英山西沟正断层	簸箕掌一带	正	NE
	F_{37}	上山底村正断层	上山底至狮山	正	NE
	F_{36}	下山底村正断层	下山底一带	正	NE
	F_6	禹门口正断层	彭村西	正	70°
	DF_1		井田南部	正	NE
岭底勘查区	F_9	石家沟正断层	龙门镇阳村西	正	25°～65°
	F_{10}	登峰堡正断层	王庄、阳村一带	正	30°～60°
	F_8	西塬山正断层	马庄一带	正	80°
下峪口 桑树坪	F_7	杨山庄村西正断层	阳山庄西侧山底附近	正	36°～70°
	F_{28}	龙骨岭正断层	桑岭村至后贾山一线	正	NEE

　　综上所述，韩城矿区在中生代受挤压构造体制控制，新生代以来受伸展构造体制控制。因此，韩城矿区挤压与伸展变形共存，是一个比较典型的煤田构造复合区。从变形时间来看，挤压变形在前，伸张变形在后；从变形范围和变形强度来看，印支期的挤压变形南强北弱，燕山期的挤压变形东强西弱，燕山期的挤压变形比印支期的挤压变形更为强烈，而喜山期的伸展变形正在自 SE 向 NW 发展。

三、不同构造成生期构造的复合与改造

韩城矿区不同构造成生期构造的复合主要表现为后期构造对前期构造的改造、前期构造对后期构造的限制以及后期构造与前期构造的叠加三种构造复合型式。

1. 后期构造对前期构造的改造

后期构造对前期构造的改造，主要表现在后期构造对前期发育构造的性质、方向等的改变。

矿区内后期构造对前期构造的改造作用较强，改造作用在全区均有表现。如 F_1 大断层，在前期挤压应力作用下，为一走向呈现舒缓波状，总体走向 NE 的压扭性逆断层，在后期拉张应力的作用下，断层性质发生变化，形成现今的 F_1 正断层。

南区大部分大型断层和褶皱由于受到后期改造，构造走向在局部发生变化。例如，龙亭构造带内的断层和褶皱走向在东段均发生向北偏转。北山子向斜原始轴向近东西向，由于后期改造，使得向斜的轴线发生弯曲，在向斜两端轴线呈弧线状。

2. 前期构造对后期构造的限制

后期构造的发育受到前期构造的限制，主要表现在早期发育的断层或褶皱等阻挡了后期构造的发育，使之发育终止，规模变小。如韩城矿区东南边浅部断裂带对矿区中深部断裂带的发育具有限制作用，东泽村断裂带和龙亭构造带等均终止于边浅部断裂带上，与边浅部断裂带呈"入"字形相交。

3. 后期构造与前期构造的叠加

韩城矿区不同方向褶皱的横跨叠加复合效应在北区较明显（图 6-14）。

1）背斜与向斜复合

背斜与向斜复合使背斜形态弱化，导致背、向斜枢纽的起伏。例如，桑树坪井田内的 f3 马家塔北向斜与 NE 向的背斜横跨叠加，使得马家塔北向斜的枢纽在 NW 向呈现波状起伏，呈现由中间高地向两边降低的趋势；下峪口井田内 f10 北子山向斜和边部 NE 向的背斜相叠加，使得北山子向斜枢纽起伏。

2）背斜与背斜复合

背斜与背斜复合，使煤层底板标高进一步升高，形成局部穹隆。例如，f4 马家塔背斜与 NE 向背斜横跨叠加，形成小型穹窿构造。

3）向斜与向斜复合

向斜与向斜复合，使煤层底板标高进一步降低，形成小型构造盆地。例如，在桑树坪井田内 f6 向斜与 NE 向的向斜复合，在桑树坪井田南部形成了相对较低的低洼地带。

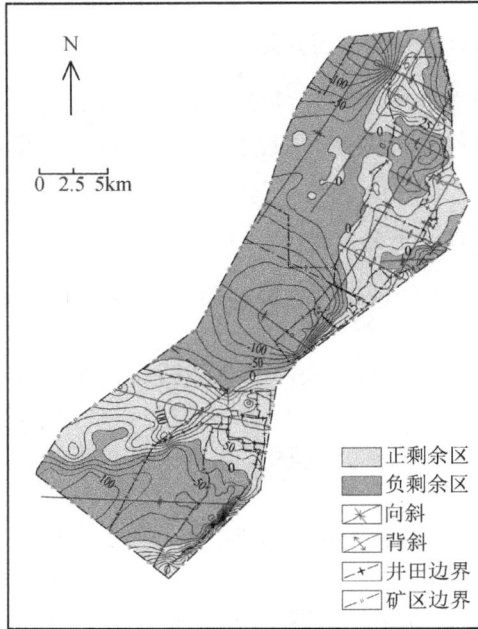

图 6-14　11$^{\#}$煤层底板标高三次趋势面剩余图

第四节　矿区地质构造的成因机制

一、区域古构造应力场的数值模拟

构造应力场是在一个空间范围内构造应力的分布状态，通常指导致构造运动的地应力场，或者由于构造运动而产生的地应力场。不同时期的构造应力场控制着当时的地质构造演变过程。构造应力场研究应该区分古构造应力场与现今构造应力场，分期次进行针对性研究。古构造应力场研究主要是在确定各地的点应力状态（应力方向与应力大小）的基础上，研究在特定区域范围内各个构造运动时期构造应力的分布状态。目前对区域古构造应力场的研究主要采用计算机数值反演模拟方法。

1. 古构造应力场反演的理论与方法

有限元法自 20 世纪 50 年代后期出现以来，就以其先进的理论、强大的功能和广泛的适应性，在矿业能源、石油化工等工业及科学研究领域都得到了广泛的应用。国内外不少地震、地球物理和地质学家将这一方法应用到地学的研究中，如 Neugebauer 和 Breitmayer 利用黏弹性有限元分析研究板块动力学，Bott 利用弹性、黏弹性有限元分析探讨了俯冲过程中，两板块汇聚时的应力分布和其他板块活动，王仁利用有限元分析广泛的探讨了构造力学问题。

有限单元法是一种近似求解一般连续问题的数值求解法，基本思路是：将一个地质体离散成有限个连续的单元，单元之间以节点相连，将实际的岩石力学参数赋予每个单元，把求解研究区域内的连续场函数转化为求解有限个离散点（节点）处的场函数值，基本变量是应变、应力和位移；根据边界受力条件和节点的平衡条件，建立并求解节点位移或单元内应力未知量，以总体刚度矩阵为系数的联合方程组，用构造插值函数求得每个节点上的位移，进而计算每个单元内应力和应变值；随着剖分单元数量增多，越接近于实际的地质体，则求解越真实。

ANSYS 软件是由美国著名力学专家 John Swanson 博士在 20 世纪 70 年代开发出来的。ANSYS 软件可提供一系列可供自由选配功能的模块，用户可根据不同的需求单独使用或集成某些模块，以满足其行业的工程需求。ANSYS 软件系统的主要优点有以下几个方面：可以利用 AutoCAD 软件建立好的模型，可导入到 ANSYS 软件中调整后进行模拟，节省了建立模型的时间；通用后处理器不仅可以输出常用的单元及节点的基本信息，还可绘制各种应力云图、曲线和进行动画制作，进而满足用户的个性化需求。

采用 ANSYS 软件，利用其强大的非线性分析能力、完整的结构分析功能模块（ANSYS/Structural）、强大的后处理能力，采用二维平面模型（PLANE），对韩城矿区不同阶段的构造应力场进行反演模拟。

2. 印支期古构造应力 - 应变场的反演

1）建立模型

研究区印支期最大主压应力方向为近南北向，即最大主应力方向为 NE8°（表 6-4），最小主应力方向以近东西向为主。

通过 AutoCAD 软件量化研究区范围坐标点，然后将获取的坐标点导入到 ANSYS 系统中，从而建立起二维地质模型。为了消除边界效应、减少计算中的误差，将研究区外围区域面积进行适当的放大，研究区面积保持不变。此外，为了便于施加均布荷载，将模型的边界设置为矩形，如图 6-15 所示。

2）力学参数和单元划分

根据实际地质情况，将模拟的整个区块赋以力学参数，确定参数弹性模量为 40GPa，泊松比为 0.2（据张泓，2000，有改动）。确定力学参数后，便可进行网格单元划分形成有限元模型。选用平面 8node-plane183 单元，将实体模型网格化，共划分出 1077 个节点，528 个计算单元（图 6-15）。

3）约束条件和受力方式

模型置于直角坐标系，X 轴正轴指向东，Y 轴正轴指向北。根据古构造应力场的特征，将有限元模型整体北偏东转动 8°。模型北边界固定，西边界约束 X 方向位移，东边界为自由边界，在南部边界施加方位 8° 的均布荷载（图 6-15）。通过反复模拟试验，选择较为合理的加载方式，即最终确定模型南边界施加 40MPa 的挤压应力。

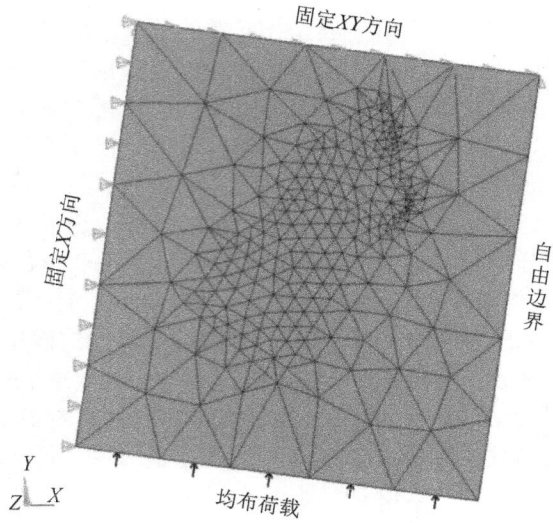

图 6-15　印支期模型网格划分及约束加载图

4）模拟结果

调用后处理模块对计算结果进行绘图处理，生成平面主应力、等效应力、XY平面剪应力等反映应力场特征的云图和位移矢量图。

（1）主应力。根据前人对韩城矿区构造应力-应变场的研究可知，研究区在印支期最大主压应力方向为 NE8°。模拟计算得到的最大主应力方向（图 6-16）与此一致。

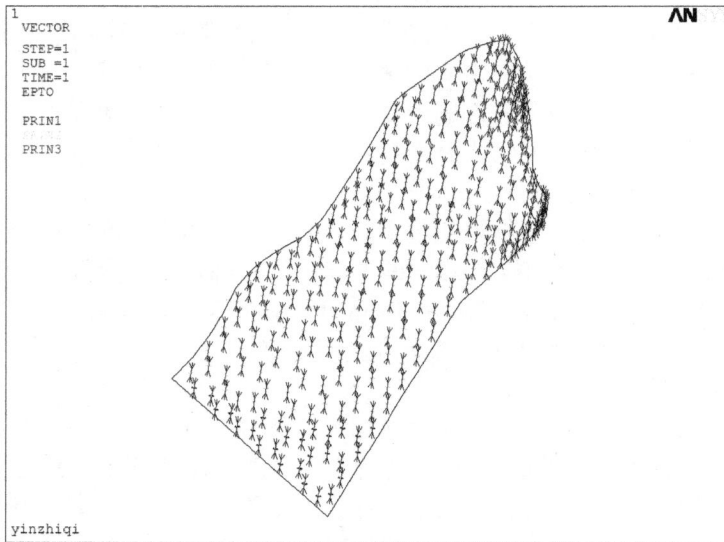

图 6-16　印支期主应力方向图

（2）等效应力。从印支期应力场等效应力分布图可见，挤压应力由南向北逐渐减小，南区达到最大，应力方向分布呈近东西向带状分布（图6-17）。

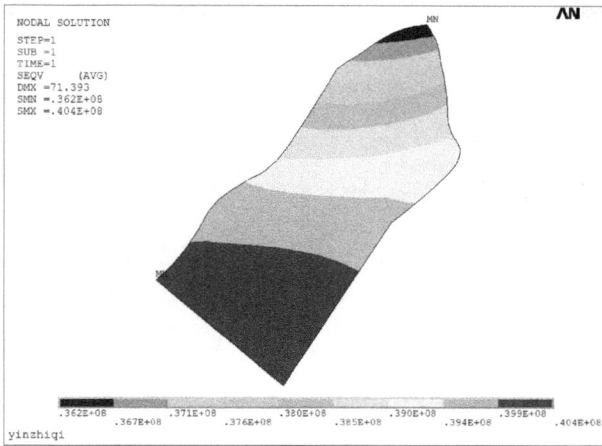

图6-17　印支期等效应力图

（3）XY平面剪应力。XY平面剪应力代表XY截面上的切向应力，反映岩层面上的剪切应力，其大小可以反映层间滑动的概率和层间滑动的区域。从剪应力分布图上可以看出，印支期全区剪应力最大值出现在北区，向南逐步减小（图6-18）。南区剪切应力较小，象山井田和薛峰井田剪应力值大体相同且基本无变化；北区剪应力呈现出NWW向条带，桑树坪井田、下峪口井田中剪应力值大于象山井田和薛峰井田剪应力值，剪应力最大值出现在桑北井田，剪应力值由北向南逐渐减小，变化趋势明显。

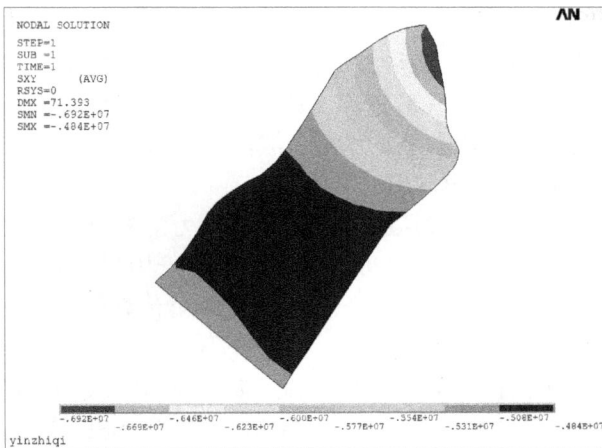

图6-18　印支期XY平面剪应力图

（4）位移矢量。从位移矢量图可以看到，印支期地层挤压收缩变形由南向北呈带状分布，南部乔子玄区位移量达到最大，向北逐步减小，位移的变化呈现出南区大、北区小的特征（图6-19），该结论与印支期地层收缩率的分析结论具有一致性。

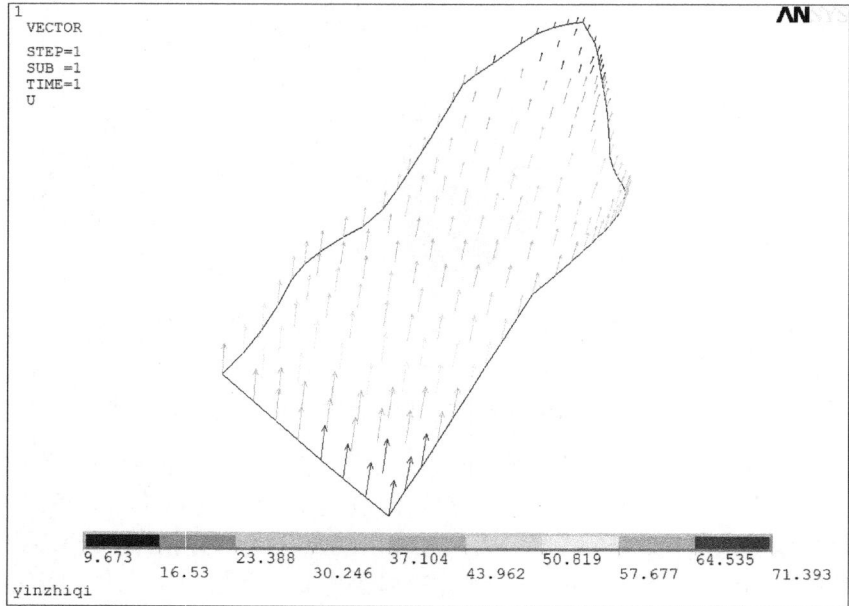

图 6-19　印支期位移矢量图

3. 燕山期古构造应力-应变场的反演

1）建立模型

研究区燕山期内最大主压应力方向为 NW—SE 向。依据研究区燕山期区域地质背景，有限元模型整体北偏东旋转 38°，建立的外围地质体范围大于实际的研究区的范围。同样，为了便于施加均布荷载，将模型的边界设置为矩形。

2）力学参数和单元划分

根据实际地质情况，将模拟的整个区块赋以力学参数，确定参数弹性模量为 40GPa，泊松比为 0.25（据张泓，2000，有改动）。选用平面 8node-plane183 单元，将实体模型网格化，共划分出 563 个节点，1104 个计算单元，见图 6-20。

3）约束条件和受力方式

燕山期的模型所在直角坐标系的 X 轴正值方向指向东，Y 轴正值方向指向北。对模型施加的约束情况为：模型 NW 边界施加全约束，SE 边界施加 65MPa 均布挤压载荷，SW 边界约束 X 方向的位移，NE 边界约束 Y 方向的位移（图 6-20）。

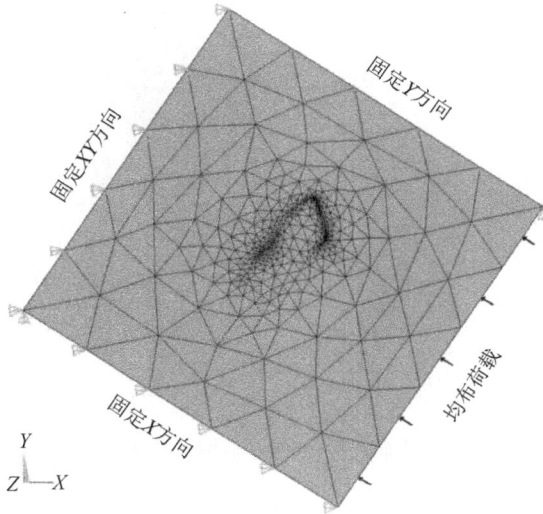

图 6-20 燕山期模型网格划分及约束加载图

4）模拟结果

（1）主应力方向。在燕山期，研究区构造应力场的最大主应力方向为 NW—SE 向，最小主应力方向为 SW—NE 向（图 6-21）。

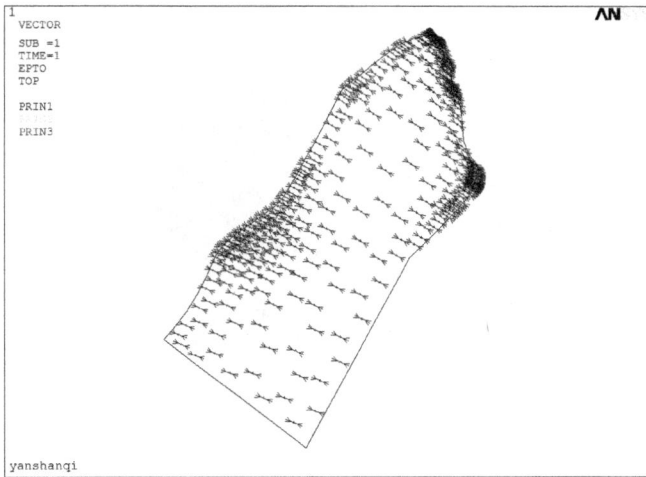

图 6-21 燕山期最大主应力和最小主应力方向图

（2）最大主应力。燕山期最大主应力为挤压应力，整体来看，最大值出现在东南边界，最小值出现在西北部，挤压应力等值线呈 NE 向条带状分布，东南部大于西北部，尤其在桑树坪下峪口的东南部出现较高值，与地层倒转出现位置相同，符合实际地质状况，见图 6-22。

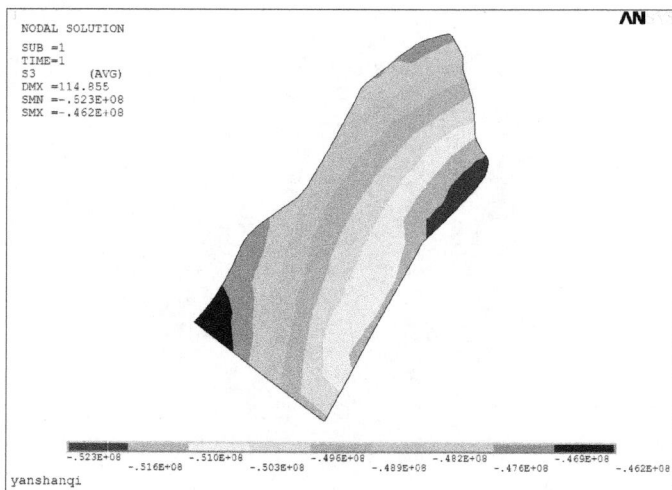

图 6-22　燕山期最大主应力分布图

（3）XY 平面剪应力。从燕山期剪应力分布图上可以看出，全区的剪应力最大值出现在北区，剪应力值由北区向南区减小（图 6-23）。其中，桑树坪、下峪口井田中剪应力值较高，呈大面积分布，这可能是北区出现大量层滑构造及构造煤的动力学原因。

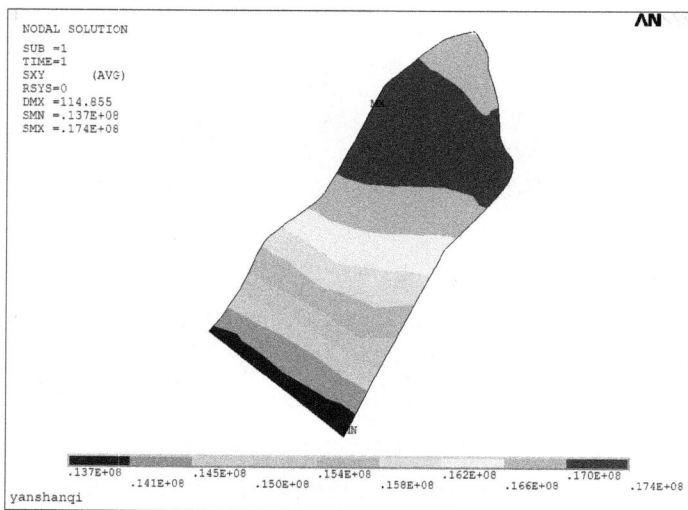

图 6-23　燕山期 XY 平面剪应力分布图

（4）位移矢量。模拟结果（图 6-24）显示，燕山期研究区在 NW 向挤压应力作用下，地层向 NW 方向挤压收缩，位移量由 SE 向 NW 呈带状分布，以东南边浅部位移量达到最大，逐次向西北减小，位移相对变化呈现出东南边缘大、西北小的规律，与平衡剖面法得到的收缩率变化规律具有一致性。

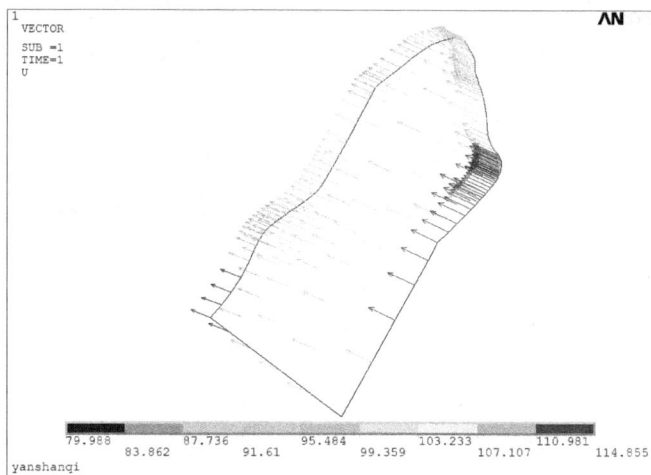

图 6-24 燕山期位移矢量图

4. 喜山期构造应力-应变场的数值模拟

1）建立模型

研究区喜山期最大主应力方向为 40°，最小主应力即拉张应力的方向为 130°。为了消除边界效应、减少计算中的误差，将研究区外围区域面积进行适当的放大，研究区面积保持不变。此外，为了便于施加均布荷载，将模型的边界设置为矩形，如图 6-25 所示。

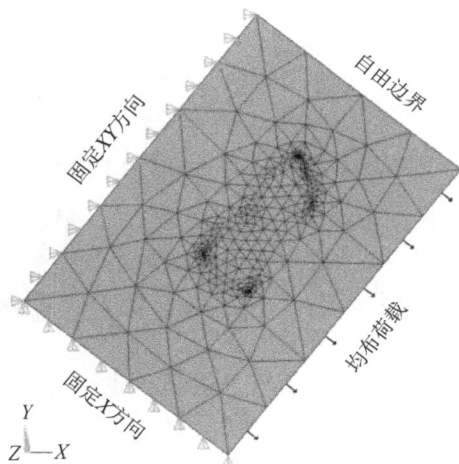

图 6-25 喜山期模型网格划分及约束加载图

2）力学参数和单元划分

根据实际地质情况，将模拟的整个区块赋以力学参数，确定参数弹性模量为 30GPa，泊松比为 0.2（据张泓，2000，有改动）。选用平面 8node-plane183 单元，将实体模型网格化，共划分出 1733 个节点，856 个计算单元（图 6-25）。

3）约束条件和受力方式

喜山期的模型所在直角坐标系的 X 轴正值方向指向东，Y 轴正值方向指向北。对模型施加的约束情况为：模型 NW 边界施加全约束，SW 边界约束 Y 方向的位移，NE 边界为自由边界，SE 边界施加 75MPa 的均布拉张载荷。

4）模拟结果

（1）主应力方向。研究区在喜山期主要受拉张构造应力场控制，最小主应力即拉张应力的方向为 130°（图 6-26）。

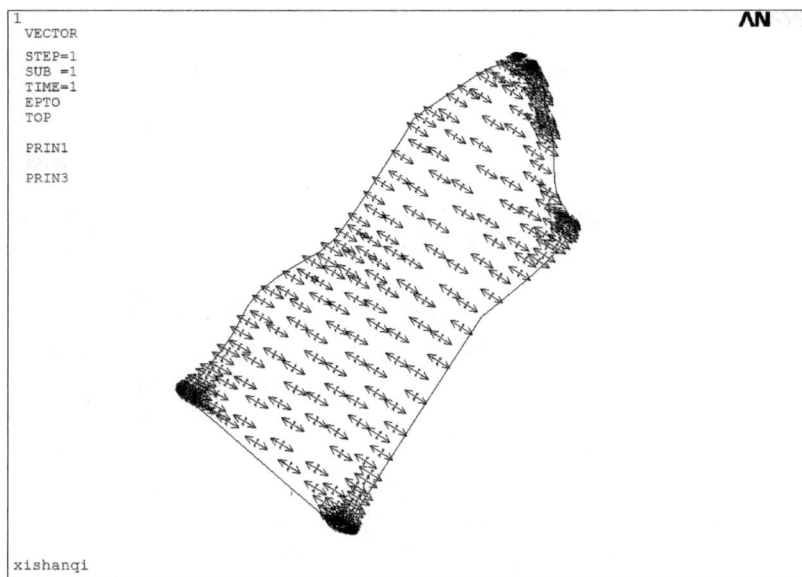

图 6-26　喜山期最小主应力方向图

（2）最小主应力。根据模拟结果图（图 6-27），最小主应力即拉张应力最大值出现在东南边浅部区域，最小值出现在西北部区域，拉张应力主要呈 NE 向条带状分布，由西北向东南逐渐变大，尤其是发育 F_1 正断层的东南部表现为最高值，符合实际地质状况。

（3）位移矢量。在喜山期 SE—NW 向拉张构造应力场作用下，研究区地层向 SE 方向发生拉张伸展。拉张伸展位移量由东南向西北呈带状分布，以东南边浅部伸展位移量达到最大，逐次向西北减小，伸展位移量的相对变化呈现出东南边缘大、西北深部小的特征（图 6-28）。

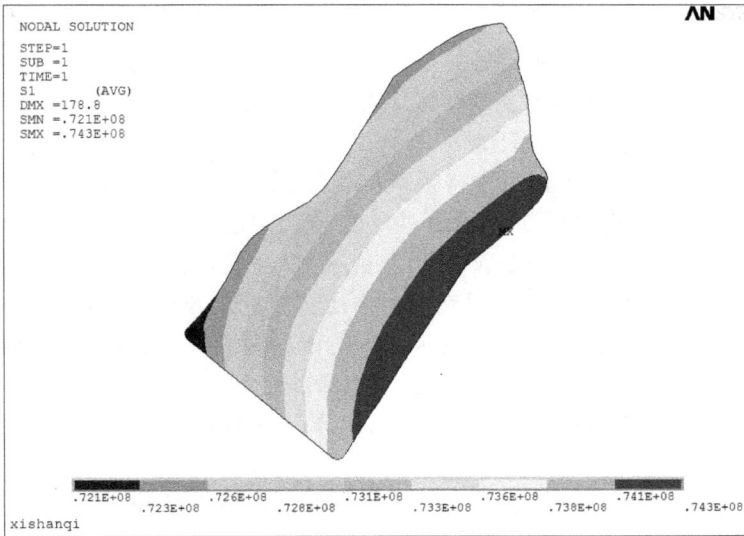

图 6-27　喜山期最小主应力分布图

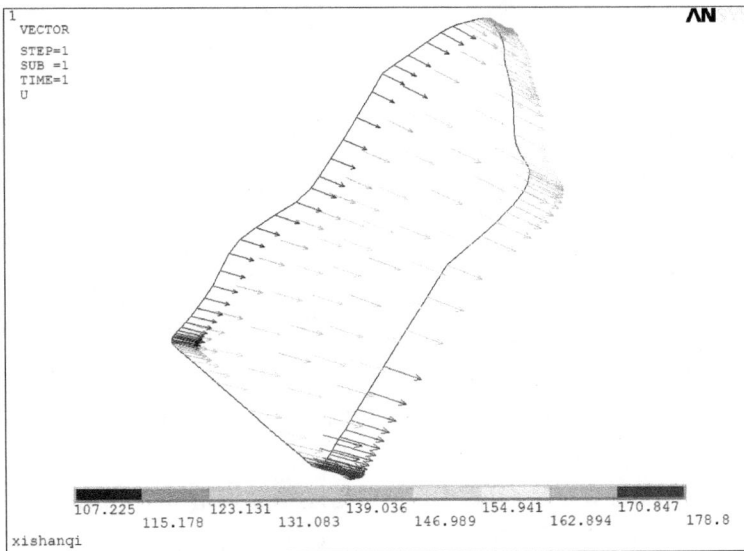

图 6-28　喜山期位移矢量图

二、矿区构造的成生阶段性

自从石炭纪-二叠纪含煤岩系形成以来，韩城矿区构造变形比较强烈，先后形成不同类型、不同方向、不同强度的地质构造。根据前面的分析研究，可以将矿区构造的成生划分为 3 个阶段，即印支阶段、燕山阶段和喜山阶段。其中，印支阶段为弱挤压期，燕山阶段为强挤压期，喜山阶段为伸展期。

（1）印支阶段。韩城矿区在印支阶段主要受到近南北向的挤压应力作用，所以形成构造线走向近东西的逆断层和纵弯褶皱，同时形成由 NE 走向和 NW 走向剪裂面构成的平面共轭剪节理系。

（2）燕山阶段。由于古太平洋板块向古亚洲大陆俯冲碰撞，导致燕山运动的发生，使研究区煤系煤层经受了最重要的一次构造变形。燕山阶段区域古构造应力场主要表现为自 SE 向 NW 的强烈挤压。从平衡剖面恢复得到的运动学分析结果来看，该期的挤压强度较印支期的挤压强度明显增强。在自 SE 向 NW 的挤压应力作用下，矿区东南部形成轴向 NE 的倒转背斜，地层直立甚至倒转，且发育 NE 走向的大型逆断层。此外，矿区内构造线走向为 NE 的逆断层和纵弯褶皱，以及由近东西走向和近南北走向剪裂面构成的平面共轭节理系，均形成于这一阶段。

（3）喜山阶段。喜山期的区域动力学体系发生重大转变，研究区受到由 NW 向 SE 的拉张构造应力作用，同燕山期的由 SE 向 NW 挤压收缩截然相反。在喜山期构造应力场作用下，研究区普遍发育由正断层及其组合为代表的伸展构造。换言之，矿区内几乎所有的正断层均形成于这一阶段。

三、矿区构造的区域差异性

根据构造的发育特征及构造展布规律（第五章），矿区地质构造的区域差异性可以概括为"东西分带、南北分块"。

1. 矿区构造的东西差异

燕山运动是研究区最重要的一次构造变形运动，造就了韩城矿区煤田构造的基本格局。由于燕山阶段的挤压构造应力来自东南方向的古太平洋板块，韩城矿区受到自 SE 向 NW 的强烈挤压。因为构造变形过程中伴随着构造应力的衰减，所以，韩城矿区受到的挤压构造应力自 SE 向 NW 逐渐减小，从而构造变形表现出东强西弱、北强南弱的规律。

燕山期的挤压构造作用，韩城矿区东南边缘部位形成"东南边浅部陡倾断裂带"，地层陡倾、直立甚至倒转，同时形成以 NE 走向的 F_2 逆断层为代表的压扭性断裂构造。当时，F_1 断层也是一条压扭性断层。而在其北西侧的"中深部缓倾断褶带"，构造规模明显减小，地层迅速变得平缓。

在喜山阶段，研究区受到由 NW 向 SE 的拉张构造应力，应力强度也表现为自 SE 向 NW 逐渐减小的趋势，所以伸展构造变形表现出东强西弱、南强北弱的规律。在喜山期的拉张应力作用下，F_1 断层由压扭性的逆断层转变为张扭性的正断层。喜山阶段的构造变形进一步增强了矿区地质构造的东西差异。

2. 矿区构造的南北差异

由于印支阶段的挤压构造应力来自秦岭构造带，因而在韩城矿区不同区块的挤压变形强度差异显著，总体反映出挤压构造变形南强北弱的特点。近东西走向的逆断层主要发育在研究区南部；近东西轴向的纵弯褶皱在南区的褶皱幅度明显大于北区。

经过燕山运动和喜山运动之后，矿区地质构造的南北差异更加显著。南区为"南部断褶区块"，大中小型断层和纵弯褶皱均较发育，构造变形相对强烈。北区为"北部弯滑区块"，虽然有两期褶皱构造叠加，但褶皱变形幅度较小，地层主要表现为波状弯曲，且大、中、小型断层均不多见；由于 NE 向和 NW 向褶皱横跨叠加，XY 平面剪应力较大，因而广泛发育层滑构造和构造煤。

四、矿区构造成因模式

1. 对区内主要构造形迹的分期配套

对构造形迹进行分期主要依据地质构造之间的切割、限制和改造关系。韩城矿区既发育挤压收缩构造，也发育拉张伸展构造。区内逆断层和褶皱往往受到正断层的切割，而正断层的发育又受到东南边浅部 NE 走向 F_2 逆断层的限制；F_1 断裂带具有明显的压扭性特征，曾经是在 NW 向挤压应力作用下形成的 NE 走向逆断层，在后期拉张应力作用下，断层性质发生改变而成为张性正断层。上述实例证明，区内挤压收缩构造的形成先于拉张伸展构造。挤压收缩构造的优势走向方位分为近东西向和 NE 向两组。矿区南部近东西走向的逆断层和褶皱在东段大多发生向北偏转，这说明在近东西走向的构造形成后，受到了后续 NE 向构造的改造，因此，近东西向的挤压收缩构造形成在前，NE 走向的挤压收缩构造形成在后。

地质构造是构造应力作用的结果，不同方向、不同性质的构造应力可以产生与之相对应的地质构造，所以，古构造应力-应变场特征是对区内主要构造形迹进行分期配套的又一重要依据。在挤压应力场作用下，形成纵弯褶皱和逆断层等挤压收缩构造，纵弯褶皱的轴向和逆断层的走向与最大主应力 σ_1 的方向垂直，同时还可形成平面共轭剪节理系，两组剪节理的锐夹角平分线与 σ_1 的方向平行；在拉张应力场作用下，主要形成与最小主应力 σ_3 方向垂直的正断层。韩城矿区石炭纪-二叠纪含煤岩系形成以来，先后经历了印支期 NNE 向的挤压收缩变形、燕山期向 NW 方向的强烈挤压收缩变形和喜山期向 SE 方向的拉张伸展变形，最终形成目前的构造面貌。

2. 构造成因与演化模式

印支期，在近南北向区域主压应力作用下，韩城区域地层形成近东西走向的褶皱构造和逆断层，褶皱幅度总体南区大、北区小，逆断层南区多、北区少，此外，还形成由 NE 走向和 NW 走向剪裂面构成的平面共轭节理系，如图 6-29 所示。

　　燕山期，在由 SE 向 NW 方向的强烈挤压构造应力作用下，矿区东南部形成轴向 NE 的韩城倒转背斜，并在此基础上形成走向逆断层和次级的 NE 向褶皱，同时形成由近东西走向和近南北走向剪裂面构成的平面共轭节理系（图 6-30），以及在北区较广泛发育的层滑构造和构造煤。

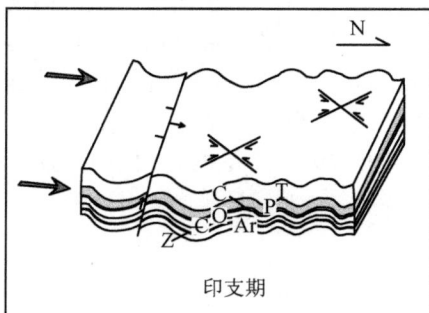

图 6-29　印支期构造成因模式

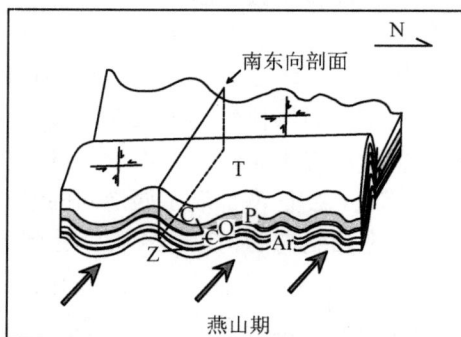

图 6-30　燕山期构造成因模式

　　SE 向剖面图（6-31）表示韩城倒转背斜的形成与演化模式。燕山早期，在 NW 向的挤压应力作用下，区域地层发育宽缓的背斜构造［图 6-31（a）］；随着挤压收缩运动的持续进行，背斜构造倾倒，地层发生直立甚至倒转［图 6-31（b）］；随后倒转翼发育逆冲断层，倒转背斜受挤压隆升的同时，地层遭受剥蚀［图 6-31（c）］。喜山期地球动力学体系发生重大转变，在由 NW 向 SE 方向的拉张应力场作用下，研究区伸展活动强烈，普遍发育伸展构造，前期形成的压扭性断层发生反转，变成正断层，最具有代表性的是 F_1 正断层，如［图 6-31（d）］所示。由于大断层切割及强烈的剥蚀作用，韩城倒转背斜受到彻底破坏，目前仅保留其 NW 翼的一部分，成为韩城矿区的主体。

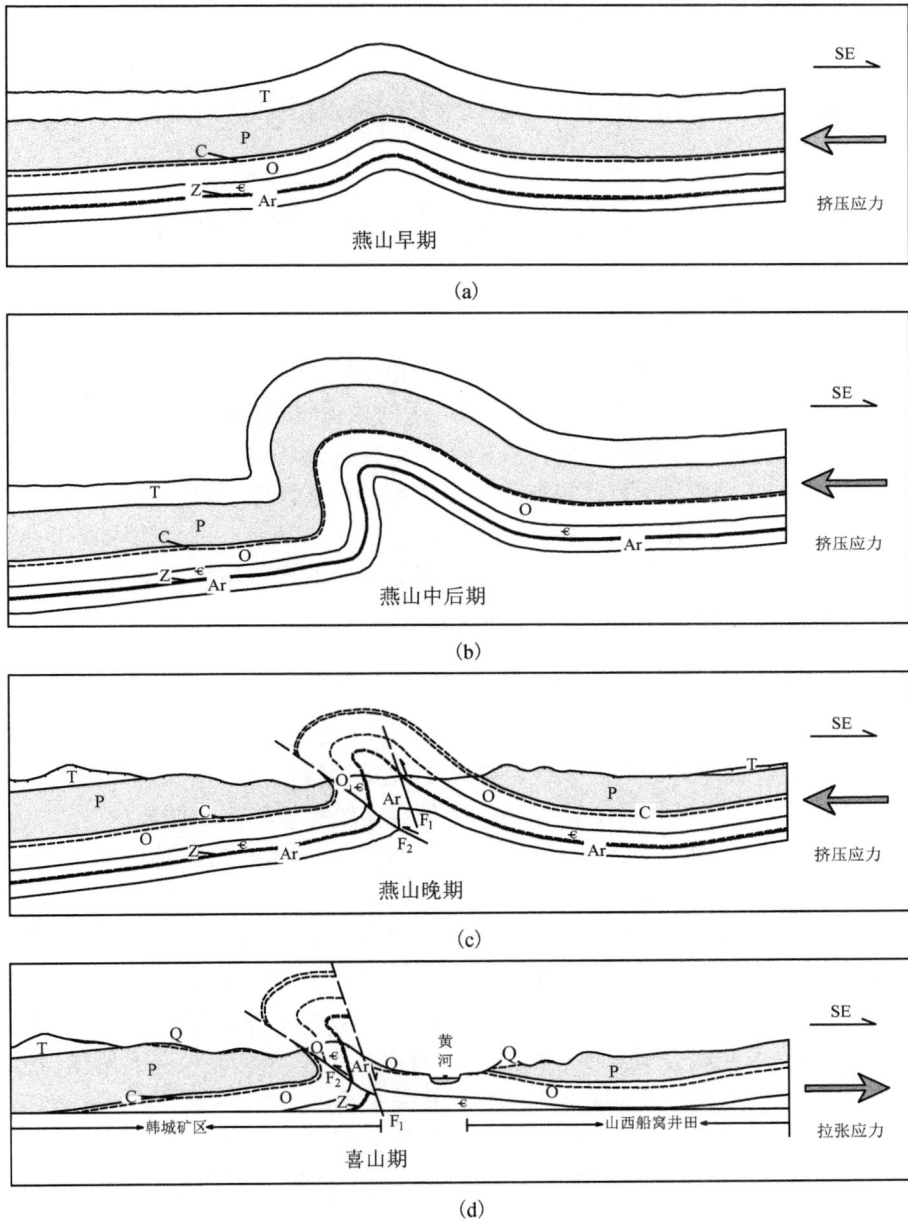

图 6-31　燕山-喜山期构造演化模式

第七章　地质构造对煤层聚积与赋存的控制

第一节　构造对煤层聚积过程的控制

一、晚古生代构造活动特征

自晚石炭世到二叠纪末，韩城矿区处于构造稳定发展阶段，属于统一的华北石炭纪-二叠纪聚煤盆地，构造稳定。构造活动总体表现为区域性整体稳定沉降，但在不同时期沉降速度略有不同，且构造活动性有逐步增强的趋势。在太原组和山西组沉积时期，聚煤盆地基底沉降速度较慢，与造煤物质堆积速度均衡，有利于煤层的形成。山西组沉积之后，地壳沉降速度明显加快，造煤物质堆积处于欠补偿状态，因而导致聚煤作用终止。但聚煤后发生的大幅度沉降促进了煤化作用的进行和煤层气资源的形成。

二、聚煤前古地形对聚煤作用的控制

奥陶纪中晚期，华北古板块整体抬升为陆，遭受了长达 1 亿多年的风化剥蚀，到晚石炭世再次发生海侵时，华北石炭纪-二叠纪聚煤盆地的基底总体呈现准平原状态。然而，从较小范围来看，盆地基底仍存在较小规模的高低起伏。

从韩城矿区 $11^{\#}$ 煤层底面至奥灰岩顶面之间的地层真厚度等值线图可见，在韩城矿区中部，发育 NEE 向延伸的古隆起，矿区北部古地形表现为近东西向的垄洼相间，矿区南部总体表现为垄岗地貌，向东南方向出现低洼地带的古地形特征。

晚石炭世时盆地基底的古地形对韩城矿区 $11^{\#}$ 煤层的厚度具有明显的控制作用。总体规律是在古地形相对较高的中南部，$11^{\#}$ 煤层的厚度较大，在象山井田，$11^{\#}$ 煤层在古地形洼地有局部增厚的现象；而在矿区北部，$11^{\#}$ 煤层的厚度与 $11^{\#}$ 煤层底面至奥灰岩顶面之间的厚度表现为正相关关系。

推测在太原组沉积时，韩城矿区所在区域为海滨潮坪环境，古地形低洼地带容易被海水占据，不利于植物生长，而古地形相对较高的地带长期发育泥炭沼泽，因而形成厚煤层。

三、聚煤期同沉积构造对聚煤作用的控制

1. 同沉积构造运动对聚煤强度的控制

同沉积构造运动表现为盆地基底在含煤地层沉积过程中的沉降速度，对聚煤

强度产生控制作用。盆地基底的沉降速度过快（欠补偿）或过慢（过补偿）均不利于聚煤作用的持续，只有当基底沉降速度与造煤物质堆积速度之间达成均衡补偿关系时才利于聚煤作用进行，且均衡补偿关系维持时间越长，聚煤强度越大。韩城矿区同沉积构造主要对 2#、3# 和 11# 煤层的聚煤强度有控制作用。2# 煤层厚度与山西组厚度表现为抛物线型关系，说明沉降速度过慢或过快均不利于聚煤作用，2# 煤层厚度较大的区域位于山西组厚度在 60m 左右的沉降速度适中区域；3# 煤层聚煤强度与盆地基底沉降速度呈现正相关关系，厚度较大的区域基本上都位于山西组厚度大于 60m 的矿区北部；11# 煤层的聚煤强度与盆地基底的沉降速度有较显著的正相关关系，因造煤物质堆积的速度大于盆地基底的沉降速度，富煤区域往往分布于坳陷速度相对较大的象山井田和桑树坪井田。

2. 同沉积构造形迹对聚煤强度的控制

根据韩城矿区含煤岩系厚度变化规律以及盆地古地形面貌，推测在石炭纪-二叠纪聚煤期，前述韩城矿区中部 NEE 向延伸的古隆起仍有活动，表现为近东西向延伸的同沉积背斜，在其南北两侧发育同沉积向斜。2# 煤层发育较好的区域位于该背斜两翼的相对坳陷部位；3# 煤层和 11# 煤层聚煤强度较大的区域基本上都位于同沉积向斜部位。

第二节 构造对煤层赋存状态的控制

一、聚煤后的构造活动特征

韩城矿区石炭纪-二叠纪含煤岩系沉积之后，盆地基底的整体沉降一直继续到中三叠世晚期。晚三叠世印支运动和随后发生的燕山运动，导致地壳不均匀抬升，造成矿区侏罗系、白垩系、古近系等地层缺失；上新世以来，该区又一次发生小规模的沉降，局部地区接受了上新统和第四系沉积。

印支运动在韩城矿区表现为近南北向的水平挤压构造运动，力源来自其南侧的秦岭构造带，地层由南向北挤压收缩，矿区南部的变形强度大于北部。印支运动使韩城矿区煤系受到首次改造，但相对而言，这次运动对韩城矿区煤系赋存状态的影响不太强烈。

侏罗纪开始的燕山运动使韩城矿区煤系再次受到更加强烈的改造，基本决定了韩城矿区目前的构造格局。中国东部在侏罗纪-早白垩世受古太平洋地球动力学体系作用，构造运动表现为自 SE 向 NW 方向的水平挤压构造运动。挤压构造应力传递到在韩城矿区所在区域，造成侏罗系、白垩系、古近系等地层缺失，以及地层由 SE 向 NW 方向的挤压收缩，变形强度总体表现为东强西弱。

在今太平洋地球动力学体系作用下，中国东部晚白垩世至今发生的喜山运动，以向南东方向的水平拉张运动为特征。拉张应力传递到韩城矿区所在区域后，在韩城矿区形成以正断层及其组合为要素的大量伸展构造。

二、煤系煤层的赋存状态

自晚石炭世以来，韩城矿区先后经历了晚石炭世-中三叠世的区域性沉降、晚三叠世-中新世的不均匀抬升和上新世-第四纪的局部沉降。晚古生代以来，韩城矿区总沉降量在 1300m 以上，聚煤后发生的大幅度沉降使得煤层埋深增加，含煤岩系得以保存，温度持续升高，煤化作用得以完成，致使煤变质程度增加。韩城矿区煤变质程度随着埋藏深度的增加而增加，在矿区东西方向上煤变质程度呈带状分布，一般表现为东部变质程度低，西部变质程度高。然而，在矿区东南边浅部，虽然煤层埋藏浅，但此处断裂活动剧烈，动力变质作用强，使得煤层变质程度异常升高。

晚古生代以来，韩城矿区总抬升量在 600m 以上，后期的抬升在剥蚀破坏部分煤系煤层的同时，也使部分煤层埋深变浅，便于开采利用。

印支期近南北向的挤压运动虽然强度不大，但形成煤系煤层及上覆岩层的东西向褶皱、东西向逆断层以及由 NE 向和 NW 向剪裂面构成的共轭剪节理系，构造变形具有"南强北弱"特点，造就了韩城矿区构造格局的南北分区性。

燕山期南东向的挤压运动强度大，形成矿区构造的基本格局，表现为 NE 向褶皱、NE 向逆断层、近东西向与近南北向剪裂面构成的共轭剪节理系；矿区边浅部位煤层陡倾直立，埋藏较浅，自 SE 向 NW 挤压收缩变形强度减小，煤层埋深随之加大；构造变形具有"东强西弱"的规律，且在北区发育更多层滑构造和构造煤，使矿区构造的东西分带与南北分区性更加明显。

喜山期以来南东向的拉张伸展运动，在韩城矿区普遍形成以正断层及其组合为代表的伸展构造。77%以上的大型断层、88%的中型断层和 92%的小型断层都是形成于这一时期的正断层，成为影响煤矿开采的主要地质因素之一。虽然伸展构造发育具有全区性，但仍表现出"东强西弱"和"南强北弱"的规律。

矿区晚古生代以来垂向构造运动和三期水平构造运动共同作用，构造相互限制、叠加和改造，使得矿区地质构造错综复杂。

第三节　控煤构造样式

构造样式是 Harding 于 1979 年提出的一个概念，指同一构造变形期或同一构造应力场所产生的构造总和，具有明显区别于其他构造的特征和风格。1993 年，刘和甫将构造样式定义为具有时代风格和地域风格的构造组合。

控煤构造样式是指对煤系和煤层的现今赋存状况具有重要控制作用、对煤矿开采有重要影响的主要构造类型及其组合的总结，反映构造变动与煤层赋存状态的因果关系。控煤构造样式研究对于深入揭示煤田构造发育规律、建立地质构造模型、进行构造预测（曹代勇，等，2010；程爱国，等，2001）、指导煤炭资源安全高效开采和煤炭资源勘查实践具有重要意义。

一、控煤构造样式的划分

以地球动力学背景为基础，依据构造样式与盆地形成的地球动力学的一致性，一般将构造样式划分为伸展构造样式、压缩构造样式、剪切和旋转构造样式，以及具有构造叠加和复合性质的反转构造样式等4大类。在此基础上，结合煤田构造的特点，可单独划分其他典型的控煤构造样式类型。

因为在韩城矿区没有发现大型走滑断层，所以走滑构造不是韩城矿区主要的控煤构造样式。虽然F_1大断裂在燕山期曾经是NE走向的逆断层，后在喜山期拉张应力作用下，变成了张性大断裂，是典型的反转构造，但F_1断层在韩城矿区东南边界以外，不影响煤矿开采，所以反转构造也不是韩城矿区主要的控煤构造样式。

韩城矿区在三期构造应力作用下，主要发育断层、褶皱和层滑构造。因而依据韩城矿区构造特征，结合野外地质调查和煤田地质勘探资料，将韩城矿区的控煤构造样式划分为三类八型，见表7-1。

表7-1 韩城矿区控煤构造样式

类型		主要特征	示意图
伸展构造样式	地垒型	两条走向大体一致的正断层倾向相反，且具有共同的相对上升盘，在剖面上显示为中间高、两边低的断块隆起	
	地堑型	两条走向大体一致而倾向相反的正断层，具有共同的相对下降盘，在剖面上显示为中间低、两边高的断块构造	
	阶梯型	若干条产状大致相同的正断层沿同一方向依次下降，形成阶梯状的断层组合	
挤压构造样式	纵弯褶皱型	地层受到水平挤压构造应力的作用，产生向上或向下弯曲，使煤层产状发生明显变化	
	逆冲型	受到强烈挤压应力作用，下伏老地层被推覆至煤系地层之上	

续表

类型		主要特征	示意图
挤压构造样式	叠瓦型	两条或多条走向、倾向大体一致的逆断层组合而成，各断层上盘依次上冲，造成地层叠覆	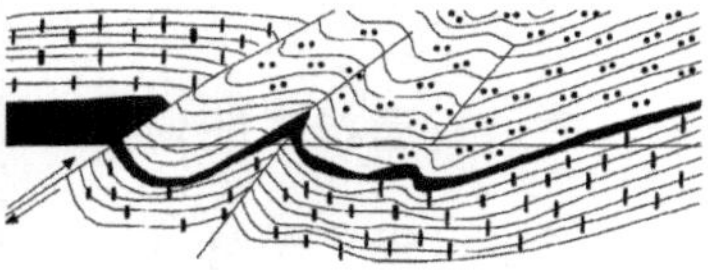
层滑构造样式	褶皱型层滑	在纵弯褶皱发育过程中产生的层间滑动，与褶皱构造有成因联系	
	断裂型层滑	由顺层断层引起的层间滑动。顺层断层往往表现为先切层后顺层滑动的"顶断底不断"断层，或先顺层滑动后切层的"底断顶不断"断层	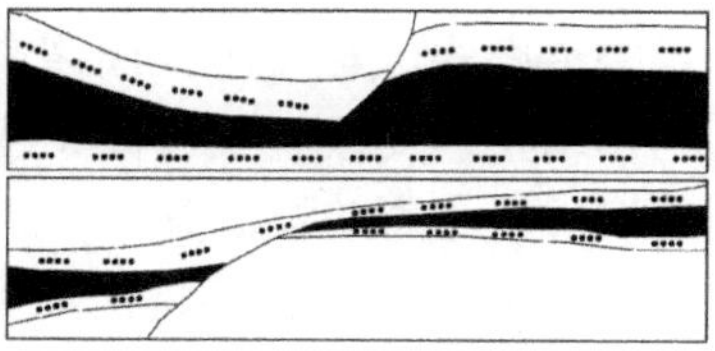

二、伸展构造样式

韩城矿区在喜山期受到 SE 方向的拉张应力作用，伸展构造较为普遍，在各个井田内均有发育，对煤层的改造作用明显。伸展构造样式可进一步划分为地垒型、地堑型和阶梯型。

1）地垒型

地垒式组合由平行或近平行排列、断面倾向相背的一组正断层及其所夹持的地块组合而成，相背倾斜正断层之间的含煤地块为共同上升盘。从部分地垒构造素描图（图 7-1）可见，在桑树坪井田 2310 工作面，下峪口井田 1204 工作面、21201 工作面、23201 工作面，象山井田 2303 工作面和 21506 工作面的巷道掘进过程中揭露的地垒构造，使巷道中的煤层厚度突然变薄甚至消失，从而影响相应工作面的开采效率和煤质。

2）地堑型

地堑式组合由平行或近平行排列、断面倾向相反的一组正断层及其所夹持的断块组合而成，相对倾斜正断层之间的含煤地块为共同下降盘。地堑型组合也是韩城矿区普遍发育的一种构造组合。例如，下峪口井田 2#煤层普遍发育地堑构造 [图 7-2（a）]，在巷道掘进过程中表现为煤层突然断失 [图 7-2（b）]；象山井田 21506 工作面主进风巷和 2307 工作面揭露的地堑构造，均造成煤层开采厚度突然变薄甚至消失的现象，从而影响开采效率 [图 7-2（c）、（d）]。在王峰井田和薛峰井田的地质勘探过程中，亦发现有地堑构造发育 [图 7-2（e）、（f）]。

（a）桑树坪井田2310工作面回风巷

F_{3204} 208°∠53°　H=1.8m　　F_{3205} 290°∠35°　H=1.2m

（b）下峪口井田1204工作面进风巷

F_{3204}　H=1.8m　　　F_{3205}　H=1.2m

（c）下峪口井田21201工作面回风巷

130°∠(40°～50°)　　H=2.0m　　NW

（d）下峪口井田23201工作面进风顺槽

（e）象山井田2303工作面回风巷

H=1.2m　　　　　　　H=0.5m

（f）象山井田21506工作面主进风巷

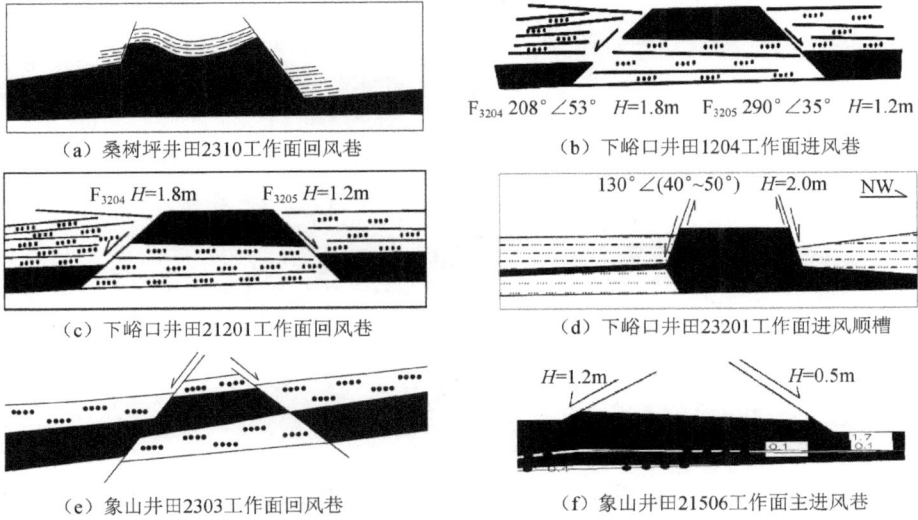

图 7-1　地垒型控煤构造

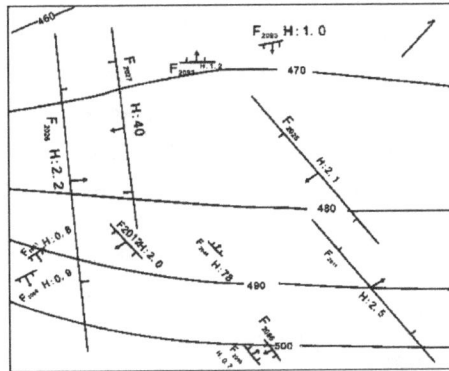

（a）下峪口井田2#煤层发育的地堑构造

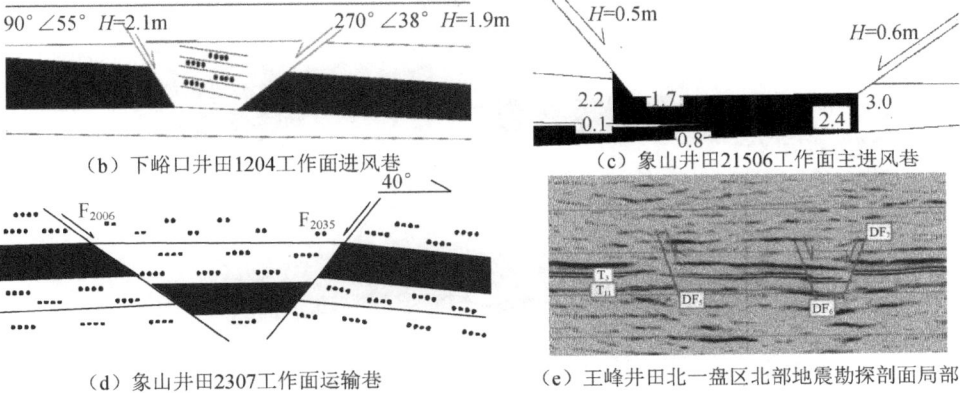

90°∠55°　H=2.1m　　　　270°∠38°　H=1.9m

（b）下峪口井田1204工作面进风巷

H=0.5m　　　　　　　　H=0.6m

（c）象山井田21506工作面主进风巷

F_{2006}　　　　　　40°　　F_{2035}

（d）象山井田2307工作面运输巷

（e）王峰井田北一盘区北部地震勘探剖面局部

图 7-2　地堑型控煤构造

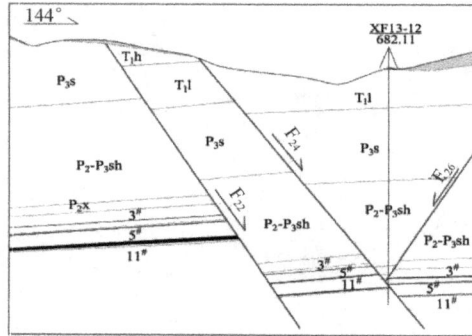

（f）薛峰井田13号勘探线剖面局部

图7-2　（续）

3）阶梯型

在引张力的作用下，若干条产状大致相同的正断层沿同一方向依次下降，形成阶梯状的断层组合，称阶梯状断层。例如，在桑树坪井田3310工作面，4条正断层组合成阶梯状正断层组合［图7-3（a）］；在下峪口井田21203工作面，3条正断层组合成阶梯状正断层组合［图7-3（b）］，沿着断层的倾向，煤层埋深逐渐增大；象山井田21506工作面主进风巷由3条正断层组合成阶梯状正断层组合［图7-3（c）］，煤层厚度明显减薄，煤层结构趋于复杂，516探水巷也揭露有阶梯型断层组合［图7-3（d）］；象山井田21502工作面发育了两组倾向相反的阶梯型断层组合，其中倾向向北的断层有7条，倾向向南的断层有2条，使得煤层开采难度加大［图7-3（e）］。

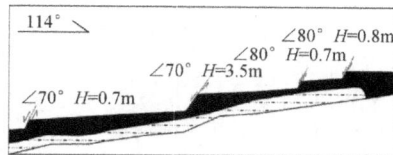

（a）桑树坪井田3310综采工作面回风顺槽

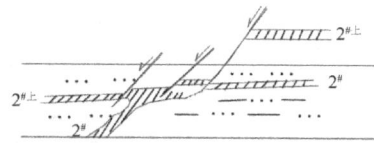

（b）下峪口井田21230工作面运输巷

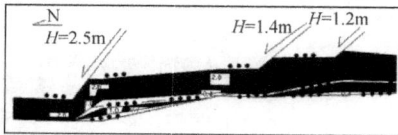

（c）象山井田21506工作面主进风巷

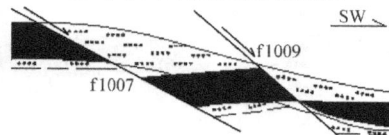

（d）象山井田516探水巷

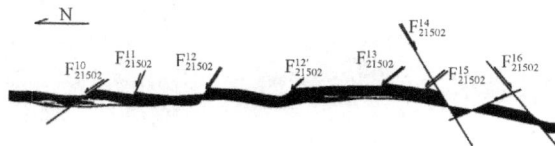

（e）象山井田21502工作面运输巷

图7-3　阶梯型控煤构造

三、挤压构造样式

韩城矿区在印支期、燕山期分别受到近南北向和 NW 向的两期挤压构造应力作用，使得矿区挤压收缩构造十分发育，逆断层和褶皱在各个井田内均有发育，对煤层的改造作用明显。挤压构造样式可以分为纵弯褶皱型、逆冲型和叠瓦型。

1）纵弯褶皱型

岩层受顺层挤压作用形成纵弯褶皱。韩城矿区的一级褶皱（图 5-21）、二级褶皱（图 5-23）、三级褶皱（图 5-6）均属于纵弯褶皱。影响矿区煤炭开采的纵弯褶皱主要是三级褶皱，不仅使煤层产状发生变化，而且常与断层伴生，从而增加了构造的复杂程度。

2）逆冲型

在挤压构造应力作用下，含煤岩系收缩变形，当超过岩层的强度极限后，岩层发生断裂，形成逆冲断层。逆冲断层是位移量较大而断层倾角较小的逆断层，其倾角一般小于 30°。逆冲断层常显示出强烈的挤压破裂现象，沿逆冲断层常常出现剪切带或派生褶皱，使得煤层构造复杂程度加大。韩城矿区东南边浅部的 F_2 就是典型的逆冲断层。此外，在矿区中南部逆冲断层较为发育。如象山井田 11 号勘探线揭露的 F_5 逆冲断层（图 7-4），使 $5^{#}$、$11^{#}$ 煤层的倾角增大，煤层重复出现，且连续性遭受破坏，加大了开采难度。

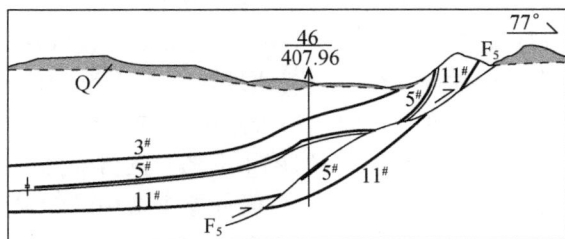

图 7-4　象山井田 11 号勘探线发育的逆冲型控煤构造

3）叠瓦式

叠瓦式逆冲断层又称叠瓦构造，是由强烈的挤压应力形成的一系列产状相近的逆冲断层的组合型式，是逆冲断层中最常见、最主要的组合形式。叠瓦式逆冲断层常常表现为上陡下缓，即成凹面向上的弧形，其总的走向一般与区域构造线方向一致。各断层的上盘依次上冲，呈屋顶盖瓦式或鳞片状依次叠覆，剖面上呈叠瓦式。由于逆冲作用，煤层的厚度与形状也会与之同时发生变化，从而影响煤层的开采。叠瓦式构造主要见于韩城矿区的南部，如象山煤矿 504 工作面发育的叠瓦式构造，因拖曳作用使靠近断层面附近的煤层发生弯曲，断层面上下盘煤层重叠，煤层厚度增大（图 7-5）。

（a）　　　　　　　　　　　　　　　　　　　　（b）

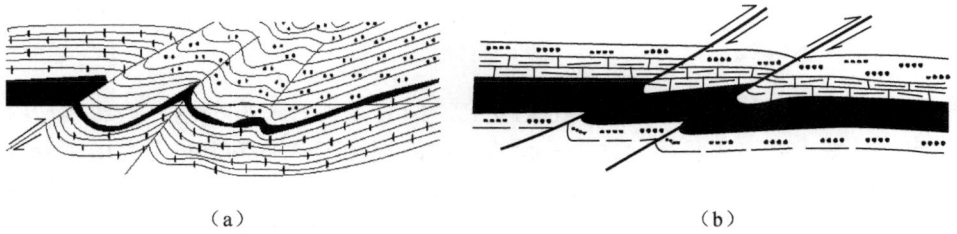

图 7-5　象山煤矿 504 工作面发育的叠瓦式控煤构造

四、层滑构造样式

层滑构造在韩城矿区各井田均有发育，不仅使煤层厚度、结构发生变化，而且使煤层的煤化程度提高、灰分增加。根据层滑构造的表现形式，韩城矿区的层滑构造分为褶皱型层滑和断裂型层滑两类。北区的层滑构造多与褶皱相伴生，形成褶皱型层滑构造，南区的层滑构造多与断裂相伴生，形成断裂型层滑构造。

1. 褶皱型层滑

由于层滑面以上的岩层在相对下伏岩层滑动过程中对层滑面以下岩层的强烈拖曳作用，在层滑面下伏岩系中产生可指示相对滑动方向的"Z"形褶皱。桑树坪井田的层滑构造比较发育，而且是造成本区小构造复杂化、煤厚变化大的主要原因。例如，桑树坪煤矿 2306 综采工作面煤壁所见［图 7-6（a）］，滑面位于煤层以上，上覆滑体相对煤层及其顶板向 NW 方向滑动，使煤层顶部产生褶皱状的层滑褶皱。层滑面上下的构造形迹无连续性，存在于滑动面上部岩层中的褶皱及断层不会延伸到下部岩层，同样下部岩层中的构造也不会穿越层滑面到上部岩层［图 7-6（b）］。层滑发育时顶板岩层不变形，同时作为次级滑动面，底板和煤层一起呈柔性变形，呈现波状褶曲，使煤体原生结构遭受强烈破碎，揉皱变形自煤层底板向顶板减弱，渐趋消失［图 7-6（c）］。

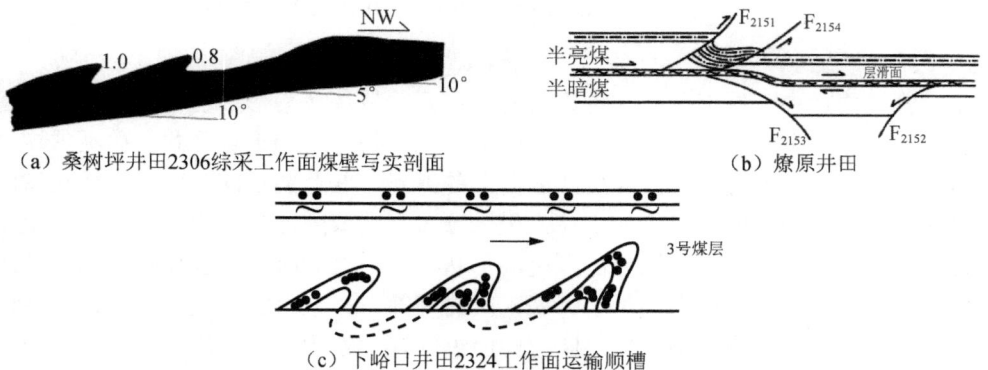

（a）桑树坪井田2306综采工作面煤壁写实剖面　　　　　　（b）燎原井田

（c）下峪口井田2324工作面运输顺槽

图 7-6　褶皱型层滑构造

2. 断裂型层滑

断裂型层滑构造主要发育在韩城矿区的南区，其表现特点是煤层在遭受切层断裂切割后，又顺层发生了相对滑动，往往形成薄煤带甚至无煤带。分为顶断底不断型和底断顶不断型。

1）顶断底不断型

顶断底不断式断层多表现为断层进入煤层时，倾角较大，进入煤层后断层倾角变小，常形成背椅状和犁式断层（图 7-7）。煤层顶面被断层错断，底板保持连续。顶断底不断断层导致煤层厚度局部发生变化，煤层的顶板遭受破坏。顶断底不断式断层多发育于煤层直接底为砂岩的区域。顶断底不断式断层致使煤层变薄，构造复杂程度增加［图 7-7（a）、（b）］。象山井田 2305、2301、2302 和 21306 工作面均可见到顶断底不断型的层滑构造［图 7-7（c）～（f）］。下峪口井田中 3 号煤层构造层滑构造较为发育，表现为顶断底不断形式，断层落差一般 1～3m，但其水平断距一般较大。在 23201 联巷 V3 点前 40m 处，发育一落差 2.4m 的断层，该断层在 2 号煤中落差 7m，在 3 号煤中形成一长 60m 的层滑薄煤带，使煤厚由 3.0m 变薄至 0.6m。在煤层变薄区，煤层呈粉末状，光泽暗淡［图 7-7（g）］。

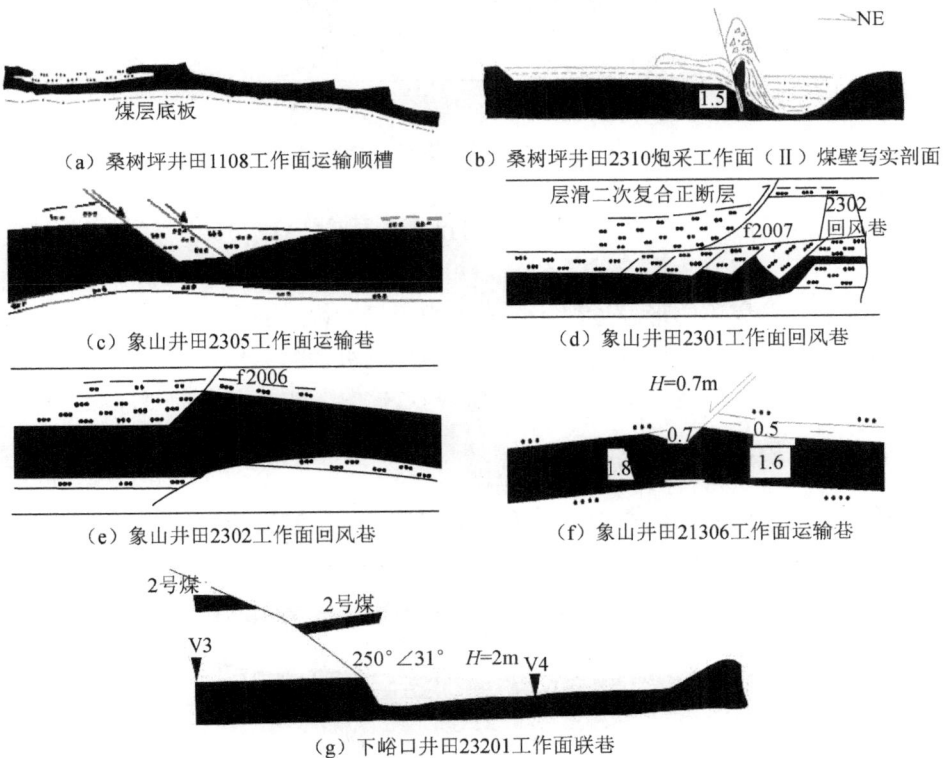

（a）桑树坪井田1108工作面运输顺槽　　（b）桑树坪井田2310炮采工作面（Ⅱ）煤壁写实剖面

（c）象山井田2305工作面运输巷　　（d）象山井田2301工作面回风巷

（e）象山井田2302工作面回风巷　　（f）象山井田21306工作面运输巷

（g）下峪口井田23201工作面联巷

图 7-7　顶断底不断型层滑构造

2）底断顶不断型

煤层顶板保持连续，底板被断层错断，导致煤层厚度局部发生变化，煤层底板的稳定性受到破坏。例如，象山井田 2303 和 2307 工作面运、回顺槽发育此种类型的层滑构造［图 7-8（a）、（b）］。在下峪口井田 1214 工作面也发育有此种类型的构造［图 7-8（c）］。底断顶不断型层滑构造使煤层变薄，煤层底板岩层嵌入到煤层底部，构造复杂程度增大。

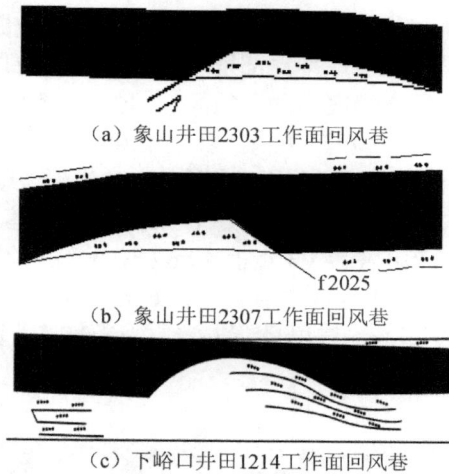

（a）象山井田2303工作面回风巷

f2025

（b）象山井田2307工作面回风巷

（c）下峪口井田1214工作面回风巷

图 7-8　底断顶不断型层滑构造

第四节　构造控煤模式

构造控制着煤层的形成过程，煤层形成后受到构造的改造。构造控煤模式是关于构造对煤层聚集、变位、变形、变质的控制机理的总结。韩城矿区构造控煤模式分别总结为古构造控煤模式、同沉积构造控煤模式及后期构造控煤样式。

一、聚煤前古构造控煤模式

韩城矿区古构造控煤模式见图 7-9。在古地形低洼处，接受沉积的时间较早，聚煤强度较大，造成煤层局部增厚的现象。

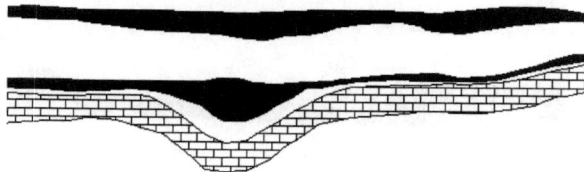

图 7-9　古构造控煤模式示意图

二、同沉积构造控煤模式

韩城矿区晚古生代聚煤阶段，广泛接受聚煤物质，同沉积构造形迹对聚煤强控制作用明显：基底下沉幅度大的地方，含煤岩系厚度大，煤层厚度也增大；基底下沉幅度小的地方，含煤岩系厚度薄，煤层厚度也薄。煤层厚度和含煤岩系的厚度正相关（图7-10）。

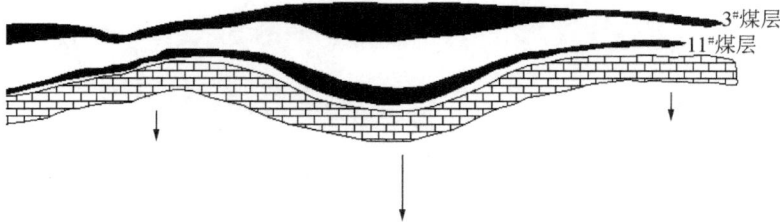

图 7-10　同沉积构造控煤模式示意图

三、后期构造控煤模式

韩城矿区煤系形成以后，先后经历了印支运动、燕山运动和喜山运动。上述构造运动，对韩城矿区煤层改造作用明显，造成了韩城矿区构造变形特征的区域差异性。

韩城矿区的南区断裂和褶皱构造均比较发育（图7-11）。断层形成地垒和地堑等组合形式；褶皱构造的波幅较大。断层造成了煤层的减薄甚至断失；背斜区构造变形相对较强。小断层多表现为顶断底不断和底断顶不断，因断裂型层滑作用，局部形成构造煤。

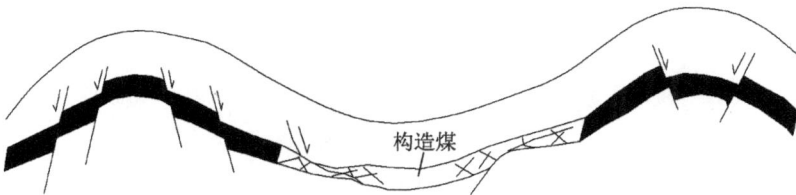

图 7-11　韩城矿区南区构造控煤模式示意图

韩城矿区的北区普遍发育宽缓褶皱，煤层呈现波状起伏。断裂构造较少。因褶皱型层滑作用相对强烈，普遍发育较高级别的构造煤（图7-12）。

韩城矿区在燕山期受到来自南东方向的挤压，在矿区东南边浅部形成倒转背斜和大型断裂带，使煤系煤层受到强烈破坏（图7-13）。动力变质作用与区域变质作用叠加，造成煤层在矿区东南边浅部变质程度局部异常增高；由于煤层露头附近地表水渗入，携带细菌进入煤层，有利于次生生物气形成，出现浅部瓦斯含量高于深部的反常现象。

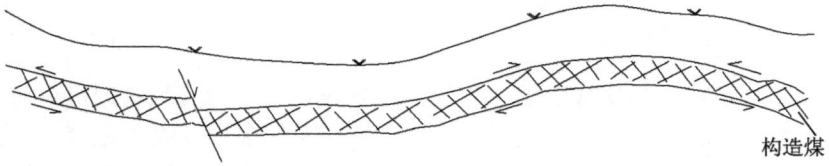

图 7-12 韩城矿区北区构造控煤模式示意图

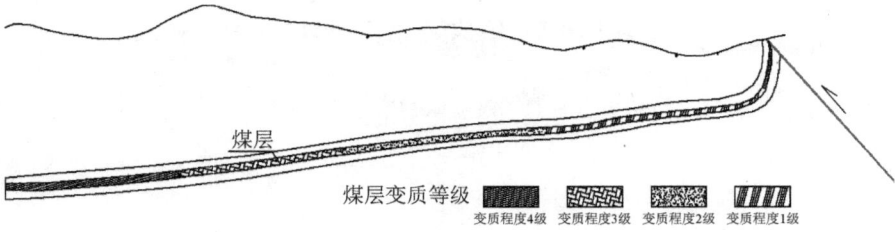

图 7-13 韩城矿区东南边浅部构造控煤模式示意图

第八章　构造相对复杂程度量化评价预测

第一节　构造相对复杂程度评价预测的原理与方法

一、基本原理

地质构造复杂程度是矿井地质条件分类的主要依据之一，通过对整个矿区或井田断层、褶皱和岩浆侵入等地质因素的定性分析，可将矿区或井田的地质构造复杂程度评定为简单、较简单、较复杂、复杂等四类之一。与此不同，构造相对复杂程度评价预测是对矿区或井田范围内不同区块地质构造相对复杂程度的量化评判，目的是在地质构造类型为复杂或较复杂的矿区或井田寻找地质构造相对简单的区块，为煤矿选择最有利的开采区块和布置工作面提供地质依据，对煤矿安全高效生产具有重要的指导意义。

构造相对复杂程度评价预测以构造规律及变形介质条件分析为基础，以"等性块段"假设为前提，以评价指标体系为依据，以数学理论和计算机技术为手段，通过对已经揭露区域的构造相对复杂程度进行评价，取得经验，据此对未揭露区域的构造相对复杂程度进行预测。通过多年来的不断探索，多元统计、灰色系统理论方法、模糊综合评判、分形几何学、人工神经网络等数学理论和计算机技术先后被成功应用于构造相对复杂程度量化评价预测中，同时也发现这些方法不同程度地存在一定的局限性。

本书对韩城矿区构造相对复杂程度的量化评价预测采用基于逐步回归预测的构造熵值法。提出了韩城矿区已揭露区等性块段构造熵值计算方法，确定了构造熵值与构造相对复杂程度的对应关系，根据已揭露区构造相对熵值对矿井构造相对复杂程度进行了量化评价；提出了未揭露区等性块段构造熵值的逐步回归预测法，根据主要影响因素预测构造熵值的经验公式；通过逐步回归分析得到构造相对熵值预测经验公式，根据构造熵预测值对矿区及其主要生产矿井未揭露区的构造相对复杂程度进行了量化预测。

1. 等性块段假设

为了对研究区某个地质特征进行量化评价预测，需要将研究区划分为若干个块段（或称其为单元），并且假设，虽然不同块段的地质特征可以有所差异，但在每个块段内部，其地质特征是大体相同的，因而称其为等性块段。

按照影响开采的主要因素，等性块段分为构造等性块段和煤层等性块段两类。

煤层等性块段是指在每个块段内部煤厚变化不大；构造等性块段是指在块段内部构造相对复杂程度级别大体相同。在对井田或矿区地质构造相对复杂程度进行评价预测时，等性块段是指具有一定面积的构造块段，它是评价和预测煤层构造相对复杂程度的基本单元。根据矿井开采和井巷工程的分布情况，位于已开采区域和井巷工程揭露区的等性块段称为已揭露区等性块段，位于未采区和没有井巷工程揭露区域的等性块段称为未揭露区等性块段。

2. 评价指标体系

要对井田或矿区不同区块的构造相对复杂程度进行评价或预测，必须建立一套评价指标体系，即能够反映构造相对复杂程度及其影响因素的若干指标的集合。中小型断层和褶皱的发育情况可以直接反映某个等性块段的构造相对复杂程度，但中小型断层和褶皱往往是在煤矿开采过程中才被揭露出来，因此，这些指标在未揭露区等性块段中无法得到具体数据。然而，进行构造相对复杂程度评价的主要目的，是为了对未揭露区构造相对复杂程度进行预测。所以，需要建立一套能够反映构造相对复杂程度影响因素的若干指标。例如，某井田影响煤矿开采的主要构造因素是中小型断层，根据构造地质学理论和以往矿井构造研究的经验，断裂构造的发育受构造介质、构造应力、边界条件控制。但对于同一个井田来说，构造应力场和边界条件是相同的，所以，不同地段构造介质的差异是影响断层空间分布不均一性的主要原因。因而，可以建立一套与含煤岩系沉积特征相关，且利用钻探资料可以得到统计值的构造相对复杂程度影响因素指标体系。

3. 熵函数——构造相对复杂程度的量化表达

玻耳兹曼（L.Boltzmann）提出的熵函数，已在生物学、气象学、天文学、经济学、社会学等诸多领域得到了广泛的应用。

熵函数通常表示为

$$S = \sum_{i=0}^{n} P_i \ln P_i \tag{8-1}$$

式中，S 为系统的熵；P_i 为系统中 i 状态出现的概率；n 为系统中状态数。

熵具有下列重要性质：只有当 P_1，P_2，$\cdots$，P_n 之一等于 1，而其余等于零时才为零，其他情况恒为正值；当 n 个可能状态出现的概率相等时，S 取其最大值（$\ln n$）。

为了消除系统状态不同对系统熵的影响，引入相对熵的概念为

$$S' = S/S_{\max} = S/\ln n \tag{8-2}$$

式中，S' 为系统的相对熵；$S_{\max}$ 为系统的最大熵值。

在信息理论中，信息熵是指信息在传播中的不确定性，高信息度的信息熵是很低的，低信息度的熵则高。将熵函数引入地质构造研究，可用于表达矿区或井

田的构造相对复杂程度，构造相对熵值越小构造越复杂，构造相对熵值越大构造越简单（李家宏等，2015）。

4. 已揭露区构造相对复杂程度的量化评价

根据已揭露区的断层、褶皱信息，计算出各等性块段的构造相对熵值，结合开采实际，划分构造相对复杂程度等级，建立构造相对复杂程度等级与相对熵值的对应关系，据此对已揭露区的构造相对复杂程度进行量化评价。

5. 逐步回归分析

回归分析是研究因变量与自变量间相互关系的一种多元统计方法。假设已知 n 组地学数据，每组包括 p 维信息，即包含 p 个变量：$x_1, x_2, \cdots, x_p$，且假设某随机变量 y 与 n 组信息之间存在某种线性关系。

如果要根据 n 组信息来对 y 进行预测，则可建立 p 元线性回归模型：

$$y = \beta_0 + \beta_1 x_1 + \cdots + \beta_p x + \beta_p x_p + \varepsilon \qquad (8-3)$$

式中，β_i 为待估参数；ε 为随机误差。

由于随机误差 ε 是数学期望为 0，方差为 σ^2 的正态随机变量，因此式 8-3 中的线性回归模型可写成为

$$y = \beta_0 + \beta_1 x_1 + \cdots + \beta_p x + \beta_p x_p \qquad (8-4)$$

将变量观测值带入式（8-4）中，依据最小二乘原理，确定表达式中的系数 β_i（$i=0,1,\cdots,p$），即可得到回归方程。通过进行显著性检验，如果相关关系显著，可用该回归方程对因变量进行预测。

在以上的分析过程中，并没有考虑自变量对因变量的相对影响程度。为了筛选出因变量的主要影响因素（自变量），根据那些对因变量影响程度高、贡献大的自变量对因变量进行预测，就需要对自变量进行挑选，即进行逐步回归分析。

所谓逐步回归分析，就是要考虑全部变量贡献值的大小，按照其重要性逐步选入回归方程。在这个过程中，不仅要考虑到按贡献大小逐一挑选重要变量，而且还要考虑到较早选入回归方程的某些变量，有可能随其后变量的引入而失去原有的重要性，这样的变量应及时从方程中剔除，使回归方程中只保留重要的变量；而先前被剔除的变量，又由于新的变量的引入后相对变为显著时，则把它重新选入，直至无可剔除又无可引入为止。

引入变量或剔除变量都有一个选定的标准。首先根据具体情况，确定选入变量和剔除变量的标准 F_1 和 F_2（$F_1 \geqslant F_2$），作为检验每个变量的 F 检验的临界值。F_1 是确定自变量选入方程时的 F 检验门槛值；F_2 是确定从回归方程中剔除自变量的 F 检验门槛值。当 $F > F_1$ 引入变量，当 $F < F_2$ 剔除变量，可以取 $F_1 = F_2$。一般为了使回归方程中能选进比较多的变量，F_1 和 F_2 不宜取得过高，F_1 及 F_2 的确定

可根据显著性水平 α 及初步估计自由度 f，通过查 F 表得出，无法预测时，可取与自由度无关的常数。

通过逐步回归分析，可以筛选出因变量的主要影响因素（自变量），并建立回归方程，利用自变量数据对因变量进行预计。

6. 未揭露区构造相对复杂程度的量化预测

由于未揭露区内尚未施工采掘工程，其中小断层和褶皱等构造分布情况是未知的，因而无法直接计算构造相对熵值，但可以根据钻孔资料统计出网格单元内如煤层厚度、顶板岩性、底板标高等构造影响因素的指标数据。通过对已揭露区构造相对复杂程度的量化评价，已经建立了构造相对熵值与其主要影响因素之间的回归方程，只要将各块段构造相对复杂程度的主要影响因素指标数据代入经验公式，就可以预计出各块段的构造相对熵值，根据已经建立的构造相对复杂程度等级与相对熵值的对应关系，实现对未揭露区构造相对复杂程度的量化预测。

二、研究步骤

构造相对复杂程度评价预测包括两个主要环节，一是对已经揭露区域的构造相对复杂程度进行量化评价，二是对未揭露区域的构造相对复杂程度进行量化预测。前者是后者的基础，后者是前者的目的。

构造相对复杂程度评价预测的主要步骤如图 8-1 所示，补充说明如下。

（1）将研究区划分为网络，网络中的每个单元格即为一个等性块段。

（2）根据钻孔资料，对研究区构造影响因素指标进行量化，并绘制等值线图。

（3）统计各等性块段中构造影响因素指标的量化数值，在已揭露区内要同时统计构造复杂程度指标的量化数值。

（4）根据实际情况对已揭露区构造相对复杂程度进行评价，并利用各等性块段的构造复杂程度指标数据计算其构造相对熵值，确定构造相对复杂程度等级与构造相对熵值的对应关系。

（5）以已揭露区内各等性块段的构造相对熵值为因变量，以其构造影响因素指标的量化数值为自变量，进行逐步回归分析，建立回归方程，并对回归方程进行显著性检验。

（6）将已揭露区等性块段构造影响因素指标的量化数值回代入检验显著的回归方程，计算等性块段的构造相对熵值，并与其实际的构造相对复杂程度等级进行比较，分析回归方程的评价效果。

（7）将未揭露区内等性块段构造影响因素指标的量化数值代入回归方程，预测未揭露区等性块段的构造相对熵值，根据相对熵值与地质构造相对复杂程度的对应关系，预测未揭露区构造相对复杂程度。

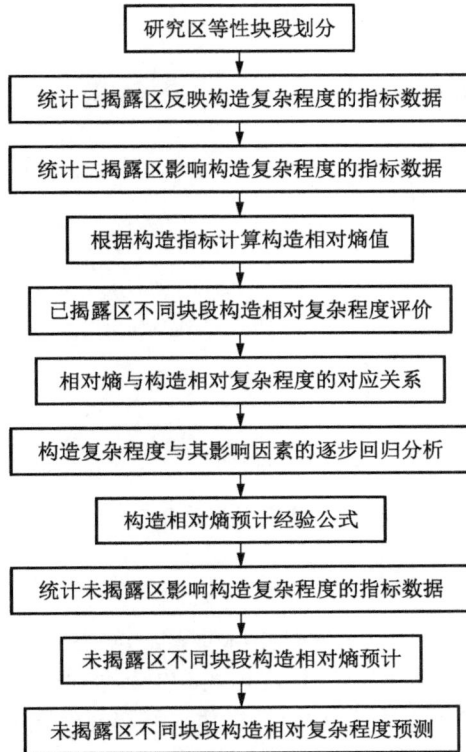

图 8-1 构造评价预测主要步骤

三、主要方法

1. 划分等性块段

在划分构造等性块段时，一般以主要开采煤层底板等高线图或采掘工程平面图为底图，根据井巷工程的布置情况，将研究区离散为若干具有相同尺寸的矩形单元格，构成单元网络，每个单元即被认为是一个等性块段。长方形单元的长轴方向或正方形单元任意一条边线的方向，要尽可能与开采煤层的走向或倾向一致，或者与采掘工程平面图中工作面的方向一致。网格单元的宽长之比一般取 1：1到 1：2。网格单元的大小取决于钻孔的分布密度，最好在每个单元有一个或多个钻孔。网格单元的大小反映地质构造相对复杂程度评价预测的精细程度。

根据韩城矿区内生产矿井开采工作面的特点，确定块段形状为正方形；块段边线的方向分别与井田内开采工作面的走向及其推进方向平行；块段单元的大小确定为 200m×200m。各开采井田的等性块段划分结果见图 8-2。

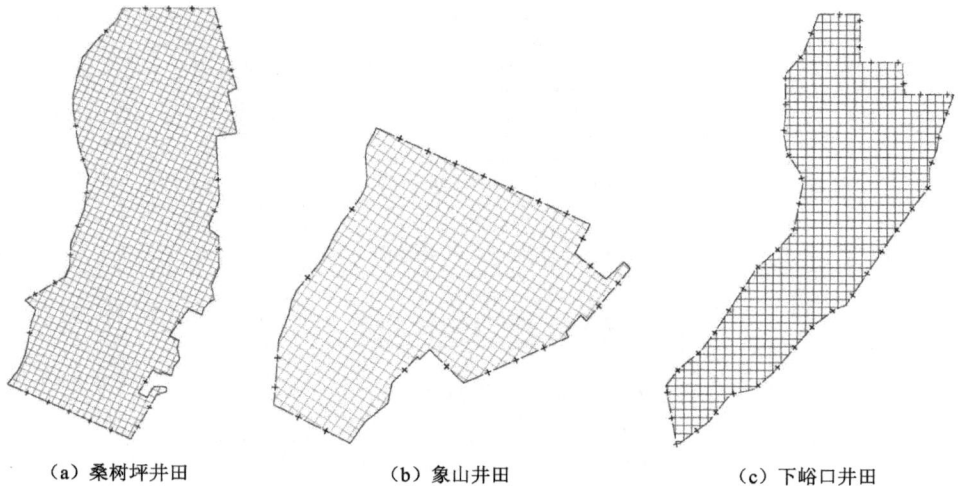

（a）桑树坪井田　　　　　　　（b）象山井田　　　　　　　（c）下峪口井田

图 8-2　等性块段划分示意图

2. 统计指标数据

根据韩城矿区实际，建立了评价指标体系，包括：①褶曲类型、②断层规模与数量、③煤层厚度、④煤层厚度异常指数、⑤上覆砂岩厚度、⑥煤层顶板岩性、⑦煤层底板标高、⑧煤层底板标高异常指数、⑨等高线条数。其中①和②是构造复杂程度指标体系，③~⑨是构造影响因素指标体系。

其中，指标①和②反映等性块段内中小构造的发育情况，只能在已揭露区得到数据。利用这 2 个指标，采用熵函数法计算出相对熵值，将其作为构造相对复杂程度的量化指标。指标③~⑨是可能影响构造相对复杂程度的地质因素，可以根据钻探资料得到数据。在已揭露区内统计 9 个指标值，在未揭露区内，只统计后 7 个指标值。各指标数据的统计方法分述如下。

1）褶曲类型

已揭露区等性块段内煤层底板发育的褶曲类型，包括单斜（背斜或向斜的翼部）、向斜、背斜。等性块段内如果有背斜或向斜的轴线通过，则此块段的褶曲类型即为背斜或向斜，否则将其确定为单斜。

2）断层规模与数量

根据落差将断层分为 3 类：I 类断层落差>5m，II 类断层落差 1~5m，III 类断层落差<1m。在已揭露区统计落入各等性块段内的各类断层的条数以及断层总条数。

3）煤层厚度（x_1）

根据钻孔揭露的主采煤层厚度值，采用内插法，绘制间隔为 0.2m 的煤层厚度等值线，取单元中心点处的数据作为等性块段内的煤层厚度值。

4）煤层厚度异常指数（x_2）

等性块段内煤层厚度与研究区煤层厚度算数平均值的比值，主要用于反映煤层厚度的变异性。

$$煤层厚度异常指数 = \frac{煤层厚度}{煤层厚度平均值}$$

将等性块段中心点处的煤层厚度数据除以煤层厚度的平均值，可以得到等性块段内煤层厚度异常指数数据。

5）上覆砂岩厚度（x_3）

主采煤层顶板以上 50m 内砂岩层的累计厚度。依据钻孔揭露的数据，采用内插法，绘制间隔为 2m 的等值线。取等性块段中心点处的数据作为该等性块段主采煤层顶板 50m 范围内砂岩厚度的取值。

6）煤层顶板岩性（x_4）

指主采煤层直接顶板的岩性。为便于井田内等性块段的取值，首先，需要将岩性进行量化，见表 8-1；其次，依据钻孔揭露的顶板岩性对应的量化数值，采用内插法，绘制间隔为 1 的等值线。取等性块段中心点处的数据，作为该等性块段主采煤层顶板岩性的取值。

表 8-1　煤层顶板岩性量化数值对照表

岩性	量化数值	岩性	量化数值
石英砂岩	12	灰岩、石灰岩	6
砾岩	11	泥灰岩、泥质灰岩	5
粗粒砂岩	10	砂质泥岩	4
中粒砂岩、砂岩	9	炭质泥岩	3
细粒砂岩	8	泥岩	2
粉砂岩	7	页岩	1

7）煤层底板标高（x_5）

依据钻孔揭露的主采煤层底板的海拔高度数据，采用内插法，绘制间隔为 10m 的主采煤层底板等高线图。读取网格单元中心点处的数据作为该等性块段的主采煤层底板标高数据。

8）煤层底板标高异常指数（x_6）

某个等性块段内主采煤层底板标高值与研究区主采煤层底板标高算数平均值的比值，反映主采煤层底板标高的变异性。

$$煤层底板标高异常指数 = \frac{煤层底板标高}{煤层底板标高平均值}$$

单元中心点处的煤层底板标高数据除以研究区煤层底板标高平均值，即可得到该等性块段主采煤层底板标高异常指数的数据。

9）等高线条数（x_7）

由于等性块段的形状和大小相同，因此，落入等性块段内的煤层底板等高线条数可以反映煤层底板倾角的变化情况。等高线条数多，表明该块段内的煤层底板倾角大，反之则倾角小。

3. 计算构造相对熵值

在已揭露区可以直接计算构造相对熵值。在计算相对熵值时，共有 5 个状态量参与计算，即断层总条数、Ⅰ类断层条数、Ⅱ类断层条数、Ⅲ类断层条数以及褶皱类型。单纯地利用断层条数和褶皱个数不能准确反映构造复杂程度，所以要依据断层和褶曲的规模赋予不同的状态量和权重，然后进行熵值计算。在对状态量和权重赋值时应考虑不同构造对等性块段构造复杂程度的贡献大小。断层规模大的赋值大，反之，赋值小；因为矿区内背斜区构造较向斜区复杂，所以赋予背斜较大权重。具体赋值规则见表 8-2。

表 8-2　熵值计算状态量及其权重赋值表

构造类型	断层				褶皱		
	Ⅰ类断层	Ⅱ类断层	Ⅲ类断层	断层总条数	单斜	向斜	背斜
赋值	7	5	3	9	2	3	4

因为在熵值计算中状态量不能为 0，为了避免单元格中无任何构造类型时状态量为 0 的情况，需要将每个网格单元赋一个基础值 1，即每个网格单元的状态量应在表 8-1 中数据的基础上加上基础值 1 后再进行计算。以某井田某网格单元为例，该单元的构造类型发育情况及状态量如表 8-3 所示。

表 8-3　某单元熵值计算状态量统计结果

构造类型	断层				褶皱
	Ⅰ类断层	Ⅱ类断层	Ⅲ类断层	断层总条数	背斜
构造数量	2	0	0	2	1
状态量计算	2×7+1	0×5+1	0×3+1	2×9+1	1×4+1
状态量赋值	15	1	1	19	5

根据式（8-1）和式（8-2）计算该单元的相对熵值为

$$S = \left(\frac{15}{40} \times \ln \left| \frac{15}{40} \right| + \frac{1}{40} \times \ln \left| \frac{1}{40} \right| + \frac{1}{40} \times \ln \left| \frac{1}{40} \right| + \frac{19}{40} \times \ln \left| \frac{19}{40} \right| + \frac{5}{40} \times \ln \left| \frac{5}{40} \right| \right) \Big/ \ln 5$$

$$= 0.71$$

4. 确定构造相对复杂程度等级与构造相对熵值的对应关系

构造相对熵值为 0～1，是划分构造相对复杂程度的依据。根据熵的特征，在构造相对复杂程度评价中，相对熵值越小构造越复杂，熵值越大构造越简单。通过对韩城矿区已揭露区构造相对复杂程度的评判，可将构造相对复杂程度等级划分为三级，即复杂、中等、简单。从而得到构造相对复杂程度等级与构造相对熵之间的对应关系如表 8-4 所示。

表 8-4 构造相对复杂程度与构造相对熵值的对应关系

构造相对复杂程度	复杂	中等	简单
构造相对熵值	<0.65	0.65～0.85	>0.85

5. 建立构造相对熵值预计经验公式

在对构造相对复杂程度进行评价预测时，无法直接计算未揭露区各等性块段的构造相对熵值，只能采用逐步回归分析方法对构造相对熵值进行预计。利用已揭露区各等性块段的构造复杂程度指标数据计算出构造相对熵值，将其作为因变量，将已揭露区各等性块段的构造影响因素指标数据作为自变量，通过逐步回归分析，建立代表构造相对复杂程度的构造相对熵值与其主要影响因素之间的回归方程，即可得到用于对未揭露区构造相对熵值进行预测的经验公式。

第二节 桑树坪井田构造相对复杂程度的量化评价预测

桑树坪井田可采煤层包括 $3^{\#}$、$11^{\#}$ 煤层，其中 $3^{\#}$ 煤层是目前的主采煤层，$11^{\#}$ 煤层即将成为主采煤层。构造相对复杂程度的量化评价主要针对 $3^{\#}$ 煤层，量化预测主要针对 $3^{\#}$ 和 $11^{\#}$ 煤层。

一、评价指标的空间分布特征

1. 桑树坪井田 $3^{\#}$ 煤层

依据钻孔揭露的 $3^{\#}$ 煤层厚度、煤层顶板上覆 50m 范围内砂岩厚度、煤层顶板岩性、煤层底板标高数据，绘制的主要评价指标等值线见图 8-3。

2. 桑树坪井田 $11^{\#}$ 煤层

依据钻孔揭露的 $11^{\#}$ 煤层厚度、煤层顶板上覆 50m 范围内砂岩厚度、煤层顶板岩性、煤层底板标高数据，绘制的主要评价指标等值线见图 8-4。

桑树坪井田共划分 1321 个等性块段 [图 8-2（a）]，将等性块段划分图分别与各评价指标等值线图叠加，即可读取各块段各评价指标的数据。利用已揭露区块段的褶皱、断层数据可计算出其构造相对熵值。部分块段的指标值见表 8-5。

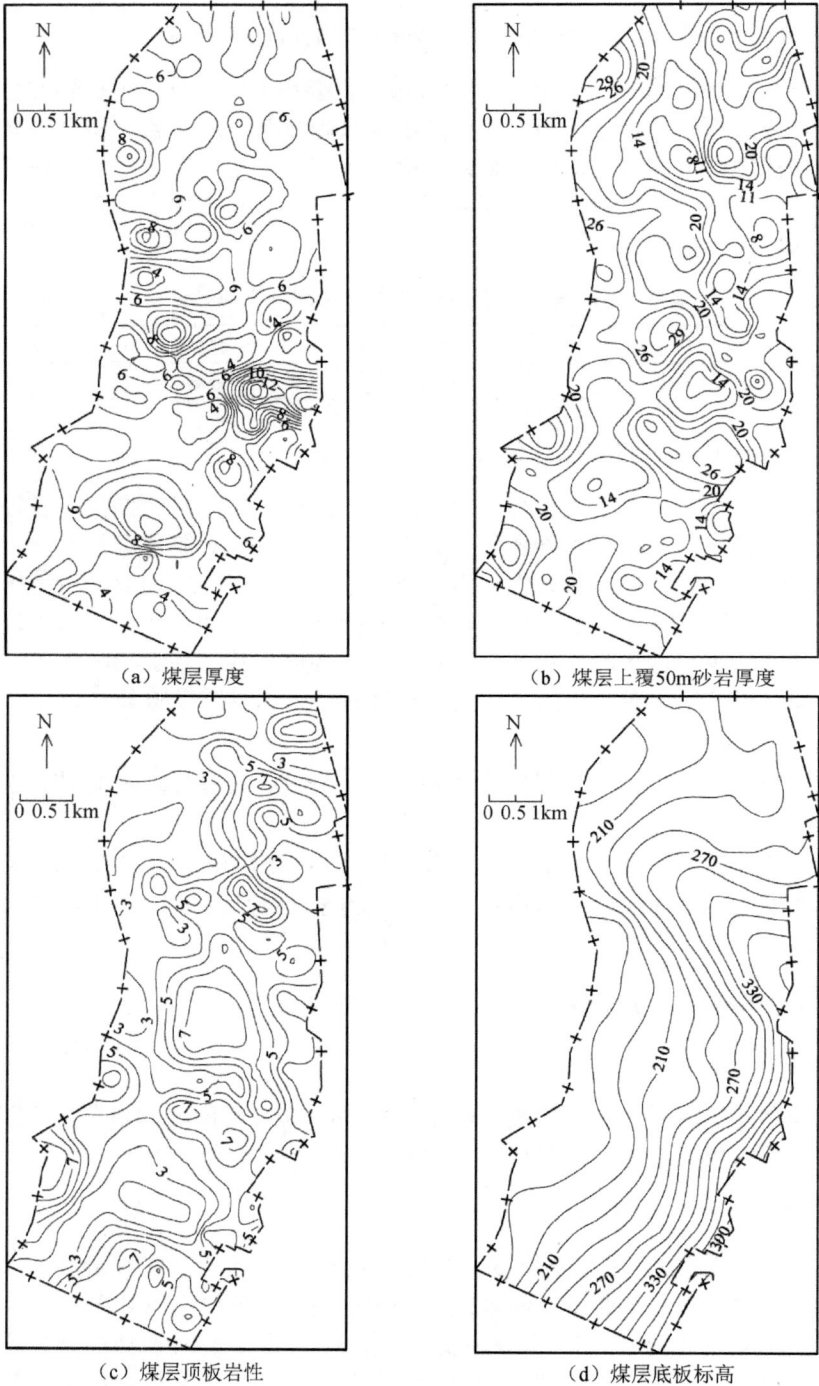

（a）煤层厚度　　　　　　　　　　　　　　　　（b）煤层上覆50m砂岩厚度

（c）煤层顶板岩性　　　　　　　　　　　　　　　（d）煤层底板标高

图8-3　桑树坪井田 3# 煤层评价指标等值线图

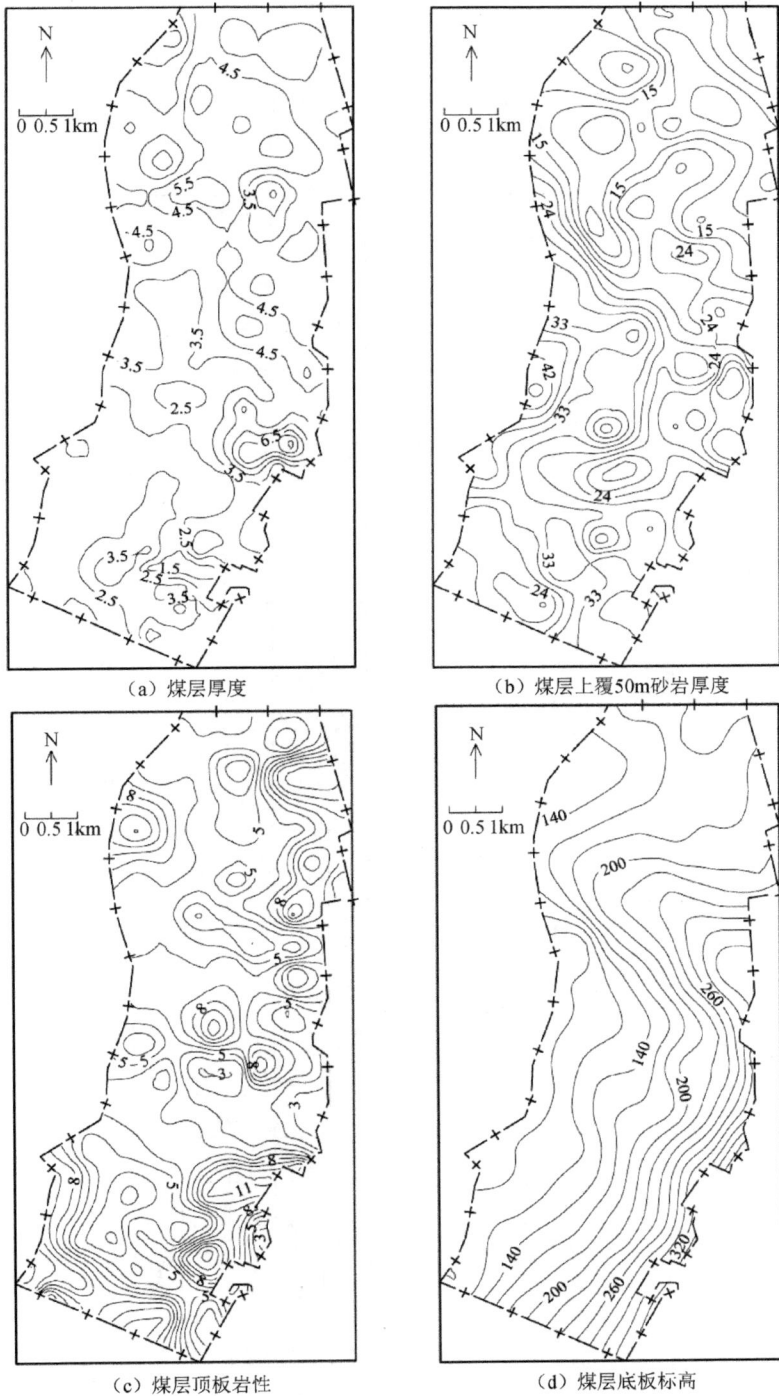

(a) 煤层厚度

(b) 煤层上覆50m砂岩厚度

(c) 煤层顶板岩性

(d) 煤层底板标高

图 8-4　桑树坪井田 11#煤层评价指标等值线图

表 8-5　桑树坪井田 3# 煤层已揭露区部分块段的评价指标数据

块段中心 X	块段中心 Y	煤层厚度 /m	煤层厚度异常指数	上覆砂岩厚度 /m	煤层顶板岩性	煤层底板标高 /m	煤层底板标高异常指数	等高线条数	褶皱类型*	断层总条数	I类断层条数	II类断层条数	III类断层条数	构造相对熵值
19460142	3960530	5.58	0.09	23.76	6	235.05	0.16	1	2	0	0	0	0	0.97
19459513	3960597	6.27	0.03	18.43	4	242.71	0.13	0	2	0	0	0	0	0.97
19460241	3960265	5.79	0.05	27.02	6	230.54	0.17	1	2	0	0	0	0	0.97
19459976	3960166	5.65	0.07	25.18	5	231.33	0.17	1	2	0	0	0	0	0.97
19460158	3960083	5.84	0.04	27.63	5	229.96	0.17	1	2	0	0	0	0	0.97
19460075	3959901	5.98	0.02	29.72	3	228.23	0.18	0	2	0	0	0	0	0.76
19460257	3959818	5.98	0.02	25.38	3	230.96	0.17	1	2	1	1	0	0	0.76
19460439	3959735	5.90	0.03	19.32	3	235.87	0.15	1	2	1	1	0	0	0.97
19460621	3959652	5.84	0.04	15.22	3	240.92	0.13	1	2	0	0	0	0	0.97
19460718	3959538	5.88	0.04	14.68	3	242.59	0.13	0	2	0	0	0	0	0.97
19459992	3959719	5.99	0.02	27.77	3	227.38	0.18	0	2	0	0	0	0	0.97
19460174	3959636	6.07	0.01	24.18	3	229.19	0.18	1	2	0	0	0	0	0.97
19460356	3959553	6.03	0.01	19.66	3	232.80	0.16	1	2	0	0	0	0	0.97
19460538	3959470	5.98	0.02	16.23	3	237.25	0.15	1	2	0	0	0	0	0.97
19460701	3959389	5.97	0.02	15.07	3	241.25	0.13	1	2	0	0	0	0	0.97
19459909	3959537	6.03	0.01	24.54	4	226.75	0.19	0	2	0	0	0	0	0.97
19460091	3959454	6.17	0.01	20.95	4	227.40	0.18	0	2	0	0	0	0	0.97

* 褶皱类型包括背斜、向斜、单斜，量化处理此类数据时，背斜用 3 表示，向斜用 4 表示、单斜用 2 表示。

二、3#煤层构造相对熵值预计经验公式

以表 8-5 中的构造相对熵值为因变量（y），以表 8-5 中的煤层厚度（x_1）、煤层厚度异常指数（x_2）、上覆砂岩厚度（x_3）、煤层顶板岩性（x_4）、煤层底板标高（x_5）、煤层底板标高异常指数（x_6）、等高线条数（x_7）为自变量，通过逐步回归分析，得到 3#煤层构造相对熵值预计经验公式为

$$y_{桑3} = 1.070\,606 - 0.022\,997x_7 - 0.003\,577x_3 - 0.072\,608x_2 - 0.012\,364x_4 \quad (8-5)$$

可见，影响桑树坪井田 3#煤层构造相对复杂程度的主要因素是等高线条数（x_7）、上覆砂岩厚度（x_3）、煤层厚度异常指数（x_2）、煤层顶板岩性（x_4）。

将表 8-5 中的等高线条数（x_7）、上覆砂岩厚度（x_3）、煤层厚度异常指数（x_2）、煤层顶板岩性（x_4）回代入式（8-5）中，对照已揭露区块段构造相对复杂程度等级，判断评价效果，见表 8-6。

表 8-6　桑树坪井田 3#煤层已揭露区逐步回归效果检验

构造相对熵		构造等级		是否	构造相对熵		构造等级		是否
计算值	回归值	计算结果	回归结果	一致	计算值	回归值	计算结果	回归结果	一致
0.97	0.88	简单	简单	是	0.77	0.91	中等	简单	否
0.97	0.96	简单	简单	是	0.72	0.87	中等	简单	否
0.97	0.87	简单	简单	是	0.76	0.85	中等	中等	是
0.97	0.89	简单	简单	是	0.67	0.86	中等	简单	否
0.97	0.89	简单	简单	是	0.97	0.82	简单	中等	否
0.76	0.93	中等	简单	否	0.97	0.79	简单	中等	否
0.76	0.92	中等	简单	否	0.76	0.82	中等	中等	是
0.97	0.94	简单	简单	是	0.97	0.84	简单	中等	否
0.97	0.96	简单	简单	是	0.97	0.83	简单	中等	否
0.97	0.98	简单	简单	是	0.97	0.85	简单	中等	否
0.97	0.94	简单	简单	是	0.97	0.83	简单	中等	否
0.97	0.93	简单	简单	是	0.97	0.83	简单	中等	否
0.97	0.94	简单	简单	是	0.97	0.84	简单	中等	否
0.97	0.95	简单	简单	是	0.76	0.85	中等	简单	否
0.97	0.95	简单	简单	是	0.97	0.89	简单	简单	是
0.97	0.94	简单	简单	是	0.97	0.91	简单	简单	是
0.97	0.95	简单	简单	是	0.72	0.86	中等	简单	否
0.97	0.93	简单	简单	是	0.81	0.85	中等	中等	是
0.97	0.96	简单	简单	是	0.86	0.87	简单	简单	是

构造相对熵		构造等级		是否一致	构造相对熵		构造等级		是否一致
计算值	回归值	计算结果	回归结果		计算值	回归值	计算结果	回归结果	
0.97	0.91	简单	简单	是	0.77	0.83	中等	中等	是
0.97	0.91	简单	简单	是	0.76	0.81	中等	中等	是
0.97	0.93	简单	简单	是	0.76	0.83	中等	中等	是
0.97	0.94	简单	简单	是	0.69	0.86	中等	简单	否
0.97	0.92	简单	简单	是	0.97	0.85	简单	中等	否
0.97	0.95	简单	简单	是	0.97	0.86	简单	简单	是
0.92	0.86	简单	简单	是	0.77	0.84	中等	中等	是
0.92	0.93	简单	简单	是	0.67	0.85	中等	中等	是
0.92	0.92	简单	简单	是	0.86	0.86	简单	简单	是
0.97	0.89	简单	简单	是	0.77	0.82	中等	中等	是
0.97	0.92	简单	简单	是	0.67	0.82	中等	中等	是
0.97	0.92	简单	简单	是	0.77	0.84	中等	中等	是
0.97	0.89	简单	简单	是	0.97	0.86	简单	简单	是
0.97	0.89	简单	简单	是	0.97	0.87	简单	简单	是
0.97	0.91	简单	简单	是	0.77	0.86	中等	简单	否
0.97	0.95	简单	简单	是	0.77	0.84	中等	中等	是
0.76	0.94	中等	简单	否	0.97	0.86	简单	简单	是
0.76	0.91	中等	简单	否	0.97	0.84	简单	中等	否
0.76	0.92	中等	简单	否	0.81	0.80	中等	中等	是
0.97	0.94	简单	简单	是	0.71	0.80	中等	中等	是
0.97	0.97	简单	简单	是	0.86	0.84	简单	中等	否
0.97	0.96	简单	简单	是	0.72	0.86	中等	简单	否
0.97	0.91	简单	简单	是	0.66	0.90	中等	简单	否
0.97	0.91	简单	简单	是	0.97	0.89	简单	简单	是
0.97	0.92	简单	简单	是	0.97	0.89	简单	简单	是
0.97	0.96	简单	简单	是	0.63	0.89	复杂	简单	否
0.97	0.96	简单	简单	是	0.72	0.86	中等	简单	否
0.97	0.96	简单	简单	是	0.97	0.83	简单	中等	否
0.97	0.95	简单	简单	是	0.97	0.82	简单	中等	否
0.97	0.93	简单	简单	是	0.67	0.83	中等	中等	是
0.97	0.95	简单	简单	是	0.97	0.84	简单	中等	否
0.97	0.94	简单	简单	是	0.97	0.92	简单	简单	是
0.97	0.96	简单	简单	是	0.76	0.91	中等	简单	否
0.97	0.99	简单	简单	是	0.97	0.90	简单	简单	是
0.97	0.98	简单	简单	是	0.97	0.88	简单	简单	是
0.97	0.89	简单	简单	是	0.97	0.87	简单	简单	是

续表

构造相对熵		构造等级		是否	构造相对熵		构造等级		是否
计算值	回归值	计算结果	回归结果	一致	计算值	回归值	计算结果	回归结果	一致
0.97	0.92	简单	简单	是	0.97	0.87	简单	简单	是
0.97	0.94	简单	简单	是	0.97	0.88	简单	简单	是
0.97	0.98	简单	简单	是	0.97	0.93	简单	简单	是
0.97	0.98	简单	简单	是	0.97	0.92	简单	简单	是
0.97	0.96	简单	简单	是	0.97	0.91	简单	简单	是
0.97	0.95	简单	简单	是	0.97	0.88	简单	简单	是
0.97	0.93	简单	简单	是	0.92	0.89	简单	简单	是
0.97	0.95	简单	简单	是	0.92	0.91	简单	简单	是
0.97	0.96	简单	简单	是	0.97	0.92	简单	简单	是
0.97	0.96	简单	简单	是	0.97	0.96	简单	简单	是
0.97	0.94	简单	简单	是	0.97	0.95	简单	简单	是
0.97	0.96	简单	简单	是	0.97	0.94	简单	简单	是
0.97	0.95	简单	简单	是	0.97	0.93	简单	简单	是
0.97	0.94	简单	简单	是	0.97	0.92	简单	简单	是
0.97	0.94	简单	简单	是	0.97	0.92	简单	简单	是
0.97	0.96	简单	简单	是	0.97	0.91	简单	简单	是
0.97	0.96	简单	简单	是	0.97	0.93	简单	简单	是
0.97	0.94	简单	简单	是	0.97	0.88	简单	简单	是
0.97	0.92	简单	简单	是	0.97	0.86	简单	简单	是
0.97	0.94	简单	简单	是	0.97	0.86	简单	简单	是
0.97	0.95	简单	简单	是	0.97	0.88	简单	简单	是
0.97	0.92	简单	简单	是	0.97	0.90	简单	简单	是
0.97	0.93	简单	简单	是	0.97	0.87	简单	简单	是
0.97	0.91	简单	简单	是	0.97	0.84	简单	中等	否
0.97	0.94	简单	简单	是	0.97	0.87	简单	简单	是
0.97	0.94	简单	简单	是	0.97	0.86	简单	简单	是
0.97	0.92	简单	简单	是	0.97	0.87	简单	简单	是
0.97	0.91	简单	简单	是	0.97	0.88	简单	简单	是
0.97	0.93	简单	简单	是	0.72	0.89	中等	简单	否
0.97	0.94	简单	简单	是	0.97	0.87	简单	简单	是
0.97	0.94	简单	简单	是	0.97	0.89	简单	简单	是
0.97	0.96	简单	简单	是	0.77	0.88	中等	简单	否
0.97	0.91	简单	简单	是	0.72	0.88	中等	简单	否
0.97	0.93	简单	简单	是	0.76	0.88	中等	简单	否
0.97	0.93	简单	简单	是	0.76	0.90	中等	简单	否

构造相对熵		构造等级		是否一致	构造相对熵		构造等级		是否一致
计算值	回归值	计算结果	回归结果		计算值	回归值	计算结果	回归结果	
0.97	0.94	简单	简单	是	0.97	0.90	简单	简单	是
0.97	0.95	简单	简单	是	0.97	0.90	简单	简单	是
0.97	0.94	简单	简单	是	0.66	0.89	中等	简单	否
0.97	0.94	简单	简单	是	0.66	0.90	中等	简单	否
0.86	0.95	简单	简单	是	0.97	0.90	简单	简单	是
0.97	0.92	简单	简单	是	0.67	0.91	中等	简单	否
0.86	0.92	简单	简单	是	0.97	0.87	简单	简单	是
0.97	0.93	简单	简单	是	0.97	0.87	简单	简单	是
0.66	0.94	中等	简单	否	0.97	0.87	简单	简单	是
0.76	0.88	中等	简单	否	0.97	0.87	简单	简单	是
0.97	0.83	简单	中等	否	0.97	0.88	简单	简单	是
0.97	0.81	简单	中等	否	0.77	0.89	中等	简单	否
0.97	0.82	简单	中等	否	0.97	0.91	简单	简单	是
0.97	0.82	简单	中等	否	0.97	0.89	简单	简单	是
0.66	0.83	中等	中等	是	0.97	0.89	简单	简单	是
0.61	0.80	复杂	中等	否	0.97	0.90	简单	简单	是
0.77	0.93	中等	简单	否	0.76	0.88	中等	简单	否
0.67	0.95	中等	简单	否	0.97	0.87	简单	简单	是
0.76	0.90	中等	简单	否	0.97	0.88	简单	简单	是
0.76	0.86	中等	简单	否	0.97	0.87	简单	简单	是
0.97	0.83	简单	中等	否	0.97	0.88	简单	简单	是
0.97	0.82	简单	中等	否	0.97	0.88	简单	简单	是
0.97	0.83	简单	中等	否	0.97	0.88	简单	简单	是
0.76	0.82	中等	中等	是	0.97	0.88	简单	简单	是
0.77	0.81	中等	中等	是	0.97	0.86	简单	简单	是
0.72	0.98	中等	简单	否	0.97	0.83	简单	中等	否
0.77	0.88	中等	简单	否	0.97	0.85	简单	中等	否
0.76	0.84	中等	中等	是	0.76	0.85	中等	中等	是
0.76	0.84	中等	中等	是	0.97	0.87	简单	简单	是
0.77	0.83	中等	中等	是	0.59	0.84	复杂	中等	否
0.77	0.86	中等	简单	否	0.63	0.86	复杂	简单	否

续表

构造相对熵		构造等级		是否一致	构造相对熵		构造等级		是否一致
计算值	回归值	计算结果	回归结果		计算值	回归值	计算结果	回归结果	
0.66	0.86	中等	简单	否	0.76	0.84	中等	中等	是
0.64	0.85	复杂	中等	否	0.67	0.83	中等	中等	是
0.61	0.85	复杂	中等	否	0.72	0.83	中等	中等	是
0.72	0.94	中等	简单	否	0.61	0.85	复杂	中等	否
0.72	0.94	中等	简单	否	0.71	0.86	中等	简单	否
0.72	0.90	中等	简单	否	0.66	0.87	中等	简单	否
0.76	0.84	中等	中等	是	0.97	0.84	简单	中等	否
0.97	0.81	简单	中等	否	0.63	0.83	复杂	中等	否
0.55	0.82	复杂	中等	否	0.72	0.86	中等	简单	否
0.66	0.86	中等	简单	否	0.97	0.87	简单	简单	是
0.77	0.86	中等	简单	否	0.97	0.87	简单	简单	是
0.67	0.87	中等	简单	否	0.97	0.87	简单	简单	是

　　桑树坪井田 3#煤层构造相对熵值回归方程的 F 检验值为 11.57，临界值 $F_{0.1}$（4200）为 1.97，所以回归方程显著；根据构造相对熵回归值对各等性块段构造相对复杂程度的评价结果与根据构造相对熵计算值得到的评价结果比较，评价正确率达到 70% 以上，因此，可以用该回归方程对 3#煤层未揭露区及 11#煤层的构造相对复杂程度进行预测。

三、3#煤层构造相对复杂程度量化预测

　　桑树坪井田 3#煤层构造相对复杂程度评价预测结果见图 8-5（a）。从图中可见，目前已揭露区（图中虚线范围内）主要有两个区域，构造相对复杂程度以中等为主。在偏北的已揭露区内中等区占绝对优势，在该已揭露区内，自北向南和自东向西构造相对复杂程度逐渐减弱；在偏南的已揭露区内，自北向南中等区和简单区相间出现，自北向南和自东向西，构造相对复杂程度有增强的趋势。

　　桑树坪井田 3#煤层未揭露区的构造相对复杂程度以简单为主，中等区呈零星分布的特点。相对而言，井田南部构造比北部复杂，东部比西部复杂。

　　整体而言，桑树坪井田 3#煤层构造相对复杂程度以简单为主，中等区主要出现在井田中部和南部。

四、11#煤层构造相对复杂程度量化预测

　　桑树坪井田 11#煤层的构造相对复杂程度预测结果见图 8-5（b）。从图中可见，11#煤层的构造相对复杂程度以简单、中等为主，简单区主要分布于井田北部，中等区主要分布于井田中部和南部。在分布形态上，中等区呈"回"字形，主要沿着 NE—SW 和 NW—SE 方向展布。

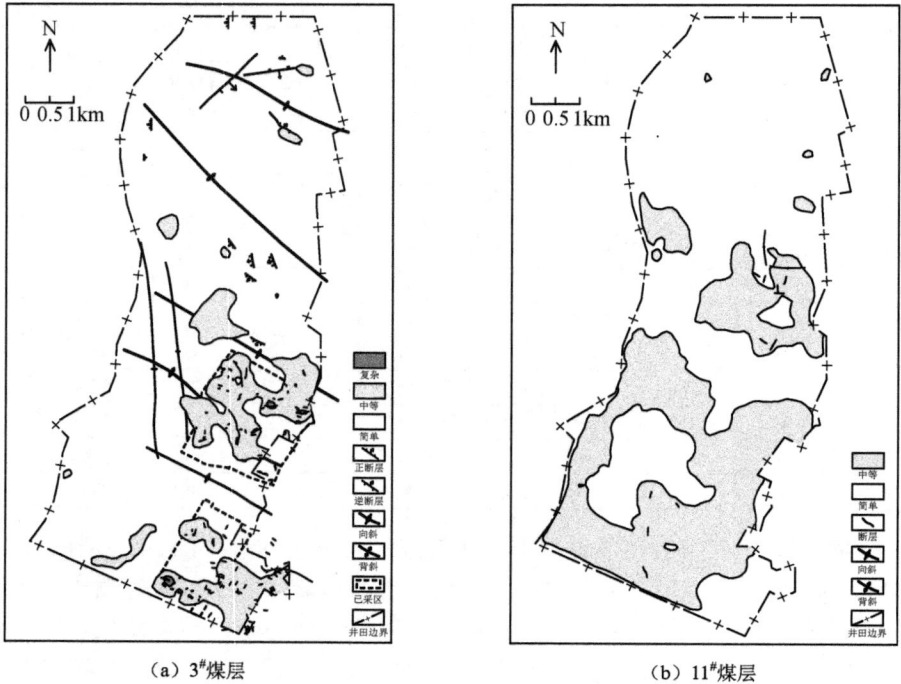

（a）3#煤层　　　　　　　　　（b）11#煤层

图 8-5　桑树坪井田构造相对复杂程度分区图

第三节　下峪口井田构造相对复杂程度的量化评价预测

下峪口井田可采煤层包括 2#、3#、11#煤层，其中 2#、3#煤层是主采煤层，11#煤层目前没有开采。构造相对复杂程度的量化评价主要针对 2#、3#煤层，量化预测主要针对 2#、3#、11#煤层。

一、评价指标数据统计

依据钻孔揭露的煤层厚度、煤层顶板上覆 50m 范围内砂岩厚度、煤层顶板岩性、煤层底板标高数据，绘制出 2#、3#、11#煤层主要评价指标等值线见图 8-6～图 8-8。

下峪口井田共划分 757 个等性块段 ［图 8-2（c）］，将等性块段划分图分别与各评价指标等值线图叠加，统计出各块段各评价指标的数据。利用已揭露区块段的褶皱、断层数据可计算出其构造相对熵值。2#煤层部分块段的指标值见表 8-7，3#煤层部分块段的指标值见表 8-8。

（a）煤层厚度

（b）煤层上部50m砂岩厚度

（c）煤层顶板岩性

（d）煤层底板标高

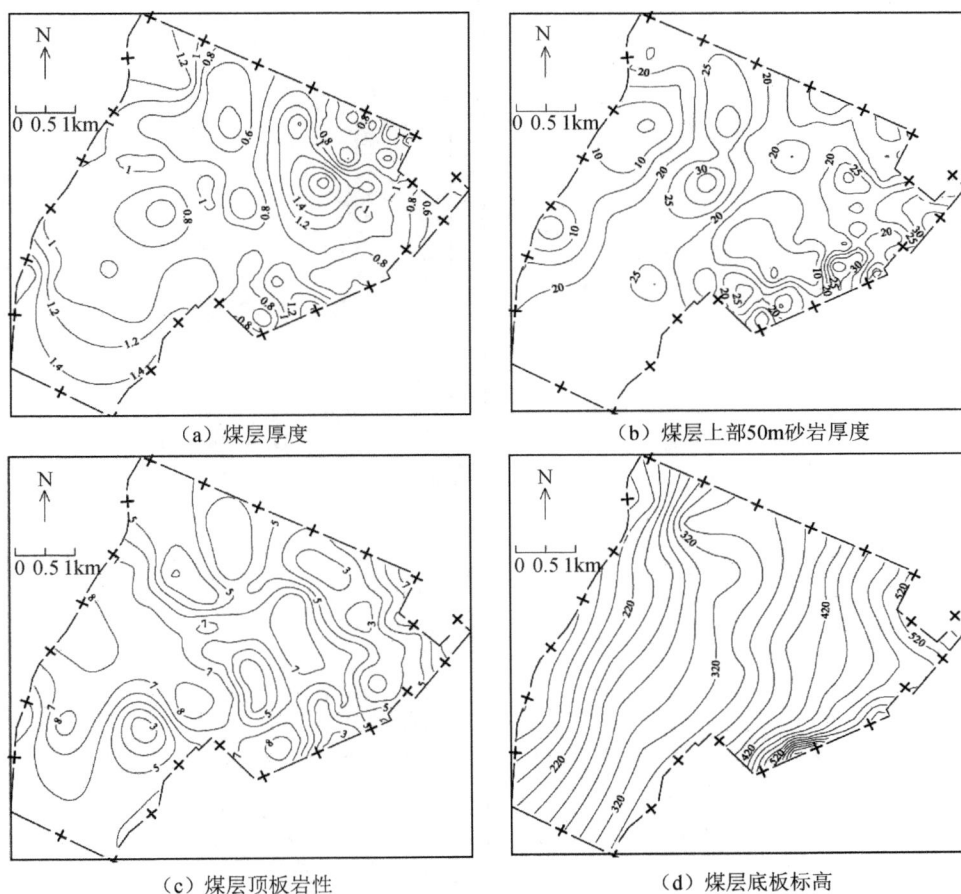

图 8-6　下峪口井田 2#煤层评价指标等值线图

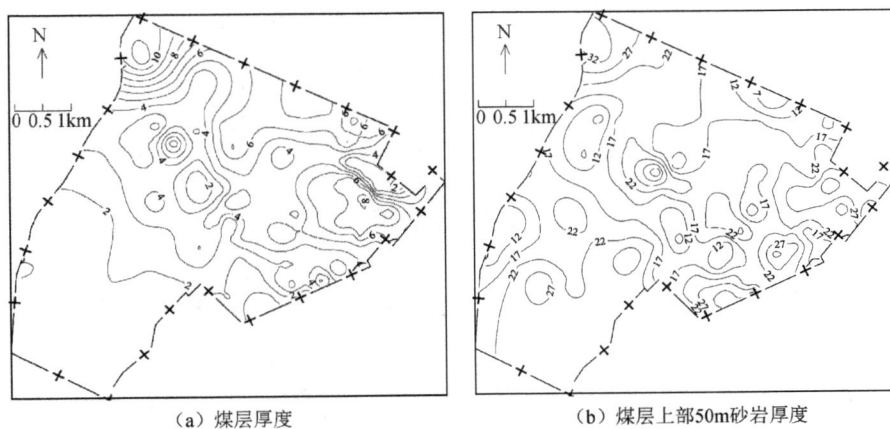

（a）煤层厚度

（b）煤层上部50m砂岩厚度

图 8-7　下峪口井田 3#煤层评价指标等值线图

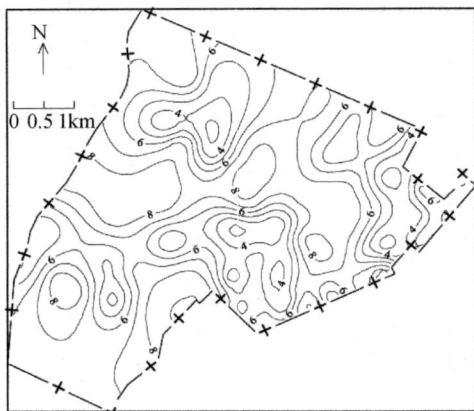

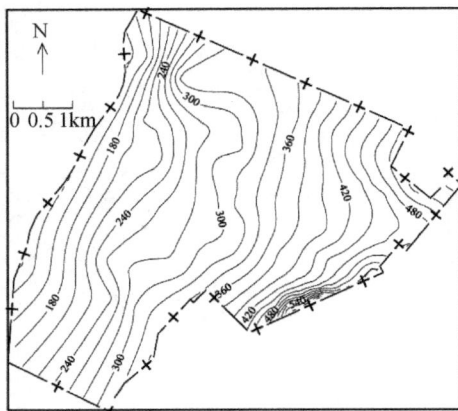

（c）煤层顶板岩性　　　　　　　　　　（d）煤层底板标高

图 8-7　（续）

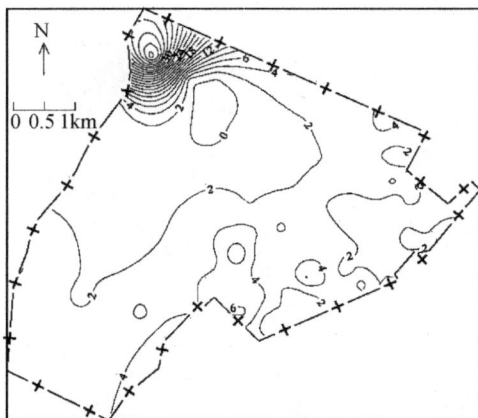

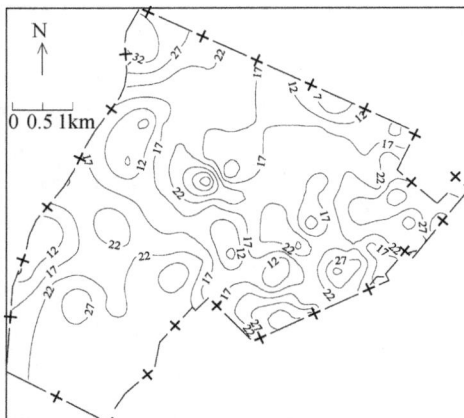

（a）煤层厚度　　　　　　　　　　（b）煤层上部50m砂岩厚度

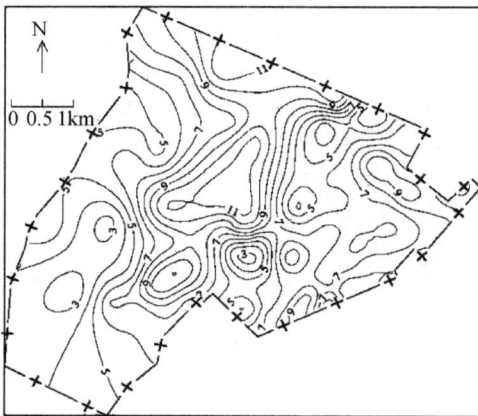

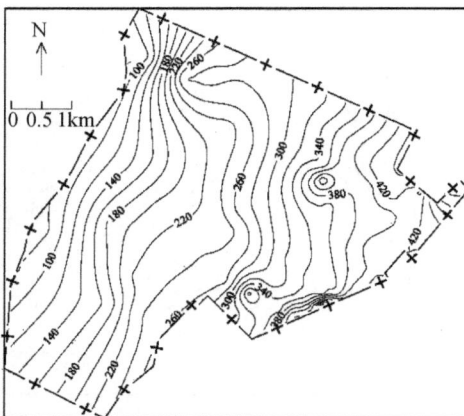

（c）煤层顶板岩性　　　　　　　　　　（d）煤层底板标高

图 8-8　下峪口井田 11#煤层评价指标等值线图

表 8-7　下峪口井田 2#煤层已揭露区部分块段的评价指标数据

块段中心 X	Y	煤层厚度/m	煤层厚度异常指数	上覆砂岩厚度/m	煤层顶板板岩性	煤层底板标高/m	煤层底板标高异常指数	等高线条数	褶皱类型	断层总条数	I类断层层条数	II类断层层条数	III类断层层条数	构造相对熵值
19457266	3948512	0.95	0.11	11.57	4	379.95	0.07	1	3	0	0	0	0	0.92
19457170	3948422	1.00	0.06	12.65	4	375.25	0.08	1	3	0	0	0	0	0.92
19457067	3948258	1.10	0.04	14.01	4	369.75	0.09	1	3	0	0	0	0	0.92
19457243	3948147	1.16	0.10	12.02	3	378.91	0.07	2	3	0	0	0	0	0.92
19457407	3948038	1.06	0.00	11.54	3	390.76	0.04	2	3	0	0	0	0	0.92
19457570	3947928	0.83	0.22	13.12	3	407.09	0.00	2	3	0	0	0	0	0.92
19457740	3947818	0.78	0.27	15.14	3	425.56	0.05	2	2	0	0	0	0	0.97
19457908	3947709	0.78	0.26	16.46	3	443.21	0.09	2	2	0	0	0	0	0.97
19458075	3947599	0.76	0.28	16.12	3	458.49	0.13	2	2	0	0	0	0	0.97
19458238	3947486	0.84	0.21	14.43	4	471.88	0.16	1	2	0	0	0	0	0.97
19458402	3947383	0.88	0.17	13.21	4	484.86	0.19	2	2	0	0	0	0	0.97
19456848	3947925	1.20	0.13	17.45	4	357.16	0.12	1	3	0	0	0	0	0.92
19457015	3947815	1.40	0.32	16.43	4	367.51	0.10	2	3	0	0	0	0	0.92
19457182	3947705	1.40	0.32	17.03	4	380.89	0.06	2	3	0	0	0	0	0.92
19457349	3947595	1.18	0.11	18.48	4	396.81	0.03	3	3	0	0	0	0	0.92
19457516	3947485	1.02	0.04	18.98	3	412.13	0.01	2	3	0	0	0	0	0.92
19458351	3946935	1.23	0.16	20.08	3	474.31	0.17	2	3	1	0	1	0	0.79
19458519	3946825	1.19	0.13	17.77	5	483.15	0.19	2	3	0	0	0	0	0.92
19458686	3946715	1.05	0.01	20.69	5	493.88	0.21	1	3	1	0	1	0	0.79
19458853	3946605	0.93	0.12	26.39	4	503.58	0.24	2	3	1	0	1	0	0.79
19459020	3946495	0.80	0.25	29.57	4	509.39	0.25	2	3	0	0	0	0	0.92

表 8-8 下峪口井田 3#煤层已揭露部分块段的评价指标数据

块段中心 X	块段中心 Y	煤层厚度/m	煤层厚度异常指数	上覆砂岩厚度/m	煤层顶板岩性	煤层底板标高/m	煤层底板标高异常指数	等高线条数	褶皱类型	断层总条数	I类断层层条数	II类断层层条数	III类断层层条数	构造相对熵值
19459026	3947640	5.49	0.40	15.24	4	503.97	0.36	1	2	1	0	1	0	0.77
19458857	3947734	6.33	0.61	12.47	6	484.93	0.31	1	2	2	0	2	0	0.66
19458701	3947816	6.35	0.62	12.36	7	470.08	0.27	2	2	1	0	0	1	0.76
19458529	3947920	5.63	0.43	13.75	7	453.60	0.22	1	2	1	0	1	0	0.77
19458383	3948012	5.71	0.46	12.76	6	439.81	0.19	2	2	0	0	0	0	0.97
19458256	3948080	6.21	0.58	10.67	6	429.64	0.16	0	2	0	0	0	0	0.97
19458956	3947492	4.56	0.16	14.91	3	504.32	0.36	1	2	1	0	1	0	0.77
19458785	3947594	5.98	0.52	13.62	5	485.60	0.31	2	2	2	0	2	0	0.66
19458624	3947716	6.27	0.60	13.24	7	468.33	0.26	2	2	0	0	0	0	0.97
19458456	3947824	5.37	0.37	15.21	7	451.53	0.22	1	2	1	0	1	0	0.77
19458291	3947933	5.72	0.46	13.33	6	436.75	0.18	2	2	0	0	0	0	0.97
19458127	3948041	6.55	0.67	9.71	5	422.45	0.14	2	2	0	0	0	0	0.97
19457961	3948129	7.10	0.81	6.17	6	406.67	0.10	2	2	0	0	0	0	0.97
19457780	3948226	7.32	0.87	4.24	7	391.75	0.06	2	2	0	0	0	0	0.97
19457601	3948326	7.39	0.88	5.03	7	379.92	0.02	1	2	0	0	0	0	0.97
19457420	3948423	7.29	0.86	7.84	7	368.62	0.01	2	2	0	0	0	0	0.97
19457266	3948512	7.14	0.82	9.67	7	361.23	0.03	2	2	0	0	0	0	0.97
19458840	3947323	4.38	0.12	19.90	4	501.06	0.35	1	2	0	0	0	0	0.97
19458675	3947426	5.27	0.34	18.38	5	485.53	0.31	2	2	0	0	0	0	0.97
19458511	3947550	5.98	0.52	16.23	6	467.66	0.26	2	2	0	0	0	0	0.97
19458357	3947646	5.89	0.50	15.90	6	452.60	0.22	2	2	0	0	0	0	0.97

二、构造相对复杂程度的主要影响因素分析

以构造相对熵值为因变量（y），以煤层厚度（x_1）、煤层厚度异常指数（x_2）、上覆砂岩厚度（x_3）、煤层顶板岩性（x_4）、煤层底板标高（x_5）、煤层底板标高异常指数（x_6）、等高线条数（x_7）为自变量，通过逐步回归分析，分别建立了 $2^\#$ 煤层和 $3^\#$ 煤层的回归方程，即

$$y_{下2} = 0.987\,69 - 0.013\,141x_4 - 0.003\,837x_3 + 0.123\,306x_2 \tag{8-6}$$

$$y_{下3} = 1.104\,634 - 0.010\,072x_1 + 0.079\,922x_2 - 0.000\,468x_5 \tag{8-7}$$

可见，影响下峪口井田 $2^\#$ 煤层构造相对复杂程度的主要因素是煤层顶板岩性（x_4）、上覆砂岩厚度（x_3）、煤层厚度异常指数（x_2）；影响 $3^\#$ 煤层的主要因素是煤层厚度（x_1）、煤层厚度异常指数（x_2）、煤层底板标高（x_5）。

三、构造相对熵值预计

将表 8-7 中的煤层顶板岩性（x_4）、上覆砂岩厚度（x_3）、煤层厚度异常指数（x_2）回代入式 8-6 中，对照已揭露区块段构造相对复杂程度等级，判断评价效果，见表 8-9。将表 8-8 中的煤层厚度（x_1）、煤层厚度异常指数（x_2）、煤层底板标高（x_5）回代入式（8-7）中，对照已揭露区块段构造相对复杂程度等级，判断评价效果，见表 8-10。

表 8-9 下峪口井田 $2^\#$ 煤层已揭露区逐步回归效果检验

构造相对熵		构造等级		是否一致	构造相对熵		构造等级		是否一致
计算值	回归值	计算结果	回归结果		计算值	回归值	计算结果	回归结果	
0.92	0.90	简单	简单	是	0.92	0.91	简单	简单	是
0.92	0.90	简单	简单	是	0.92	0.89	简单	简单	是
0.92	0.89	简单	简单	是	0.86	0.88	简单	简单	是
0.92	0.91	简单	简单	是	0.92	0.86	简单	简单	是
0.92	0.91	简单	简单	是	0.92	0.84	简单	中等	否
0.92	0.93	简单	简单	是	0.69	0.83	中等	中等	是
0.97	0.93	简单	简单	是	0.92	0.83	简单	中等	否
0.97	0.92	简单	简单	是	0.92	0.84	简单	中等	否
0.97	0.92	简单	简单	是	0.79	0.87	中等	简单	否
0.97	0.91	简单	简单	是	0.92	0.86	简单	简单	是
0.97	0.91	简单	简单	是	0.92	0.84	简单	中等	否
0.97	0.92	简单	简单	是	0.82	0.83	中等	中等	是
0.92	0.85	简单	中等	否	0.71	0.82	中等	中等	是
0.79	0.86	中等	简单	否	0.69	0.83	中等	中等	是
0.79	0.87	中等	简单	否	0.69	0.83	中等	中等	是

续表

构造相对熵		构造等级		是否一致	构造相对熵		构造等级		是否一致
计算值	回归值	计算结果	回归结果		计算值	回归值	计算结果	回归结果	
0.92	0.89	简单	简单	是	0.92	0.85	简单	中等	否
0.97	0.92	简单	简单	是	0.79	0.84	中等	中等	是
0.97	0.90	简单	简单	是	0.71	0.83	中等	中等	是
0.97	0.93	简单	简单	是	0.61	0.82	复杂	中等	否
0.92	0.94	简单	简单	是	0.61	0.82	复杂	中等	否
0.92	0.89	简单	简单	是	0.63	0.82	复杂	中等	否
0.92	0.88	简单	简单	是	0.79	0.83	中等	中等	是
0.92	0.92	简单	简单	是	0.92	0.84	简单	中等	否
0.92	0.92	简单	简单	是	0.92	0.84	简单	中等	否
0.92	0.88	简单	简单	是	0.92	0.85	简单	中等	否
0.92	0.87	简单	简单	是	0.92	0.84	简单	中等	否
0.79	0.89	中等	简单	否	0.69	0.83	中等	中等	是
0.92	0.87	简单	简单	是	0.79	0.82	中等	中等	是
0.79	0.85	中等	中等	是	0.79	0.81	中等	中等	是
0.79	0.84	中等	中等	是	0.92	0.82	简单	中等	否
0.92	0.85	简单	中等	否	0.86	0.83	简单	中等	否
0.92	0.85	简单	中等	否	0.86	0.84	简单	中等	否
0.92	0.83	简单	中等	否	0.92	0.84	简单	中等	否
0.79	0.82	中等	中等	是	0.92	0.84	简单	中等	否
0.92	0.85	简单	中等	否	0.92	0.83	简单	中等	否
0.92	0.86	简单	简单	是	0.79	0.82	中等	中等	是
0.92	0.88	简单	简单	是	0.69	0.83	中等	中等	是
0.92	0.89	简单	简单	是	0.79	0.84	中等	中等	是
0.92	0.87	简单	简单	是	0.92	0.85	简单	中等	否
0.92	0.87	简单	简单	是	0.92	0.85	简单	中等	否
0.92	0.86	简单	简单	是	0.92	0.85	简单	中等	否
0.92	0.87	简单	简单	是	0.69	0.84	中等	中等	是
0.92	0.88	简单	简单	是	0.92	0.83	简单	中等	否
0.92	0.86	简单	简单	是	0.92	0.84	简单	中等	否
0.92	0.91	简单	简单	是	0.92	0.86	简单	简单	是
0.92	0.88	简单	简单	是	0.92	0.87	简单	简单	是
0.92	0.86	简单	简单	是	0.92	0.86	简单	简单	是
0.92	0.85	简单	中等	否	0.92	0.84	简单	中等	否
0.92	0.84	简单	中等	否	0.92	0.84	简单	中等	否
0.63	0.84	复杂	中等	否	0.92	0.88	简单	简单	是
0.71	0.86	中等	简单	否	0.86	0.86	简单	简单	是

续表

构造相对熵		构造等级		是否一致	构造相对熵		构造等级		是否一致
计算值	回归值	计算结果	回归结果		计算值	回归值	计算结果	回归结果	
0.86	0.85	简单	中等	否	0.86	0.86	简单	简单	是
0.92	0.84	简单	中等	否	0.92	0.87	简单	简单	是
0.92	0.84	简单	中等	否	0.79	0.90	中等	简单	否
0.92	0.87	简单	简单	是	0.76	0.89	中等	简单	否
0.92	0.91	简单	简单	是	0.66	0.82	中等	中等	是
0.92	0.87	简单	简单	是	0.63	0.84	复杂	中等	否
0.92	0.84	简单	中等	否	0.92	0.87	简单	简单	是
0.92	0.83	简单	中等	否	0.92	0.87	简单	简单	是
0.86	0.83	简单	中等	否	0.74	0.86	中等	简单	否
0.92	0.84	简单	中等	否	0.74	0.88	中等	简单	否
0.92	0.82	简单	中等	否	0.79	0.93	中等	简单	否
0.92	0.84	简单	中等	否	0.92	0.94	简单	简单	是
0.92	0.87	简单	简单	是	0.92	0.94	简单	简单	是
0.92	0.86	简单	简单	是	0.92	0.90	简单	简单	是
0.79	0.84	中等	中等	是	0.92	0.86	简单	简单	是
0.80	0.83	中等	中等	是	0.92	0.81	简单	中等	否
0.80	0.84	中等	中等	是	0.92	0.78	简单	中等	否
0.69	0.88	中等	简单	否	0.70	0.82	中等	中等	是
0.79	0.88	中等	简单	否	0.92	0.84	简单	中等	否
0.69	0.85	中等	中等	是	0.92	0.87	简单	简单	是
0.80	0.83	中等	中等	是	0.92	0.91	简单	简单	是
0.64	0.84	复杂	中等	否	0.86	0.93	简单	简单	是
0.64	0.86	复杂	简单	否	0.86	0.94	简单	简单	是
0.97	0.86	简单	简单	是	0.92	0.93	简单	简单	是
0.92	0.83	简单	中等	否	0.92	0.91	简单	简单	是
0.92	0.84	简单	中等	否	0.92	0.92	简单	简单	是
0.79	0.86	中等	简单	否	0.92	0.94	简单	简单	是
0.66	0.87	中等	简单	否	0.92	0.93	简单	简单	是
0.97	0.87	简单	简单	是	0.86	0.91	简单	简单	是
0.66	0.86	中等	简单	否	0.92	0.85	简单	中等	否
0.97	0.85	简单	中等	否	0.92	0.83	简单	中等	否
0.80	0.84	中等	中等	是	0.92	0.83	简单	中等	否
0.86	0.83	简单	中等	否	0.92	0.83	简单	中等	否
0.92	0.84	简单	中等	否	0.80	0.84	中等	中等	是
0.60	0.86	复杂	简单	否	0.86	0.86	简单	简单	是
0.63	0.86	复杂	简单	否	0.92	0.88	简单	简单	是

续表

构造相对熵		构造等级		是否一致	构造相对熵		构造等级		是否一致
计算值	回归值	计算结果	回归结果		计算值	回归值	计算结果	回归结果	
0.97	0.86	简单	简单	是	0.92	0.91	简单	简单	是
0.79	0.85	中等	中等	是	0.92	0.93	简单	简单	是
0.92	0.84	简单	中等	否	0.92	0.90	简单	简单	是
0.92	0.85	简单	中等	否					

表 8-10　下峪口井田 3# 煤层已揭露区逐步回归效果检验

构造相对熵		构造等级		是否一致	构造相对熵		构造等级		是否一致
计算值	回归值	计算结果	回归结果		计算值	回归值	计算结果	回归结果	
0.77	0.85	中等	中等	是	0.66	0.86	中等	简单	否
0.66	0.86	中等	简单	否	0.77	0.85	中等	中等	是
0.76	0.87	中等	简单	否	0.61	0.84	复杂	中等	否
0.77	0.87	中等	简单	否	0.77	0.83	中等	中等	是
0.97	0.88	简单	简单	是	0.55	0.82	复杂	中等	否
0.97	0.89	简单	简单	是	0.52	0.83	复杂	中等	否
0.77	0.84	中等	中等	是	0.55	0.86	复杂	简单	否
0.66	0.86	中等	简单	否	0.57	0.86	复杂	简单	否
0.97	0.87	简单	简单	是	0.61	0.86	复杂	简单	否
0.77	0.87	中等	简单	否	0.86	0.88	简单	简单	是
0.97	0.88	简单	简单	是	0.86	0.89	简单	简单	是
0.97	0.89	简单	简单	是	0.97	0.89	简单	简单	是
0.97	0.91	简单	简单	是	0.92	0.89	简单	简单	是
0.97	0.92	简单	简单	是	0.97	0.90	简单	简单	是
0.97	0.92	简单	简单	是	0.97	0.91	简单	简单	是
0.97	0.93	简单	简单	是	0.97	0.91	简单	简单	是
0.97	0.93	简单	简单	是	0.97	0.92	简单	简单	是
0.97	0.84	简单	中等	否	0.97	0.92	简单	简单	是
0.97	0.86	简单	简单	是	0.97	0.96	简单	简单	是
0.97	0.87	简单	简单	是	0.97	0.96	简单	简单	是
0.97	0.87	简单	简单	是	0.97	0.95	简单	简单	是
0.97	0.88	简单	简单	是	0.97	0.98	简单	简单	是
0.97	0.90	简单	简单	是	0.97	1.00	简单	简单	是
0.97	0.91	简单	简单	是	0.97	0.99	简单	简单	是
0.97	0.93	简单	简单	是	0.97	0.96	简单	简单	是
0.97	0.93	简单	简单	是	0.97	0.92	简单	简单	是
0.86	0.90	简单	简单	是	0.97	0.93	简单	简单	是
0.86	0.89	简单	简单	是	0.92	0.91	简单	简单	是

续表

构造相对熵		构造等级		是否一致	构造相对熵		构造等级		是否一致
计算值	回归值	计算结果	回归结果		计算值	回归值	计算结果	回归结果	
0.86	0.88	简单	简单	是	0.92	0.90	简单	简单	是
0.86	0.88	简单	简单	是	0.97	0.89	简单	简单	是
0.86	0.86	简单	简单	是	0.97	0.88	简单	简单	是
0.81	0.84	中等	中等	是	0.86	0.87	简单	简单	是
0.81	0.84	中等	中等	是	0.81	0.86	中等	简单	否
0.81	0.86	中等	简单	否	0.61	0.87	复杂	简单	否
0.97	0.86	简单	简单	是	0.77	0.87	中等	简单	否
0.97	0.86	简单	简单	是	0.97	0.84	简单	中等	否
0.97	0.86	简单	简单	是	0.97	0.84	简单	中等	否
0.97	0.83	简单	中等	否	0.97	0.84	简单	中等	否
0.97	0.82	简单	中等	否	0.63	0.85	复杂	中等	否
0.97	0.82	简单	中等	否	0.57	0.86	复杂	简单	否
0.97	0.82	简单	中等	否	0.77	0.88	中等	简单	否
0.97	0.83	简单	中等	否	0.77	0.88	中等	简单	否
0.97	0.83	简单	中等	否	0.67	0.88	中等	简单	否
0.97	0.84	简单	中等	否	0.76	0.90	中等	简单	否
0.97	0.84	简单	中等	否	0.97	0.90	简单	简单	是
0.97	0.84	简单	中等	否	0.92	0.91	简单	简单	是
0.97	0.87	简单	简单	是	0.97	0.91	简单	简单	是
0.97	0.87	简单	简单	是	0.97	0.92	简单	简单	是
0.66	0.87	中等	简单	否	0.97	0.92	简单	简单	是
0.77	0.88	中等	简单	否	0.97	0.96	简单	简单	是
0.97	0.88	简单	简单	是	0.97	0.98	简单	简单	是
0.77	0.86	中等	简单	否	0.97	0.98	简单	简单	是
0.77	0.87	中等	简单	否	0.97	0.97	简单	简单	是
0.77	0.88	中等	简单	否	0.97	0.99	简单	简单	是
0.97	0.89	简单	简单	是	0.97	0.95	简单	简单	是
0.86	0.90	简单	简单	是	0.97	0.93	简单	简单	是
0.86	0.91	简单	简单	是	0.97	0.94	简单	简单	是
0.86	0.92	简单	简单	是	0.92	0.95	简单	简单	是
0.86	0.93	简单	简单	是	0.79	0.91	中等	简单	否
0.97	0.93	简单	简单	是	0.77	0.91	中等	简单	否
0.97	0.93	简单	简单	是	0.97	0.90	简单	简单	是
0.97	0.93	简单	简单	是	0.75	0.89	中等	简单	否
0.97	0.92	简单	简单	是	0.92	0.90	简单	简单	是
0.97	0.89	简单	简单	是	0.92	0.90	简单	简单	是

续表

构造相对熵		构造等级		是否一致	构造相对熵		构造等级		是否一致
计算值	回归值	计算结果	回归结果		计算值	回归值	计算结果	回归结果	
0.77	0.88	中等	简单	否	0.79	0.89	中等	简单	否
0.61	0.88	复杂	简单	否	0.79	0.86	中等	简单	否
0.77	0.87	中等	简单	否	0.92	0.84	简单	中等	否
0.97	0.86	简单	简单	是	0.97	0.82	简单	中等	否
0.97	0.86	简单	简单	是	0.97	0.80	简单	中等	否
0.97	0.85	简单	中等	否	0.97	0.82	简单	中等	否
0.97	0.86	简单	简单	是	0.97	0.86	简单	简单	是
0.77	0.86	中等	简单	否	0.97	0.87	简单	简单	是
0.97	0.84	简单	中等	否	0.97	0.89	简单	简单	是
0.97	0.84	简单	中等	否	0.97	0.91	简单	简单	是
0.66	0.85	中等	中等	是	0.97	0.92	简单	简单	是
0.77	0.85	中等	中等	是	0.97	0.92	简单	简单	是
0.97	0.86	简单	简单	是	0.97	0.93	简单	简单	是
0.97	0.87	简单	简单	是	0.97	0.94	简单	简单	是
0.77	0.88	中等	简单	否	0.92	0.95	简单	简单	是
0.97	0.87	简单	简单	是	0.92	0.94	简单	简单	是
0.77	0.87	中等	简单	否	0.97	0.93	简单	简单	是
0.97	0.89	简单	简单	是	0.97	0.94	简单	简单	是
0.97	0.89	简单	简单	是	0.97	0.96	简单	简单	是
0.97	0.89	简单	简单	是	0.97	0.96	简单	简单	是
0.77	0.88	中等	简单	否	0.97	0.95	简单	简单	是
0.77	0.88	中等	简单	否	0.97	0.96	简单	简单	是
0.97	0.88	简单	简单	是	0.97	0.97	简单	简单	是
0.97	0.89	简单	简单	是	0.97	0.94	简单	简单	是
0.97	0.89	简单	简单	是	0.97	0.95	简单	简单	是
0.97	0.90	简单	简单	是	0.97	0.95	简单	简单	是
0.97	0.91	简单	简单	是	0.97	0.94	简单	简单	是
0.97	0.92	简单	简单	是	0.92	0.93	简单	简单	是
0.97	0.93	简单	简单	是	0.92	0.94	简单	简单	是
0.97	0.89	简单	简单	是	0.97	0.95	简单	简单	是
0.97	0.89	简单	简单	是	0.97	0.95	简单	简单	是
0.97	0.89	简单	简单	是	0.97	0.96	简单	简单	是
0.97	0.89	简单	简单	是	0.97	0.95	简单	简单	是
0.97	0.90	简单	简单	是	0.97	0.94	简单	简单	是
0.97	0.90	简单	简单	是	0.97	0.92	简单	简单	是
0.97	0.90	简单	简单	是	0.97	0.89	简单	简单	是

续表

构造相对熵		构造等级		是否一致	构造相对熵		构造等级		是否一致
计算值	回归值	计算结果	回归结果		计算值	回归值	计算结果	回归结果	
0.97	0.90	简单	简单	是	0.97	0.86	简单	简单	是
0.77	0.89	中等	简单	否	0.97	0.86	简单	简单	是
0.69	0.89	中等	简单	否	0.97	0.96	简单	简单	是
0.92	0.89	简单	简单	是	0.97	0.94	简单	简单	是
0.92	0.88	简单	简单	是	0.97	0.93	简单	简单	是
0.97	0.87	简单	简单	是	0.92	0.93	简单	简单	是
0.97	0.88	简单	简单	是	0.92	0.94	简单	简单	是
0.92	0.89	简单	简单	是	0.97	0.96	简单	简单	是
0.69	0.90	中等	简单	否	0.97	0.96	简单	简单	是
0.97	0.90	简单	简单	是	0.97	0.95	简单	简单	是
0.97	0.90	简单	简单	是	0.97	0.97	简单	简单	是
0.97	0.90	简单	简单	是	0.92	0.98	简单	简单	是
0.66	0.90	中等	简单	否	0.92	0.97	简单	简单	是
0.97	0.90	简单	简单	是	0.92	0.95	简单	简单	是
0.97	0.90	简单	简单	是	0.97	0.94	简单	简单	是
0.97	0.89	简单	简单	是	0.97	0.94	简单	简单	是
0.92	0.92	简单	简单	是	0.97	0.94	简单	简单	是
0.92	0.94	简单	简单	是	0.97	0.95	简单	简单	是
0.97	0.94	简单	简单	是	0.97	0.95	简单	简单	是
0.97	0.92	简单	简单	是	0.97	0.95	简单	简单	是
0.77	0.90	中等	简单	否	0.97	0.95	简单	简单	是
0.92	0.90	简单	简单	是	0.97	0.96	简单	简单	是
0.92	0.90	简单	简单	是	0.97	0.98	简单	简单	是
0.92	0.90	简单	简单	是	0.92	0.98	简单	简单	是
0.61	0.89	复杂	简单	否	0.92	0.98	简单	简单	是
0.57	0.88	复杂	简单	否	0.97	0.99	简单	简单	是
0.52	0.87	复杂	简单	否	0.97	0.98	简单	简单	是
0.97	0.86	简单	简单	是	0.97	0.98	简单	简单	是
0.66	0.85	中等	中等	是	0.97	0.98	简单	简单	是
0.61	0.86	复杂	简单	否	0.97	0.97	简单	简单	是
0.61	0.87	复杂	简单	否	0.97	0.97	简单	简单	是
0.66	0.88	中等	简单	否	0.97	0.96	简单	简单	是
0.97	0.89	简单	简单	是	0.97	0.95	简单	简单	是
0.92	0.90	简单	简单	是	0.97	0.97	简单	简单	是
0.92	0.90	简单	简单	是	0.97	0.98	简单	简单	是
0.97	0.90	简单	简单	是	0.97	0.98	简单	简单	是
0.97	0.89	简单	简单	是	0.97	0.98	简单	简单	是
0.97	0.92	简单	简单	是	0.97	0.99	简单	简单	是

构造相对熵		构造等级		是否	构造相对熵		构造等级		是否
计算值	回归值	计算结果	回归结果	一致	计算值	回归值	计算结果	回归结果	一致
0.86	0.92	简单	简单	是	0.97	0.98	简单	简单	是
0.86	0.92	简单	简单	是	0.97	0.99	简单	简单	是
0.86	0.91	简单	简单	是	0.86	0.99	简单	简单	是
0.97	0.90	简单	简单	是	0.97	0.99	简单	简单	是
0.97	0.89	简单	简单	是	0.97	0.99	简单	简单	是
0.97	0.89	简单	简单	是	0.97	0.99	简单	简单	是
0.92	0.89	简单	简单	是	0.97	0.99	简单	简单	是
0.97	0.89	简单	简单	是	0.97	0.98	简单	简单	是
0.97	0.89	简单	简单	是	0.97	0.98	简单	简单	是
0.66	0.88	中等	简单	否					

下峪口井田 $2^{\#}$ 煤层回归方程的 F 检验值为 8.93,临界值 $F_{0.1}$(3100)为 2.14,回归方程显著;根据该回归方程预测的各等性块段的构造相对复杂程度判断正确率为 60%(表 8-9),可以用该回归方程对 $2^{\#}$ 煤层未揭露区构造相对复杂程度进行预测。下峪口井田 $3^{\#}$ 煤层回归方程的 F 检验值为 18.12,临界值 $F_{0.1}$(3100)为 2.14,回归方程显著;根据该回归方程预测的各等性块段的构造相对复杂程度判断正确率为 76%(表 8-10),可以用该回归方程对 $3^{\#}$ 煤层未采区构造相对复杂程度进行预测。因为 $11^{\#}$ 煤层尚未开采,所以选用 $3^{\#}$ 煤层的回归方程,对 $11^{\#}$ 煤层未采区构造相对复杂程度进行预测。

四、主要煤层构造相对复杂程度的量化预测

1. 下峪口井田 $2^{\#}$ 煤层

下峪口井田 $2^{\#}$ 煤层构造相对复杂程度评价预测结果见图 8-9。在已揭露区的北部,构造相对复杂程度以简单为主,而在南部以中等和复杂为主。自北向南和自西向东,构造有逐渐复杂的趋势。在 $2^{\#}$ 煤层未揭露区,北部的构造相对复杂程度以简单为主,南部以中等为主;从分布形态看,中等区表现为一定的条带性,主要沿着 NE—SW 方向展布。

整体而言,下峪口井田 $2^{\#}$ 煤层构造相对复杂程度以简单和中等为主,中等区主要出现在井田东部和南部,构造复杂的区域散布于井田中部和东部。

2. 下峪口井田 $3^{\#}$ 煤层

下峪口井田 $3^{\#}$ 煤层构造相对复杂程度评价预测结果见图 8-10。在已揭露区, $3^{\#}$ 煤层的构造相对复杂程度以简单为主,中等区和复杂区仅在井田北东部分布,且表现为条带性,其展布方向为 NE—SW 向。在未揭露区,构造相对复杂程度以简单为主,中等区仅出现在井田中部的局部区域。整体而言,下峪口井田 $3^{\#}$ 煤层

构造相对复杂程度以简单为主，中等区和复杂区仅分布在井田东部，自东向西，构造相对复杂程度有从复杂逐渐变为简单的趋势。

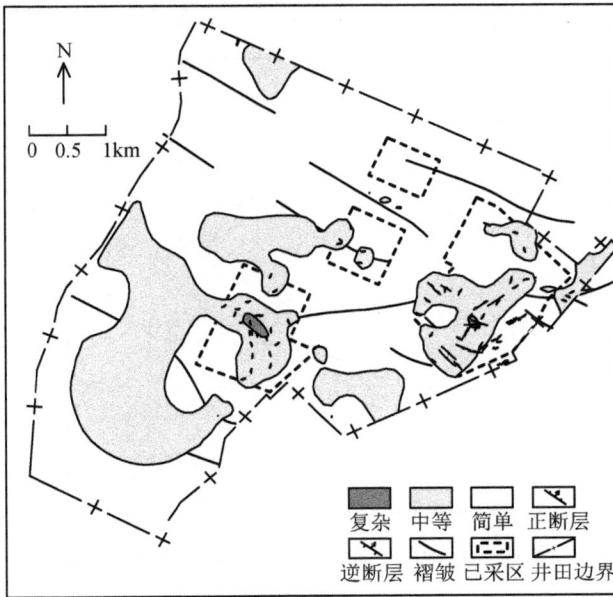

图 8-9 下峪口井田 2#煤层构造相对复杂程度分区

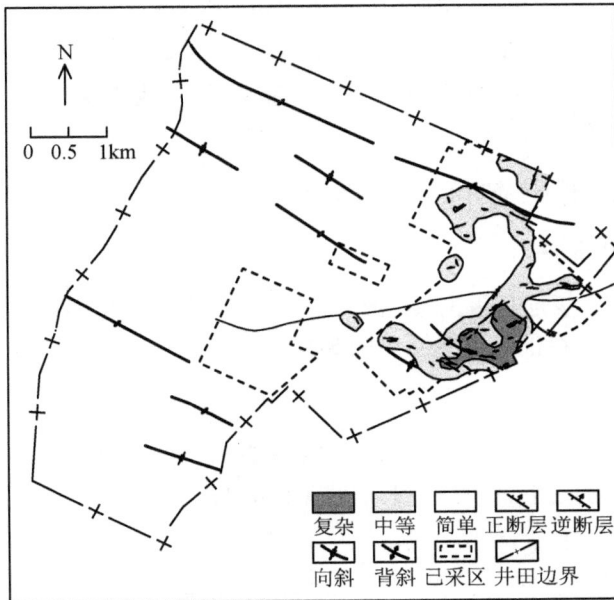

图 8-10 下峪口井田 3#煤层构造相对复杂程度分区

3. 下峪口井田 11#煤层

下峪口井田 11#煤层的构造相对复杂程度预测结果见图 8-11。从图中可见，11#煤层的构造相对复杂程度全部为简单等级。

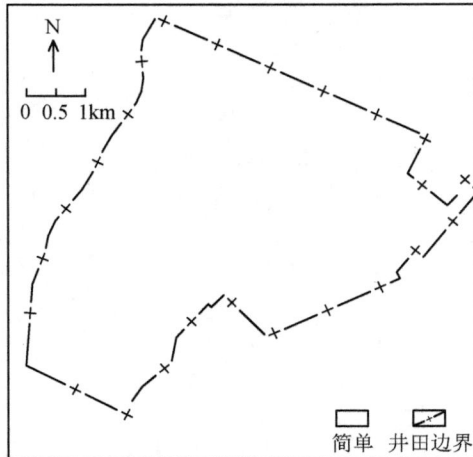

图 8-11　下峪口井田 11#煤层构造相对复杂程度分区

第四节　象山井田构造相对复杂程度的量化评价预测

象山井田可采煤层包括 3#、5#、11#煤层，其中 3#、5#煤层是主采煤层，11#煤层目前没有开采。构造相对复杂程度的量化评价主要针对 3#、5#煤层，量化预测主要针对 3#、5#、11#煤层。

一、评价指标的空间分布特征与数据统计

1. 象山井田 3#煤层

3#煤层厚度、煤层顶板上覆 50m 范围内砂岩厚度、煤层顶板岩性、煤层底板标高等主要评价指标的等值线图见图 8-12。

2. 象山井田 5#煤层

5#煤层厚度、煤层顶板上覆 50m 范围内砂岩厚度、煤层顶板岩性、煤层底板标高数据，绘制的主要评价指标等值线见图 8-13。

3. 象山井田 11#煤层

11#煤层厚度、煤层顶板上覆 50m 范围内砂岩厚度、煤层顶板岩性、煤层底板标高等主要评价指标等值线见图 8-14。

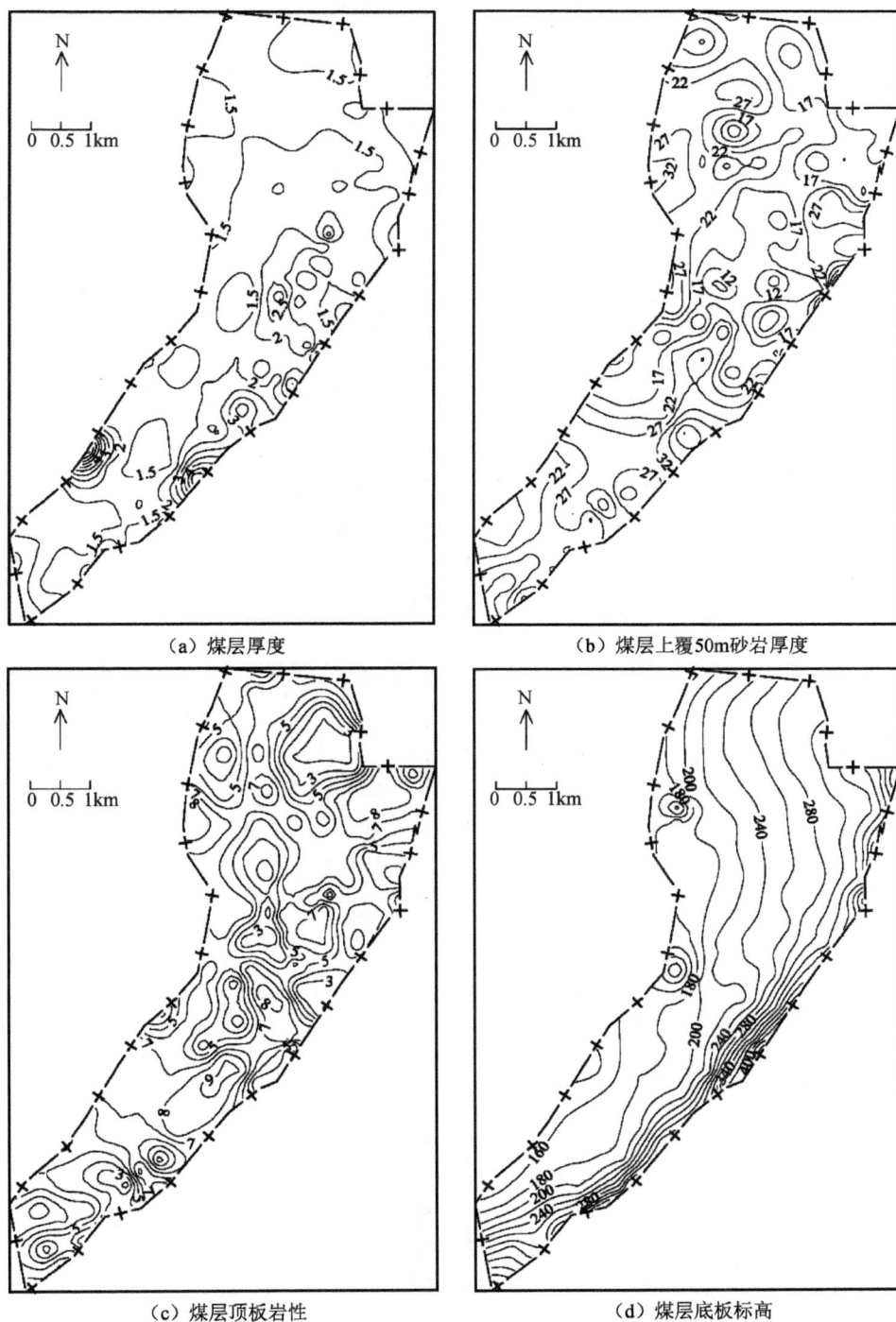

（a）煤层厚度

（b）煤层上覆50m砂岩厚度

（c）煤层顶板岩性

（d）煤层底板标高

图 8-12　象山井田 3#煤层评价指标等值线图

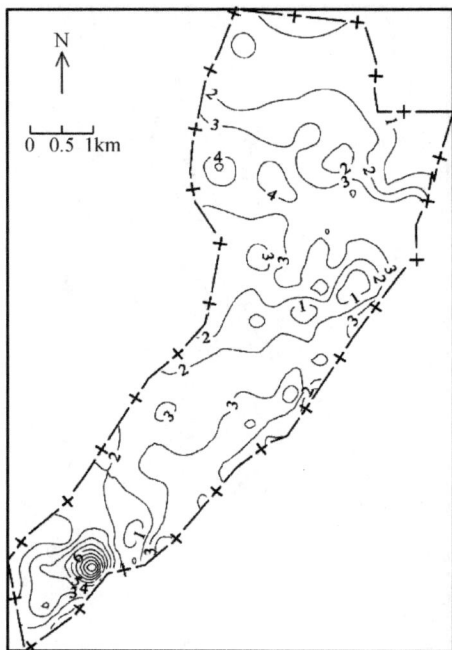

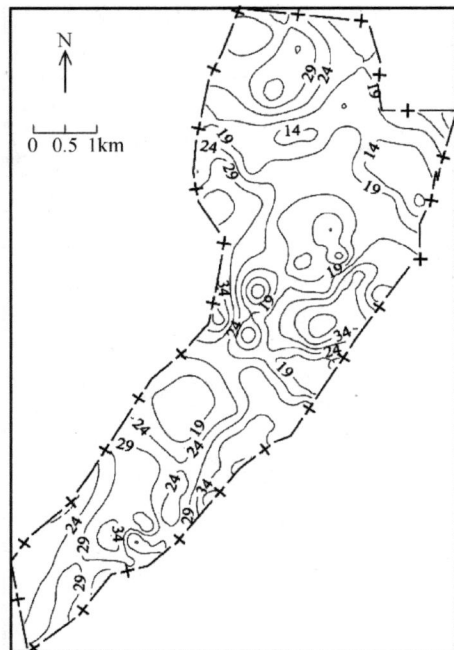

（a）煤层厚度　　　　　　　　　　　　（b）煤层上覆50m砂岩厚度

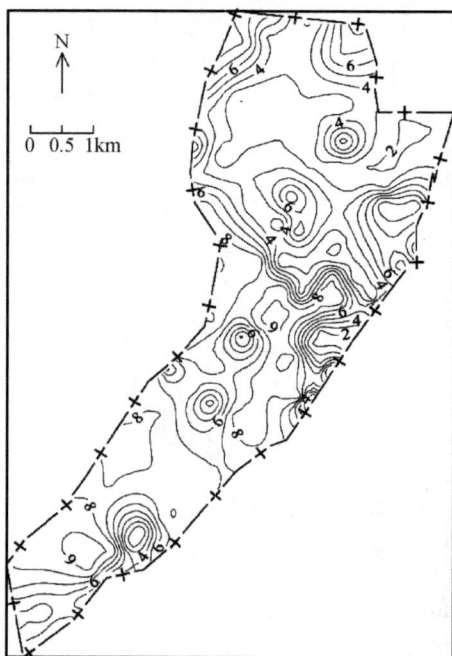

（c）煤层顶板岩性　　　　　　　　　　（d）煤层底板标高

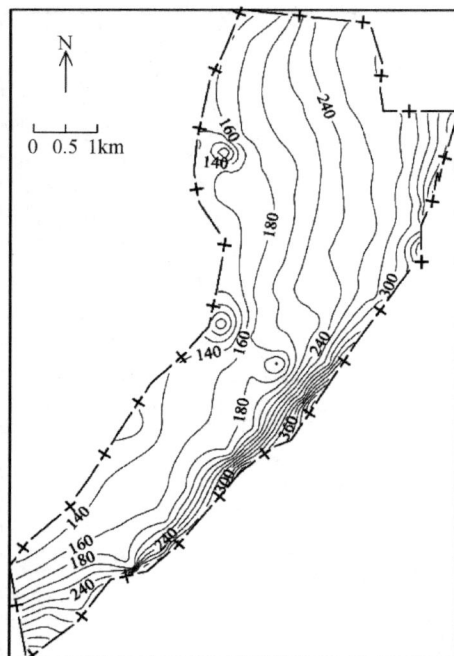

图 8-13　象山井田 5$^{#}$煤层评价指标等值线图

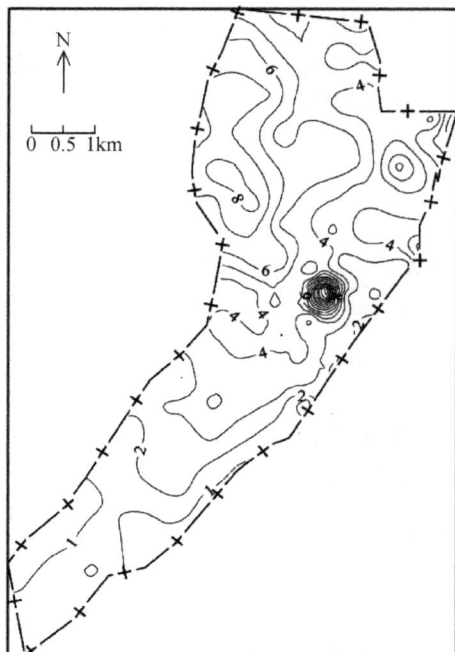

（a）煤层厚度

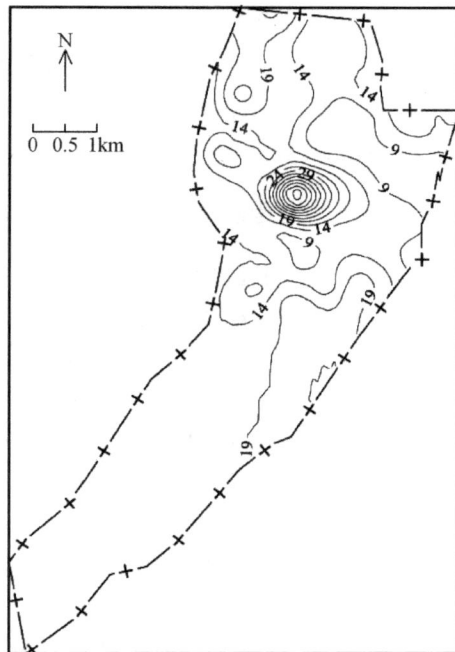

（b）煤层上覆50m砂岩厚度

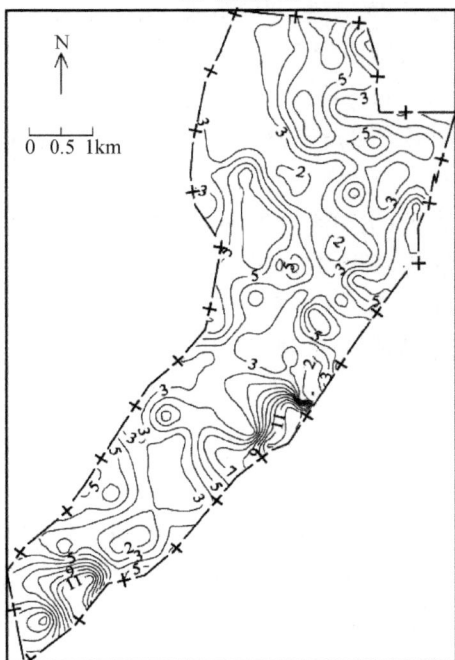

（c）煤层顶板岩性

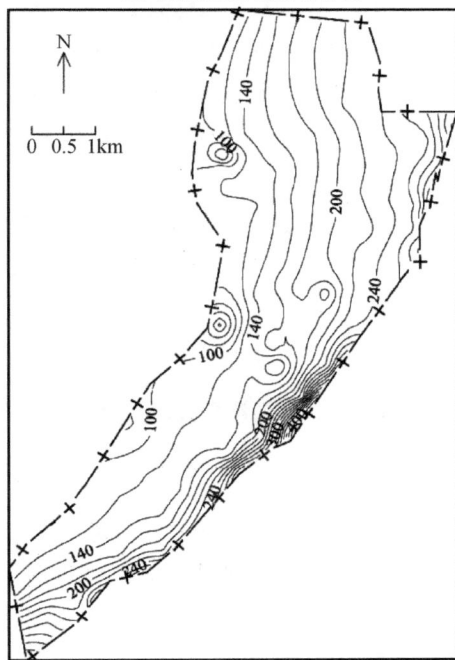

（d）煤层底板标高

图8-14　象山井田 11#煤层评价指标等值线图

象山井田共划分 1943 个网格单元 [图 8-2 (b)]，将等性块段划分图分别与各评价指标等值线图叠加，统计出各块段各评价指标的数据。利用已揭露区块段的褶皱、断层数据可计算出其构造相对熵值。$3^{#}$煤层部分块段的指标值见表 8-11，$5^{#}$煤层部分块段的指标值见表 8-12。

二、主要煤层构造相对熵值预计经验公式

以构造相对熵值为因变量（y），以煤层厚度（x_1）、煤层厚度异常指数（x_2）、上覆砂岩厚度（x_3）、煤层顶板岩性（x_4）、煤层底板标高（x_5）、煤层底板标高异常指数（x_6）、等高线条数（x_7）为自变量，利用逐步回归分析，分别建立 $3^{#}$、$5^{#}$煤层的回归方程为

$$y_{象3} = 0.862\,222 - 0.000\,856x_5 + 0.310\,83x_6 + 0.074\,695x_1 \qquad (8-8)$$
$$y_{象5} = 0.843\,948 + 0.189\,094x_2 + 0.003\,029x_3 - 0.000\,276x_5 \qquad (8-9)$$

将表 8-11 中的煤层底板标高（x_5）、煤层底板标高异常指数（x_6）、煤层厚度（x_1）回代入式 8-8 中，对照已揭露区块段构造相对复杂程度等级，判断评价效果，见表 8-13。

将表 8-12 中的煤层厚度异常指数（x_2）、上覆砂岩厚度（x_3）、煤层底板标高（x_5）回代入式 8-9 中，对照构造相对复杂程度等级，判断评价效果，结果见表 8-14。

象山井田 $3^{#}$煤层构造熵值回归方程的 F 检验值为 26.59，临界值 $F_{0.1}$（3100）为 2.14，回归方程显著；根据该回归方程预测的各等性块段的构造相对复杂程度判断正确率为 60%（表 8-13），因此，可以用该回归方程对 $3^{#}$煤层未采区构造相对复杂程度进行预测。

$5^{#}$煤层构造熵值回归方程的 F 检验值为 9.69，临界值 $F_{0.1}$（3100）为 2.14，回归方程显著；根据该回归方程预测的各等性块段的构造相对复杂程度判断正确率为 74%（表 8-14），因此，可以用该回归方程对 $5^{#}$煤层未采区构造相对复杂程度进行预测。在对 $11^{#}$煤层构造相对熵进行预测时，也利用该回归方程。

三、构造相对复杂程度的量化评价预测

1. 象山井田 $3^{#}$煤层

象山井田 $3^{#}$煤层构造相对复杂程度评价预测结果见图 8-15。构造相对复杂程度在已揭露区的北部以复杂、中等为主，而在南部以简单为主，自南向北，构造趋于复杂。在 $3^{#}$煤层未揭露区，构造相对复杂程度以简单为主，但在井田中部和南部以中等为主。

表 8-11　象山井田 3#煤层已揭露区部分块段的评价指标数据

块段中心 X	块段中心 Y	煤层厚度/m	煤层厚度异常常指数	上覆砂岩厚度/m	煤层顶板板岩性	煤层底板标高/m	煤层底板板标高异常常指数	等高线条数	褶皱类型	断层总条数	I类断层层条数	II类断层层条数	III类断层层条数	构造相对熵值
19443699	3932508	1.10	0.31	17.46	4	201.53	0.16	2	2	0	0	0	0	0.97
19443699	3932308	1.23	0.23	13.57	5	214.38	0.10	2	2	0	0	0	0	0.97
19443692	3932091	1.33	0.16	12.01	5	223.33	0.07	2	2	0	0	0	0	0.97
19443695	3931890	1.38	0.13	15.14	6	227.01	0.05	1	2	0	0	0	0	0.97
19443291	3931696	1.41	0.11	17.34	5	202.13	0.15	2	2	0	0	0	0	0.97
19443708	3931708	1.39	0.13	19.20	6	229.11	0.04	1	4	0	0	0	0	0.86
19443701	3931709	1.41	0.12	21.43	6	238.05	0.00	1	4	2	0	1	1	0.81
19444097	3931709	1.45	0.09	23.06	6	248.53	0.04	1	4	2	1	0	1	0.82
19444292	3931704	1.50	0.06	23.14	5	256.84	0.07	1	4	2	0	2	0	0.71
19444497	3931704	1.53	0.04	21.02	4	264.89	0.11	1	4	2	0	2	0	0.71
19444695	3931701	1.52	0.04	17.29	3	274.77	0.15	0	4	1	0	1	0	0.80
19444904	3931692	1.51	0.05	13.77	2	282.72	0.18	1	4	2	0	2	0	0.71
19445096	3931697	1.53	0.04	12.82	2	290.51	0.22	1	4	2	0	1	1	0.81
19445299	3931697	1.55	0.03	14.70	3	296.28	0.24	1	4	4	1	2	1	0.82
19443302	3931488	1.48	0.07	20.97	4	203.29	0.15	1	4	0	0	0	0	0.86
19443501	3931487	1.43	0.10	21.78	5	216.01	0.10	1	4	0	0	0	0	0.86
19443700	3931498	1.37	0.14	23.36	6	228.94	0.04	2	4	0	0	0	0	0.86
19443898	3931498	1.35	0.15	25.31	6	238.89	0.00	3	2	3	0	3	0	0.61
19444094	3931496	1.38	0.14	26.41	6	247.62	0.04	1	2	5	0	3	2	0.69
19444294	3931496	1.42	0.11	26.20	5	255.21	0.07	1	2	3	0	3	0	0.61
19444491	3931495	1.43	0.10	23.96	3	263.10	0.10	1	2	3	0	3	0	0.61

表8-12　象山井田 5#煤层已揭露区部分块段的评价指标数据

块段中心 X	块段中心 Y	煤层厚度/m	煤层厚度异常指数	上覆砂岩厚度/m	煤层顶板岩性	煤层底板标高/m	煤层底板标高异常指数	等高线条数	褶皱类型	断层总条数	I类断层层条数	II类断层层条数	III类断层层条数	构造相对熵值
19443699	3932508	1.20	0.53	24.89	6	168.23	0.22	2	3	0	0	0	0	0.97
19443699	3932308	1.66	0.34	21.82	6	178.90	0.17	2	3	0	0	0	0	0.97
19443692	3932091	1.98	0.22	22.47	6	187.75	0.12	1	3	0	0	0	0	0.97
19443695	3931890	1.93	0.24	25.52	5	192.54	0.10	1	3	0	0	0	0	0.97
19443701	3931708	1.80	0.29	28.48	4	195.38	0.09	2	3	0	0	0	0	0.97
19443700	3931498	1.71	0.33	30.91	3	197.10	0.08	1	3	0	0	0	0	0.97
19443694	3931291	1.73	0.32	31.02	2	197.47	0.08	1	2	0	0	0	0	0.86
19443896	3931291	1.87	0.26	34.25	2	206.56	0.04	1	2	0	0	0	0	0.80
19444099	3931296	1.92	0.24	32.46	3	214.52	0.00	0	2	1	1	0	0	0.86
19444291	3931289	1.95	0.23	29.30	3	221.63	0.03	1	2	0	0	0	0	0.86
19444478	3931291	2.01	0.21	26.04	3	230.13	0.07	1	3	0	0	0	0	0.97
19444696	3931287	2.09	0.18	21.82	3	241.34	0.13	1	3	0	0	0	0	0.97
19444884	3931292	2.08	0.18	18.52	3	251.34	0.17	1	3	0	0	0	0	0.97
19445088	3931287	2.00	0.21	16.64	3	261.17	0.22	1	3	0	0	0	0	0.97
19445296	3931294	1.82	0.28	17.13	3	268.92	0.25	1	3	0	0	0	0	0.97
19445493	3931290	1.59	0.37	18.56	4	274.96	0.28	0	3	0	0	0	0	0.97
19445696	3931292	1.29	0.49	20.42	3	281.20	0.31	1	2	0	0	0	0	0.86
19443701	3931083	1.97	0.22	27.37	2	196.98	0.08	1	3	0	0	0	0	0.97
19443895	3931074	2.06	0.19	28.80	2	204.86	0.04	1	3	0	0	0	0	0.97
19444087	3931086	2.11	0.17	27.89	2	211.64	0.01	1	3	0	0	0	0	0.97
19444300	3931093	2.18	0.14	25.22	3	218.49	0.02	1	3	0	0	0	0	0.97

表 8-13　象山井田 3$^#$煤层已揭露区逐步回归效果检验

构造相对熵		构造等级		是否	构造相对熵		构造等级		是否
计算值	回归值	计算结果	回归结果	一致	计算值	回归值	计算结果	回归结果	一致
0.97	0.82	简单	中等	否	0.60	0.80	复杂	中等	否
0.97	0.80	简单	中等	否	0.76	0.80	中等	中等	是
0.97	0.79	简单	中等	否	0.76	0.80	中等	中等	是
0.97	0.79	简单	中等	否	0.76	0.80	中等	中等	是
0.97	0.84	简单	中等	否	0.97	0.87	简单	简单	是
0.86	0.78	简单	中等	否	0.97	0.87	简单	简单	是
0.81	0.76	中等	中等	是	0.97	0.86	简单	简单	是
0.82	0.77	中等	中等	是	0.92	0.79	简单	中等	否
0.71	0.78	中等	中等	是	0.79	0.80	中等	中等	是
0.71	0.78	中等	中等	是	0.55	0.80	复杂	中等	否
0.80	0.79	中等	中等	是	0.97	0.80	简单	中等	否
0.71	0.79	中等	中等	是	0.67	0.79	中等	中等	是
0.81	0.79	中等	中等	是	0.76	0.79	中等	中等	是
0.82	0.80	中等	中等	是	0.97	0.88	简单	简单	是
0.86	0.84	简单	中等	否	0.97	0.87	简单	简单	是
0.86	0.81	简单	中等	否	0.97	0.86	简单	简单	是
0.86	0.78	简单	中等	否	0.97	0.78	简单	中等	否
0.61	0.76	复杂	中等	否	0.92	0.80	简单	中等	否
0.69	0.76	中等	中等	是	0.70	0.81	中等	中等	是
0.61	0.77	复杂	中等	否	0.97	0.80	简单	中等	否
0.61	0.78	复杂	中等	否	0.76	0.79	中等	中等	是
0.66	0.78	中等	中等	是	0.66	0.78	中等	中等	是
0.66	0.78	中等	中等	是	0.97	0.89	简单	简单	是
0.77	0.79	中等	中等	是	0.97	0.88	简单	简单	是
0.75	0.79	中等	中等	是	0.97	0.88	简单	简单	是
0.97	0.80	简单	中等	否	0.97	0.87	简单	简单	是
0.97	0.85	简单	中等	否	0.97	0.86	简单	简单	是
0.97	0.82	简单	中等	否	0.97	0.84	简单	中等	否
0.77	0.78	中等	中等	是	0.97	0.83	简单	中等	否
0.63	0.76	复杂	中等	否	0.97	0.82	简单	中等	否
0.72	0.76	中等	中等	是	0.97	0.81	简单	中等	否
0.77	0.77	中等	中等	是	0.97	0.80	简单	中等	否
0.77	0.77	中等	中等	是	0.86	0.79	简单	中等	否
0.66	0.77	中等	中等	是	0.97	0.80	简单	中等	否
0.76	0.77	中等	中等	是	0.76	0.81	中等	中等	是

续表

构造相对熵		构造等级		是否一致	构造相对熵		构造等级		是否一致
计算值	回归值	计算结果	回归结果		计算值	回归值	计算结果	回归结果	
0.76	0.77	中等	中等	是	0.75	0.81	中等	中等	是
0.97	0.78	简单	中等	否	0.76	0.81	中等	中等	是
0.97	0.78	简单	中等	否	0.66	0.80	中等	中等	是
0.97	0.78	简单	中等	否	0.97	0.79	简单	中等	否
0.97	0.86	简单	简单	是	0.97	0.90	简单	简单	是
0.97	0.82	简单	中等	否	0.97	0.90	简单	简单	是
0.76	0.79	中等	中等	是	0.97	0.88	简单	简单	是
0.68	0.76	中等	中等	是	0.76	0.87	中等	简单	否
0.72	0.76	中等	中等	是	0.61	0.85	复杂	中等	否
0.77	0.76	中等	中等	是	0.76	0.84	中等	中等	是
0.64	0.76	复杂	中等	否	0.97	0.84	简单	中等	否
0.61	0.76	复杂	中等	否	0.97	0.80	简单	中等	否
0.76	0.76	中等	中等	是	0.97	0.81	简单	中等	否
0.97	0.86	简单	简单	是	0.97	0.82	简单	中等	否
0.97	0.82	简单	中等	否	0.97	0.82	简单	中等	否
0.67	0.79	中等	中等	是	0.97	0.82	简单	中等	否
0.45	0.77	复杂	中等	否	0.76	0.81	中等	中等	是
0.67	0.76	中等	中等	是	0.97	0.92	简单	简单	是
0.76	0.76	中等	中等	是	0.97	0.91	简单	简单	是
0.61	0.76	复杂	中等	否	0.97	0.88	简单	简单	是
0.65	0.76	中等	中等	是	0.73	0.85	中等	中等	是
0.76	0.76	中等	中等	是	0.66	0.84	中等	中等	是
0.76	0.76	中等	中等	是	0.68	0.84	中等	中等	是
0.76	0.77	中等	中等	是	0.76	0.82	中等	中等	是
0.97	0.93	简单	简单	是	0.76	0.83	中等	中等	是
0.97	0.86	简单	简单	是	0.76	0.83	中等	中等	是
0.97	0.83	简单	中等	否	0.97	0.82	简单	中等	否
0.66	0.80	中等	中等	是	0.76	0.93	中等	简单	否
0.64	0.79	复杂	中等	否	0.97	0.91	简单	简单	是
0.66	0.77	中等	中等	是	0.97	0.87	简单	简单	是
0.66	0.76	中等	中等	是	0.97	0.82	简单	中等	否
0.66	0.75	中等	中等	是	0.97	0.83	简单	中等	否
0.66	0.76	中等	中等	是	0.72	0.83	中等	中等	是
0.66	0.77	中等	中等	是	0.61	0.82	复杂	中等	否
0.97	0.78	简单	中等	否	0.97	0.84	简单	中等	否
0.97	0.78	简单	中等	否	0.97	0.83	简单	中等	否

构造相对熵		构造等级		是否	构造相对熵		构造等级		是否
计算值	回归值	计算结果	回归结果	一致	计算值	回归值	计算结果	回归结果	一致
0.97	0.77	简单	中等	否	0.97	0.97	简单	简单	是
0.61	0.77	复杂	中等	否	0.97	0.96	简单	简单	是
0.97	0.77	简单	中等	否	0.97	0.92	简单	简单	是
0.97	0.89	简单	简单	是	0.97	0.86	简单	简单	是
0.97	0.84	简单	中等	否	0.97	0.82	简单	中等	否
0.97	0.82	简单	中等	否	0.97	0.82	简单	中等	否
0.63	0.80	复杂	中等	否	0.76	0.84	中等	中等	是
0.72	0.78	中等	中等	是	0.76	0.84	中等	中等	是
0.72	0.76	中等	中等	是	0.97	1.00	简单	简单	是
0.66	0.76	中等	中等	是	0.97	1.02	简单	简单	是
0.68	0.77	中等	中等	是	0.97	0.87	简单	简单	是
0.66	0.78	中等	中等	是	0.76	0.81	中等	中等	是
0.64	0.79	复杂	中等	否	0.66	0.82	中等	中等	是
0.61	0.79	复杂	中等	否	0.80	0.86	中等	简单	否
0.76	0.78	中等	中等	是	0.80	0.86	中等	简单	否
0.66	0.78	中等	中等	是	0.97	1.01	简单	简单	是
0.97	0.78	简单	中等	否	0.76	1.01	中等	简单	否
0.76	0.77	中等	中等	是	0.97	0.94	简单	简单	是
0.76	0.77	中等	中等	是	0.86	0.86	简单	简单	是
0.97	0.98	简单	简单	是	0.81	0.81	中等	中等	是
0.97	0.91	简单	简单	是	0.69	0.83	中等	中等	是
0.97	0.86	简单	简单	是	0.72	0.86	中等	简单	否
0.66	0.83	中等	中等	是	0.97	0.85	简单	中等	否
0.63	0.82	复杂	中等	否	0.75	0.96	中等	简单	否
0.77	0.80	中等	中等	是	0.97	0.97	简单	简单	是
0.61	0.78	复杂	中等	否	0.97	0.97	简单	简单	是
0.63	0.77	复杂	中等	否	0.97	0.91	简单	简单	是
0.66	0.78	中等	中等	是	0.97	0.86	简单	简单	是
0.66	0.79	中等	中等	是	0.77	0.83	中等	中等	是
0.76	0.80	中等	中等	是	0.66	0.85	中等	中等	是
0.66	0.80	中等	中等	是	0.77	0.87	中等	简单	否
0.64	0.80	复杂	中等	否	0.97	0.93	简单	简单	是
0.61	0.79	复杂	中等	否	0.52	0.93	复杂	简单	否
0.97	0.79	简单	中等	否	0.97	0.93	简单	简单	是
0.76	0.78	中等	中等	是	0.97	0.92	简单	简单	是
0.60	0.77	复杂	中等	否	0.97	0.90	简单	简单	是

构造相对熵		构造等级		是否一致	构造相对熵		构造等级		是否一致
计算值	回归值	计算结果	回归结果		计算值	回归值	计算结果	回归结果	
0.76	0.84	中等	中等	是	0.92	0.86	简单	简单	是
0.97	0.84	简单	中等	否	0.92	0.85	简单	中等	否
0.66	0.82	中等	中等	是	0.70	0.86	中等	简单	否
0.64	0.80	复杂	中等	否	0.79	0.86	中等	简单	否
0.66	0.78	中等	中等	是	0.97	0.94	简单	简单	是
0.64	0.78	复杂	中等	否	0.97	0.92	简单	简单	是
0.61	0.79	复杂	中等	否	0.66	0.91	中等	简单	否
0.76	0.80	中等	中等	是	0.97	0.91	简单	简单	是
0.97	0.81	简单	中等	否	0.97	0.89	简单	简单	是
0.66	0.81	中等	中等	是	0.97	0.87	简单	简单	是
0.97	0.80	简单	中等	否	0.97	0.94	简单	简单	是
0.66	0.80	中等	中等	是	0.97	0.93	简单	简单	是
0.76	0.79	中等	中等	是	0.76	0.94	中等	简单	否
0.66	0.79	中等	中等	是	0.76	0.93	中等	简单	否
0.97	0.84	简单	中等	否	0.76	0.91	中等	简单	否
0.97	0.84	简单	中等	否	0.55	0.89	复杂	简单	否
0.79	0.82	中等	中等	是	0.81	0.89	中等	简单	否
0.74	0.80	中等	中等	是	0.97	0.89	简单	简单	是
0.67	0.78	中等	中等	是	0.97	0.89	简单	简单	是
0.76	0.78	中等	中等	是	0.97	0.96	简单	简单	是
0.66	0.79	中等	中等	是	0.76	0.95	中等	简单	否
0.97	0.79	简单	中等	否	0.76	0.93	中等	简单	否
0.97	0.80	简单	中等	否	0.97	0.90	简单	简单	是
0.66	0.80	中等	中等	是	0.76	0.89	中等	简单	否
0.76	0.80	中等	中等	是	0.78	0.90	中等	简单	否
0.66	0.80	中等	中等	是	0.76	0.90	中等	简单	否
0.76	0.80	中等	中等	是	0.97	0.90	简单	简单	是
0.66	0.80	中等	中等	是	0.97	0.88	简单	简单	是
0.97	0.79	简单	中等	否	0.86	0.83	简单	中等	否
0.92	0.86	简单	简单	是	0.86	0.77	简单	中等	否
0.92	0.84	简单	中等	否	0.86	0.77	简单	中等	否
0.97	0.78	简单	中等	否	0.97	0.90	简单	简单	是
0.66	0.78	中等	中等	是	0.97	0.91	简单	简单	是
0.66	0.79	中等	中等	是	0.97	0.91	简单	简单	是
0.97	0.79	简单	中等	否	0.97	0.90	简单	简单	是
0.61	0.79	复杂	中等	否	0.92	0.91	简单	简单	是

构造相对熵		构造等级		是否	构造相对熵		构造等级		是否
计算值	回归值	计算结果	回归结果	一致	计算值	回归值	计算结果	回归结果	一致
0.76	0.79	中等	中等	是	0.92	0.92	简单	简单	是
0.66	0.80	中等	中等	是	0.92	0.92	简单	简单	是
0.66	0.80	中等	中等	是	0.97	0.91	简单	简单	是
0.61	0.81	复杂	中等	否	0.97	0.92	简单	简单	是
0.97	0.80	简单	中等	否	0.76	0.92	中等	简单	否
0.97	0.86	简单	简单	是	0.97	0.92	简单	简单	是
0.97	0.85	简单	中等	否	0.92	0.92	简单	简单	是
0.97	0.82	简单	中等	否	0.75	0.91	中等	简单	否
0.97	0.80	简单	中等	否	0.75	0.91	中等	简单	否
0.97	0.78	简单	中等	否	0.97	0.92	简单	简单	是
0.97	0.78	简单	中等	否	0.97	0.91	简单	简单	是
0.97	0.78	简单	中等	否	0.75	0.90	中等	简单	否
0.76	0.78	中等	中等	是	0.97	0.90	简单	简单	是
0.97	0.79	简单	中等	否	0.97	0.90	简单	简单	是
0.72	0.79	中等	中等	是	0.78	0.90	中等	简单	否
0.76	0.80	中等	中等	是	0.97	0.89	简单	简单	是
0.76	0.80	中等	中等	是	0.75	0.89	中等	简单	否
0.68	0.81	中等	中等	是	0.97	0.89	简单	简单	是
0.76	0.81	中等	中等	是	0.97	0.88	简单	简单	是
0.97	0.81	简单	中等	否	0.78	0.89	中等	简单	否
0.97	0.87	简单	简单	是	0.97	0.88	简单	简单	是
0.97	0.86	简单	简单	是	0.97	0.88	简单	简单	是
0.97	0.83	简单	中等	否	0.80	0.89	中等	简单	否
0.97	0.81	简单	中等	否	0.92	0.88	简单	简单	是
0.97	0.79	简单	中等	否	0.97	0.87	简单	简单	是
0.97	0.79	简单	中等	否	0.97	0.88	简单	简单	是
0.92	0.79	简单	中等	否	0.97	0.95	简单	简单	是
0.92	0.78	简单	中等	否	0.97	1.03	简单	简单	是
0.97	0.79	简单	中等	否	0.97	1.03	简单	简单	是
0.65	0.80	中等	中等	是					

表8-14　象山井田5#煤层已揭露区逐步回归效果检验

构造相对熵		构造等级		是否	构造相对熵		构造等级		是否
计算值	回归值	计算结果	回归结果	一致	计算值	回归值	计算结果	回归结果	一致
0.97	0.97	简单	简单	是	0.97	0.88	简单	简单	是
0.97	0.93	简单	简单	是	0.61	0.90	复杂	简单	否

续表

构造相对熵		构造等级		是否	构造相对熵		构造等级		是否
计算值	回归值	计算结果	回归结果	一致	计算值	回归值	计算结果	回归结果	一致
0.97	0.90	简单	简单	是	0.97	0.91	简单	简单	是
0.97	0.91	简单	简单	是	0.97	0.89	简单	简单	是
0.97	0.93	简单	简单	是	0.97	0.87	简单	简单	是
0.97	0.94	简单	简单	是	0.97	0.92	简单	简单	是
0.86	0.94	简单	简单	是	0.76	0.89	中等	简单	否
0.80	0.94	中等	简单	否	0.97	0.90	简单	简单	是
0.86	0.93	简单	简单	是	0.97	0.91	简单	简单	是
0.86	0.91	简单	简单	是	0.97	0.89	简单	简单	是
0.97	0.90	简单	简单	是	0.97	0.88	简单	简单	是
0.97	0.88	简单	简单	是	0.97	0.88	简单	简单	是
0.97	0.86	简单	简单	是	0.97	0.87	简单	简单	是
0.97	0.86	简单	简单	是	0.86	0.84	简单	中等	否
0.97	0.87	简单	简单	是	0.86	0.86	简单	简单	是
0.97	0.89	简单	简单	是	0.86	0.86	简单	简单	是
0.97	0.92	简单	简单	是	0.86	0.85	简单	中等	否
0.86	0.91	简单	简单	是	0.97	0.86	简单	简单	是
0.97	0.91	简单	简单	是	0.66	0.88	中等	简单	否
0.97	0.90	简单	简单	是	0.77	0.90	中等	简单	否
0.97	0.89	简单	简单	是	0.97	0.89	简单	简单	是
0.97	0.87	简单	简单	是	0.97	0.87	简单	简单	是
0.97	0.85	简单	中等	否	0.66	0.91	中等	简单	否
0.72	0.84	中等	中等	是	0.59	0.89	复杂	简单	否
0.97	0.85	简单	中等	否	0.97	0.89	简单	简单	是
0.74	0.86	中等	简单	否	0.97	0.90	简单	简单	是
0.71	0.88	中等	简单	否	0.77	0.89	中等	简单	否
0.97	0.87	简单	简单	是	0.77	0.88	中等	简单	否
0.97	0.88	简单	简单	是	0.97	0.89	简单	简单	是
0.97	0.87	简单	简单	是	0.97	0.85	简单	中等	否
0.97	0.85	简单	中等	否	0.86	0.92	简单	简单	是
0.97	0.86	简单	简单	是	0.86	0.90	简单	简单	是
0.66	0.84	中等	中等	是	0.97	0.85	简单	中等	否
0.66	0.83	中等	中等	是	0.97	0.90	简单	简单	是
0.77	0.84	中等	中等	是	0.97	0.91	简单	简单	是
0.66	0.86	中等	简单	否	0.97	0.90	简单	简单	是
0.70	0.87	中等	简单	否	0.77	0.88	中等	简单	否
0.97	0.86	简单	简单	是	0.97	0.86	简单	简单	是

续表

构造相对熵		构造等级		是否	构造相对熵		构造等级		是否
计算值	回归值	计算结果	回归结果	一致	计算值	回归值	计算结果	回归结果	一致
0.97	0.84	简单	中等	否	0.97	0.86	简单	简单	是
0.97	0.84	简单	中等	否	0.55	0.87	复杂	简单	否
0.77	0.86	中等	简单	否	0.77	0.89	中等	简单	否
0.61	0.88	复杂	简单	否	0.97	0.89	简单	简单	是
0.66	0.86	中等	简单	否	0.97	0.87	简单	简单	是
0.97	0.84	简单	中等	否	0.97	0.91	简单	简单	是
0.92	0.86	简单	简单	是	0.97	0.91	简单	简单	是
0.59	0.86	复杂	简单	否	0.97	0.89	简单	简单	是
0.69	0.86	中等	简单	否	0.86	0.87	简单	简单	是
0.97	0.89	简单	简单	是	0.86	0.85	简单	中等	否
0.97	0.93	简单	简单	是	0.66	0.84	中等	中等	是
0.97	0.91	简单	简单	是	0.65	0.87	中等	简单	否
0.97	0.89	简单	简单	是	0.86	0.87	简单	简单	是
0.97	0.87	简单	简单	是	0.97	0.86	简单	简单	是
0.97	0.86	简单	简单	是	0.97	0.95	简单	简单	是
0.97	0.86	简单	简单	是	0.97	0.92	简单	简单	是
0.77	0.87	中等	简单	否	0.97	0.91	简单	简单	是
0.79	0.86	中等	简单	否	0.97	0.90	简单	简单	是
0.92	0.86	简单	简单	是	0.97	0.89	简单	简单	是
0.92	0.87	简单	简单	是	0.58	0.87	复杂	简单	否
0.61	0.86	复杂	简单	否	0.68	0.89	中等	简单	否
0.97	0.85	简单	中等	否	0.66	0.92	中等	简单	否
0.97	0.88	简单	简单	是	0.97	0.96	简单	简单	是
0.97	0.92	简单	简单	是	0.97	0.93	简单	简单	是
0.97	0.99	简单	简单	是	0.97	0.94	简单	简单	是
0.97	0.97	简单	简单	是	0.97	0.94	简单	简单	是
0.86	0.94	简单	简单	是	0.97	0.94	简单	简单	是
0.97	0.92	简单	简单	是	0.97	0.93	简单	简单	是
0.97	0.92	简单	简单	是	0.97	0.95	简单	简单	是
0.97	0.91	简单	简单	是	0.92	0.99	简单	简单	是
0.79	0.88	中等	简单	否	0.97	0.93	简单	简单	是
0.92	0.86	简单	简单	是	0.97	0.95	简单	简单	是
0.92	0.86	简单	简单	是	0.97	0.95	简单	简单	是
0.97	0.89	简单	简单	是	0.97	0.95	简单	简单	是
0.97	0.89	简单	简单	是	0.97	0.96	简单	简单	是
0.97	0.86	简单	简单	是	0.97	0.96	简单	简单	是

续表

构造相对熵		构造等级		是否一致	构造相对熵		构造等级		是否一致
计算值	回归值	计算结果	回归结果		计算值	回归值	计算结果	回归结果	
0.97	0.86	简单	简单	是	0.97	0.95	简单	简单	是
0.97	0.89	简单	简单	是	0.92	0.98	简单	简单	是
0.97	0.93	简单	简单	是	0.97	0.94	简单	简单	是
0.97	0.94	简单	简单	是	0.97	0.94	简单	简单	是
0.92	0.98	简单	简单	是	0.97	0.93	简单	简单	是
0.92	0.95	简单	简单	是	0.97	0.92	简单	简单	是
0.69	0.90	中等	简单	否	0.76	0.93	中等	简单	否
0.97	0.86	简单	简单	是	0.76	0.93	中等	简单	否
0.66	0.87	中等	简单	否	0.97	0.96	简单	简单	是
0.97	0.89	简单	简单	是	0.97	0.95	简单	简单	是
0.97	0.88	简单	简单	是	0.97	0.94	简单	简单	是
0.97	0.85	简单	中等	否	0.97	0.93	简单	简单	是
0.66	0.86	中等	简单	否	0.97	0.91	简单	简单	是
0.77	0.90	中等	简单	否	0.97	0.90	简单	简单	是
0.97	0.94	简单	简单	是	0.97	0.91	简单	简单	是
0.97	0.93	简单	简单	是	0.64	0.90	复杂	简单	否
0.97	0.92	简单	简单	是	0.97	0.95	简单	简单	是
0.92	0.97	简单	简单	是	0.97	0.93	简单	简单	是
0.92	0.99	简单	简单	是	0.97	0.91	简单	简单	是
0.97	0.98	简单	简单	是	0.97	0.89	简单	简单	是
0.77	0.86	中等	简单	否	0.97	0.89	简单	简单	是
0.77	0.85	中等	中等	是	0.76	0.89	中等	简单	否
0.77	0.86	中等	简单	否	0.76	0.89	中等	简单	否
0.61	0.86	复杂	简单	否	0.97	0.90	简单	简单	是
0.53	0.84	复杂	中等	否	0.97	0.91	简单	简单	是
0.77	0.90	中等	简单	否	0.76	0.90	中等	简单	否
0.66	0.91	中等	简单	否	0.76	0.91	中等	简单	否
0.97	0.89	简单	简单	是	0.76	0.90	中等	简单	否
0.97	0.88	简单	简单	是	0.97	0.89	简单	简单	是
0.97	0.97	简单	简单	是	0.97	0.87	简单	简单	是
0.97	0.89	简单	简单	是	0.97	0.88	简单	简单	是
0.97	0.89	简单	简单	是	0.97	0.89	简单	简单	是
0.66	0.91	中等	简单	否	0.97	0.90	简单	简单	是
0.61	0.92	复杂	简单	否	0.72	0.89	中等	简单	否
0.77	0.86	中等	简单	否	0.51	0.88	复杂	简单	否

构造相对熵		构造等级		是否	构造相对熵		构造等级		是否
计算值	回归值	计算结果	回归结果	一致	计算值	回归值	计算结果	回归结果	一致
0.77	0.86	中等	简单	否	0.76	0.87	中等	简单	否
0.66	0.86	中等	简单	否	0.76	0.87	中等	简单	否
0.97	0.81	简单	中等	否	0.97	0.87	简单	简单	是
0.97	0.81	简单	中等	否	0.97	0.86	简单	简单	是
0.97	0.96	简单	简单	是	0.97	0.87	简单	简单	是
0.97	0.95	简单	简单	是	0.97	0.88	简单	简单	是
0.97	0.94	简单	简单	是	0.97	0.89	简单	简单	是
0.97	0.94	简单	简单	是	0.97	0.90	简单	简单	是
0.97	0.92	简单	简单	是	0.97	0.91	简单	简单	是
0.97	0.90	简单	简单	是	0.76	0.90	中等	简单	否
0.97	0.90	简单	简单	是	0.64	0.88	复杂	简单	否
0.97	0.92	简单	简单	是	0.97	0.89	简单	简单	是
0.97	0.93	简单	简单	是	0.97	0.90	简单	简单	是
0.97	0.90	简单	简单	是	0.92	0.88	简单	简单	是
0.97	0.88	简单	简单	是	0.92	0.89	简单	简单	是
0.57	0.86	复杂	简单	否	0.92	0.90	简单	简单	是
0.57	0.86	复杂	简单	否	0.97	0.88	简单	简单	是
0.66	0.82	中等	中等	是	0.97	0.90	简单	简单	是
0.97	0.92	简单	简单	是	0.76	0.87	中等	简单	否
0.97	0.90	简单	简单	是	0.97	0.89	简单	简单	是
0.97	0.89	简单	简单	是	0.97	0.93	简单	简单	是
0.97	0.91	简单	简单	是	0.97	0.89	简单	简单	是
0.97	0.91	简单	简单	是	0.97	0.91	简单	简单	是
0.97	0.89	简单	简单	是	0.77	0.96	中等	简单	否
0.92	0.89	简单	简单	是	0.97	0.97	简单	简单	是
0.92	0.90	简单	简单	是	0.97	0.92	简单	简单	是
0.97	0.91	简单	简单	是	0.97	0.87	简单	简单	是
0.97	0.92	简单	简单	是	0.97	0.89	简单	简单	是
0.97	0.91	简单	简单	是	0.97	0.89	简单	简单	是
0.97	0.91	简单	简单	是	0.86	0.93	简单	简单	是
0.97	0.90	简单	简单	是	0.86	0.95	简单	简单	是
0.97	0.87	简单	简单	是	0.86	0.93	简单	简单	是
0.97	0.91	简单	简单	是	0.86	0.90	简单	简单	是
0.97	0.90	简单	简单	是	0.76	0.91	中等	简单	否
0.97	0.88	简单	简单	是	0.97	0.91	简单	简单	是
0.92	0.89	简单	简单	是	0.97	0.93	简单	简单	是

续表

构造相对熵		构造等级		是否一致	构造相对熵		构造等级		是否一致
计算值	回归值	计算结果	回归结果		计算值	回归值	计算结果	回归结果	
0.92	0.90	简单	简单	是	0.97	0.92	简单	简单	是
0.66	0.91	中等	简单	否	0.97	0.92	简单	简单	是
0.97	0.91	简单	简单	是	0.97	0.91	简单	简单	是
0.97	0.90	简单	简单	是	0.97	0.93	简单	简单	是
0.97	0.89	简单	简单	是	0.97	0.94	简单	简单	是
0.97	0.90	简单	简单	是	0.97	0.98	简单	简单	是
0.97	0.90	简单	简单	是	0.97	0.95	简单	简单	是
0.97	0.89	简单	简单	是					

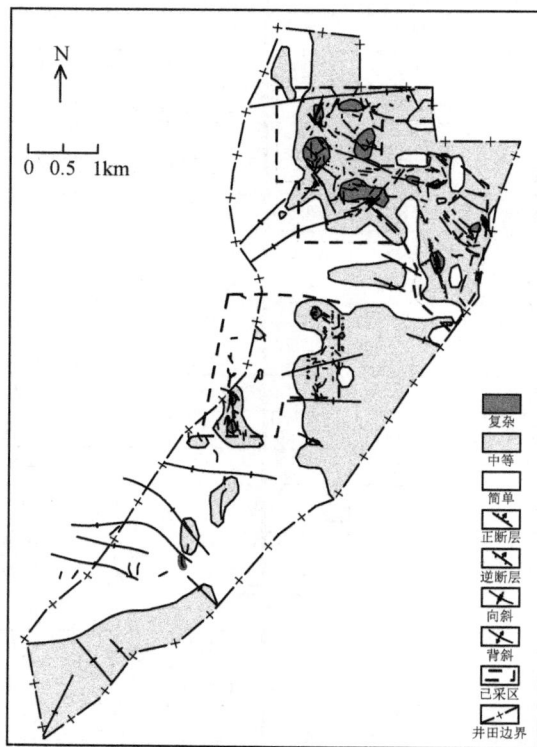

图 8-15　3#煤层构造相对复杂程度分区

整体而言，象山井田 3#煤层构造相对复杂程度以中等为主，中等区主要出现在井田中部至北部以及南端，构造复杂的区域多数分布在井田北部。

2. 象山井田 5#煤层

象山井田 5#煤层构造相对复杂程度评价预测结果见图 8-16。从图中可见，在井田的中部和北部各有一片 5#煤层的已揭露区域。北部已揭露区域的构造相对复杂程度以中等为主；中部已揭露区域的构造相对复杂程度以简单为主，但在其东部和北部构造趋于复杂。在 5#煤层未揭露区，构造相对复杂程度以简单为主，在井田中部有中等复杂程度的区块零星分布。

整体而言，象山井田 5#煤层构造相对复杂程度以简单为主，中等区、复杂区主要出现在井田中部至北部的区域。

3. 象山井田 11#煤层

象山井田 11#煤层构造相对复杂程度预测结果见图 8-17。从图中可见，11#煤层的构造相对复杂程度以简单为主，中等程度的区域分布在井田的东南及北部边界附近。自东向西，构造相对复杂程度有由复杂逐渐变为简单的趋势。

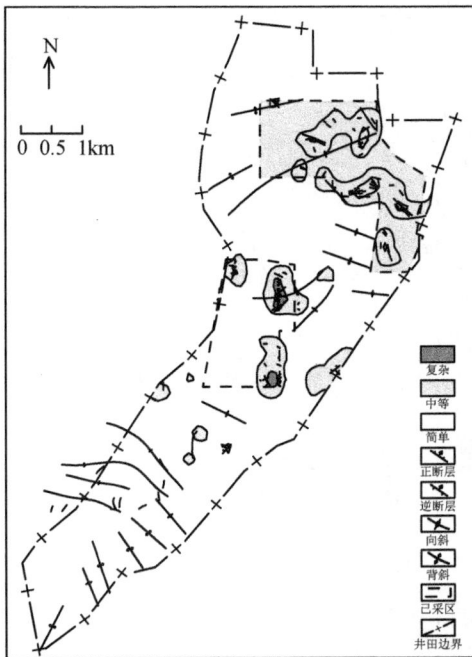

图 8-16　5#煤层构造相对复杂程度分区　　　　　图 8-17　11#煤层构造相对复杂程度分区

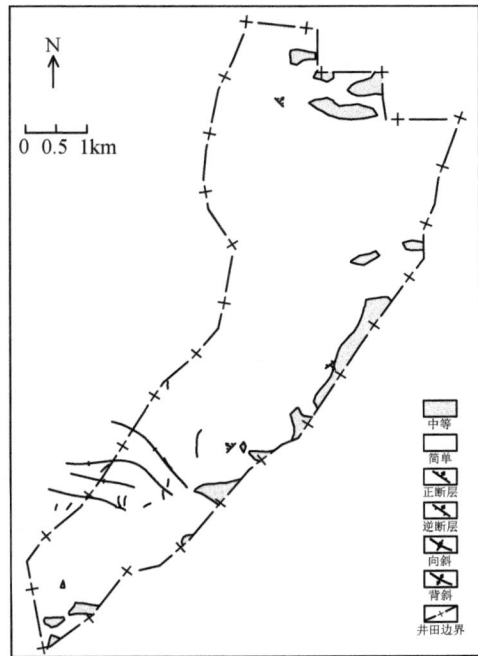

第五节　韩城矿区地质构造相对复杂程度的量化预测

韩城矿区生产矿井主要分布在南区的象山井田、北区的桑树坪井田和下峪口井田，南区的薛峰井田和北区的王峰井田已经完成勘探，正在进行矿井建设。

$2^{\#}$煤层为韩城矿区局部可采煤层，仅在下峪口井田开采；$3^{\#}$煤层为韩城矿区全区可采煤层；$5^{\#}$煤层为韩城矿区局部可采煤层，仅在象山井田开采；$11^{\#}$煤层为韩城矿区全区可采煤层，目前尚未开采。因此，对韩城矿区构造相对复杂程度的量化评价预测主要针对 $3^{\#}$ 和 $11^{\#}$ 煤层。

一、构造相对复杂程度影响因素指标数据统计

为了实现对整个韩城矿区构造相对复杂程度的评价预测，需要补充王峰井田和薛峰井田的评价指标的数据。

1. 王峰井田 $3^{\#}$、$11^{\#}$煤层

依据钻孔揭露的 $3^{\#}$煤层和 $11^{\#}$煤层厚度、煤层顶板上覆 50m 范围内砂岩厚度、煤层顶板岩性、煤层底板标高数据，绘制的主要评价指标等值线分别见图 8-18 和图 8-19。

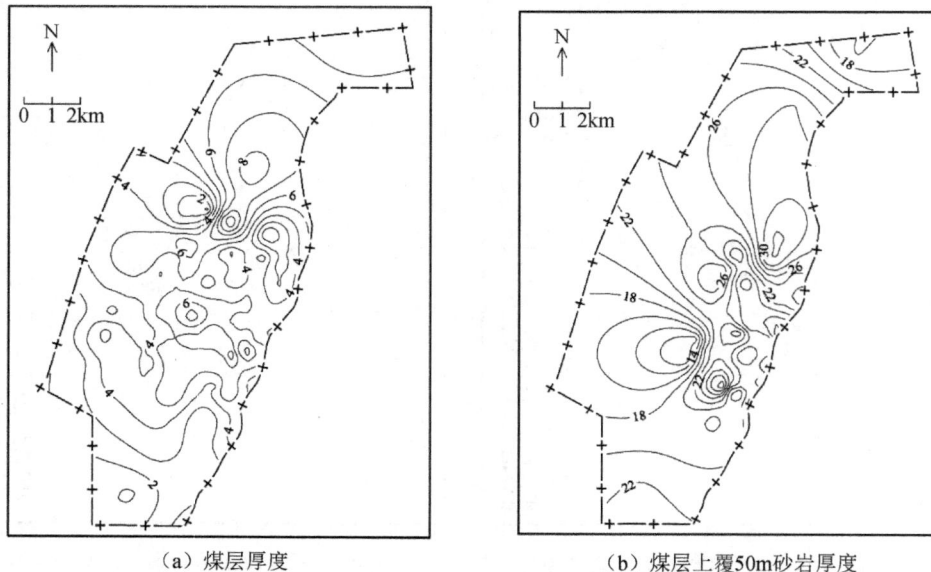

（a）煤层厚度　　　　　　　　　　　（b）煤层上覆50m砂岩厚度

图 8-18　王峰井田 $3^{\#}$煤层评价指标等值线图

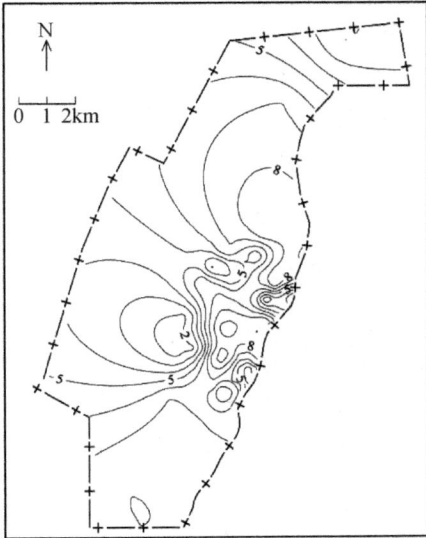

（c）煤层顶板岩性

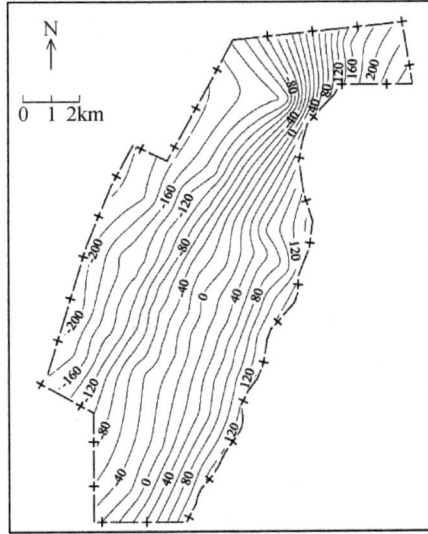

（d）煤层底板标高

图 8-18　（续）

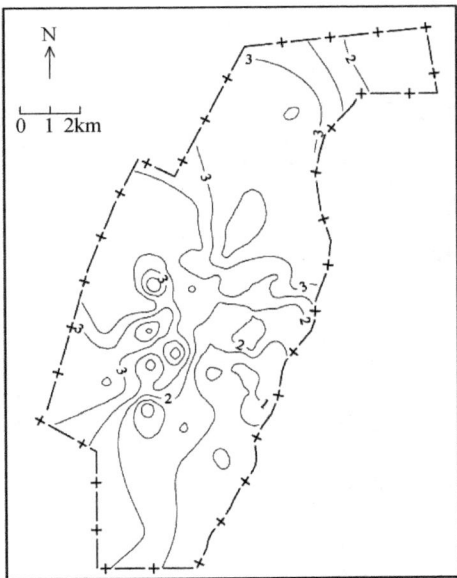

（a）煤层厚度

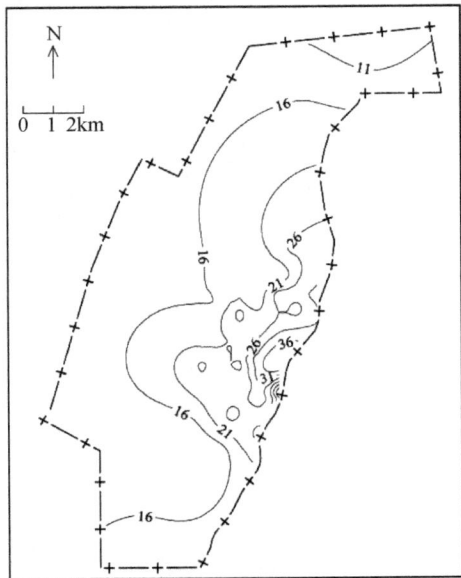

（b）煤层上覆50m砂岩厚度

图 8-19　王峰井田 11#煤层评价指标等值线图

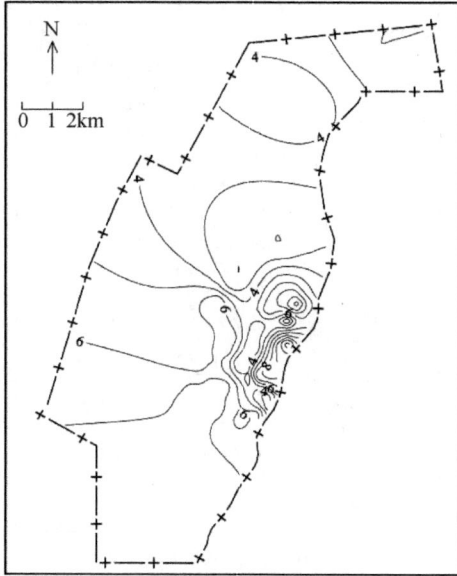

（c）煤层顶板岩性

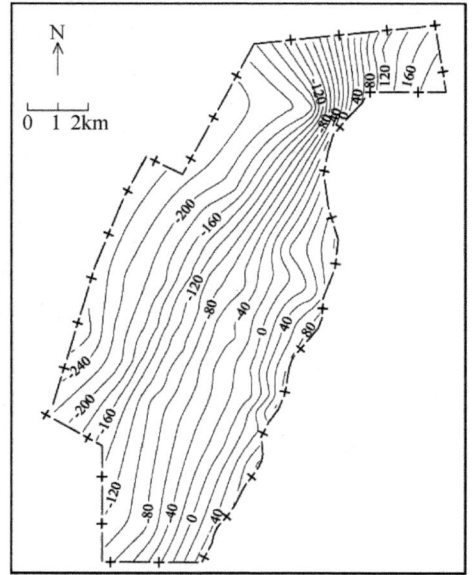

（d）煤层底板标高

图 8-19　（续）

2. 薛峰井田

依据钻孔揭露的 3# 煤层和 11# 煤层厚度、煤层顶板上覆 50m 范围内砂岩厚度、煤层顶板岩性、煤层底板标高数据，绘制的主要评价指标等值线见图 8-20 和图 8-21。

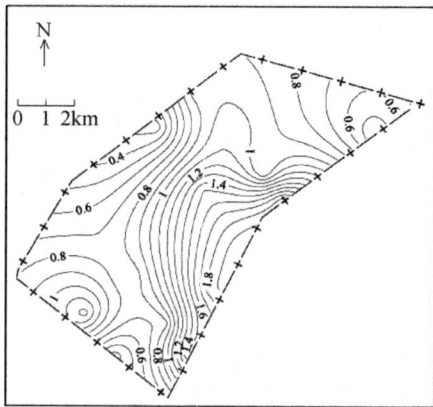

（a）煤层厚度

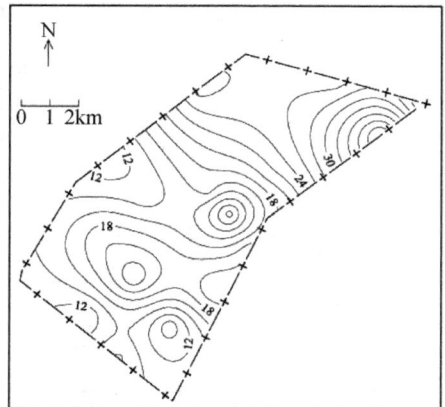

（b）煤层上覆50m砂岩厚度

图 8-20　薛峰井田 3# 煤层评价指标等值线图

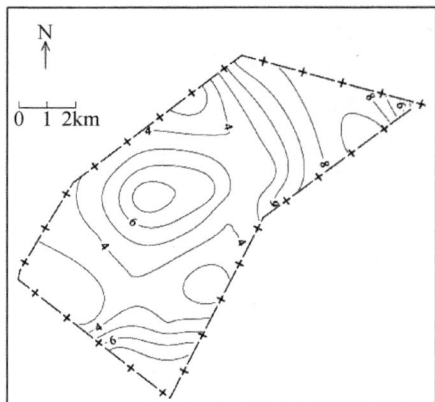
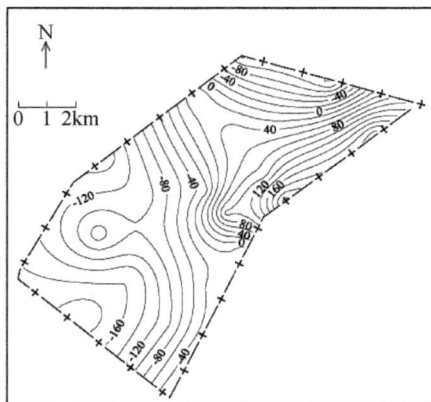

（c）煤层顶板岩性 （d）煤层底板标高

图 8-20 （续）

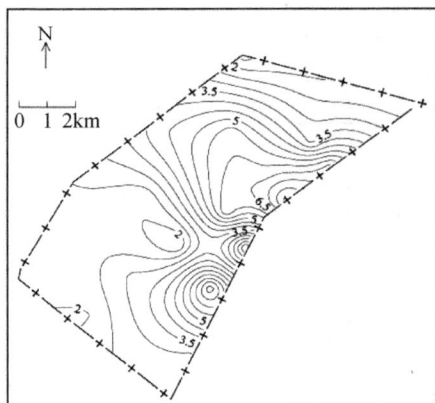
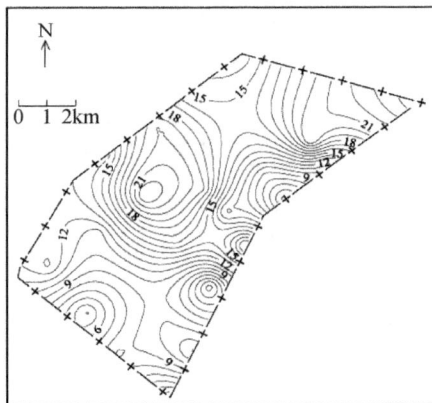

（a）煤层厚度 （b）煤层上覆50m砂岩厚度

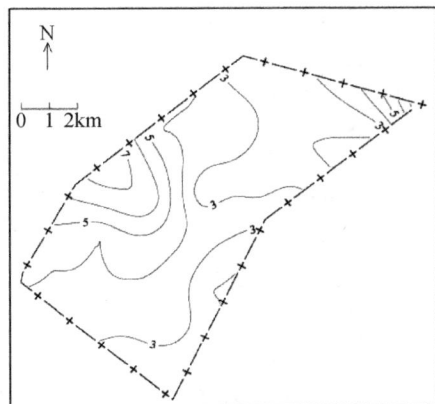
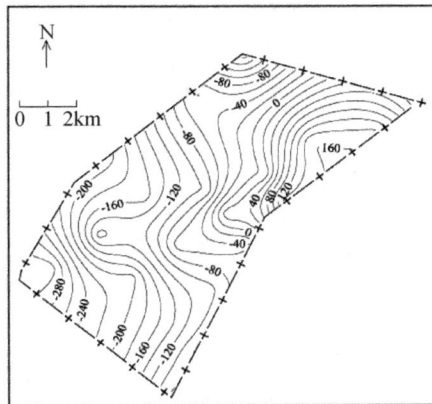

（c）煤层顶板岩性 （d）煤层底板标高

图 8-21 薛峰井田 11#煤层评价指标等值线图

王峰井田共划分 2911 个等性块段，薛峰井田共划分 2002 个等性块段。将等性块段划分图分别与各评价指标等值线图叠加，即可统计出各个块段的评价指标数据。部分块段的评价指标数据见表 8-15～表 8-18。

表 8-15 王峰井田 3# 煤层部分块段构造相对复杂程度影响因素指标数据

块段中心		煤层厚度/m	煤层厚度异常指数	上覆砂岩厚度/m	煤层顶板岩性	煤层底板标高/m	煤层底板标高异常指数	等高线条数
X	Y							
19459889	3963208	4.50	0.02	16.45	2	204.08	0.53	0
19459974	3963183	4.52	0.02	16.52	2	206.75	0.54	0
19459452	3963174	4.42	0.04	16.26	2	192.24	0.50	0
19459588	3963155	4.45	0.03	16.35	2	196.60	0.51	1
19459783	3963106	4.50	0.02	16.47	2	203.42	0.53	1
19459959	3963027	4.55	0.01	16.62	2	209.47	0.54	1
19460039	3962914	4.59	0.00	16.74	2	213.85	0.55	0
19459016	3963138	4.33	0.06	16.09	2	178.34	0.46	0
19459141	3963131	4.36	0.05	16.14	2	182.94	0.48	1
19459339	3963084	4.41	0.04	16.27	2	190.56	0.50	1
19459517	3963014	4.46	0.03	16.40	2	197.49	0.51	1
19459699	3962931	4.51	0.02	16.56	2	204.20	0.53	0
19459881	3962848	4.57	0.01	16.73	2	211.00	0.55	1
19460029	3962764	4.62	0.00	16.87	2	216.56	0.56	1
19458722	3963082	4.29	0.07	15.99	2	168.94	0.44	1
19458881	3963062	4.32	0.06	16.06	2	175.36	0.46	1
19459070	3962998	4.36	0.05	16.18	2	183.09	0.48	1
19459252	3962915	4.42	0.04	16.33	2	191.20	0.50	1
19459434	3962832	4.48	0.03	16.50	2	198.51	0.52	0
19459616	3962749	4.54	0.01	16.68	2	205.15	0.53	0
19459798	3962666	4.60	0.00	16.83	2	212.58	0.55	1
19459979	3962583	4.66	0.01	17.03	2	218.23	0.57	1
19458288	3963048	4.24	0.08	16.00	2	149.89	0.39	1
19460155	3962198	4.81	0.04	17.56	3	229.78	0.60	1
19460088	3962486	4.71	0.02	17.19	2	223.24	0.58	0

表 8-16 王峰井田 11#煤层部分块段构造相对复杂程度影响因素指标数据

块段中心		煤层厚度	煤层厚度	上覆砂岩	煤层顶板	煤层底板标	煤层底板标	等高线
X	Y	/m	异常指数	厚度/m	岩性	高/m	高异常指数	条数
19459889	3963208	1.55	0.29	10.26	2	159.58	0.62	1
19459974	3963183	1.55	0.29	10.40	2	162.14	0.63	0
19459452	3963174	1.57	0.28	9.76	2	148.08	0.59	0
19459588	3963155	1.56	0.28	9.95	2	152.29	0.60	1
19459783	3963106	1.56	0.28	10.23	2	158.85	0.62	1
19459959	3963027	1.55	0.29	10.56	2	164.62	0.64	0
19460039	3962914	1.55	0.29	10.78	2	168.74	0.65	1
19459016	3963138	1.59	0.27	9.28	2	134.55	0.55	0
19459141	3963131	1.59	0.27	9.42	2	139.02	0.56	1
19459339	3963084	1.57	0.28	9.72	2	146.38	0.58	1
19459517	3963014	1.57	0.28	10.00	2	153.02	0.60	1
19459699	3962931	1.56	0.28	10.34	2	159.43	0.62	1
19459881	3962848	1.55	0.28	10.68	2	165.91	0.64	0
19460029	3962764	1.55	0.29	10.97	2	171.18	0.66	1
19458722	3963082	1.61	0.26	8.96	2	125.34	0.52	0
19458881	3963062	1.60	0.26	9.16	2	131.58	0.54	1
19459070	3962998	1.59	0.27	9.45	2	139.06	0.56	1
19459252	3962915	1.58	0.27	9.78	2	146.83	0.59	1
19459434	3962832	1.57	0.28	10.12	2	153.82	0.61	0
19459616	3962749	1.56	0.28	10.49	2	160.14	0.62	1
19459798	3962666	1.56	0.28	10.79	2	167.22	0.64	1
19459979	3962583	1.56	0.28	11.18	2	172.56	0.66	1
19459533	3962567	1.57	0.28	10.61	2	161.10	0.63	1
19459715	3962484	1.57	0.28	11.01	2	167.40	0.64	1
19460088	3962486	1.56	0.28	11.46	2	177.26	0.67	0

表 8-17 薛峰井田 3#煤层部分块段构造相对复杂程度影响因素指标数据

块段中心		煤层厚	煤层厚度	上覆砂岩	煤层顶板	煤层底板	煤层底板标高	等高线
X	Y	度/m	异常指数	厚度/m	岩性	标高/m	异常指数	条数
19438193	3937204	0.90	0.09	25.57	8	−115.30	0.24	0
19438359	3937265	0.89	0.10	25.48	8	−121.03	0.25	1
19438528	3937294	0.88	0.10	25.40	8	−123.04	0.26	0
19439100	3937100	0.86	0.12	25.24	8	−116.48	0.24	0
19438900	3937100	0.88	0.11	25.34	8	−115.47	0.24	0
19438700	3937100	0.89	0.10	25.43	8	−114.72	0.24	1

续表

块段中心		煤层厚度/m	煤层厚度异常指数	上覆砂岩厚度/m	煤层顶板岩性	煤层底板标高/m	煤层底板标高异常指数	等高线条数
X	Y							
19438500	3937100	0.90	0.09	25.51	8	−113.57	0.23	1
19438300	3937100	0.90	0.08	25.59	8	−111.03	0.23	1
19438122	3937064	0.91	0.08	25.66	7	−103.68	0.21	2
19437971	3937018	0.91	0.08	25.71	7	−94.16	0.18	0
19437683	3936805	0.92	0.07	25.87	6	−65.15	0.10	0
19437760	3936840	0.92	0.07	25.84	6	−71.34	0.12	1
19437926	3936883	0.92	0.07	25.79	7	−82.06	0.15	2
19438100	3936900	0.92	0.07	25.74	7	−90.60	0.17	3
19438300	3936900	0.91	0.07	25.67	7	−96.89	0.19	2
19438500	3936900	0.91	0.08	25.60	7	−100.82	0.20	1
19438700	3936900	0.90	0.09	25.51	8	−103.13	0.21	1
19438900	3936900	0.89	0.10	25.43	8	−104.82	0.21	1
19439100	3936900	0.87	0.12	25.34	8	−106.54	0.22	1
19439300	3936900	0.86	0.13	25.24	8	−108.44	0.22	1
19439500	3936900	0.84	0.14	25.14	8	−110.58	0.23	1
19439700	3936900	0.83	0.16	25.03	8	−113.02	0.23	1
19438300	3936700	0.92	0.06	25.73	7	−81.99	0.15	2
19438100	3936700	0.93	0.06	25.80	7	−75.63	0.13	2
19439900	3936900	0.81	0.18	24.92	8	−115.72	0.24	1

表 8-18　薛峰井田 11#煤层部分块段构造相对复杂程度影响因素指标数据

块段中心		煤层厚度/m	煤层厚度异常指数	上覆砂岩厚度/m	煤层顶板岩性	煤层底板标高/m	煤层底板高异常指数	等高线条数
X	Y							
19438193	3937204	1.45	0.61	13.44	2	−161.29	0.28	0
19438359	3937265	1.36	0.63	13.63	2	−161.92	0.28	1
19438528	3937294	1.34	0.64	13.96	2	−156.39	0.27	1
19439100	3937100	1.59	0.57	15.44	2	−115.91	0.14	2
19438900	3937100	1.57	0.58	14.94	2	−127.01	0.18	2
19438700	3937100	1.54	0.58	14.43	2	−137.96	0.21	3
19438500	3937100	1.52	0.59	13.98	2	−147.64	0.24	3
19438300	3937100	1.54	0.58	13.63	2	−153.58	0.26	2
19438122	3937064	1.64	0.56	13.49	2	−151.63	0.25	2
19437971	3937018	1.77	0.52	13.49	2	−145.75	0.23	1
19437683	3936805	2.19	0.41	13.65	3	−123.55	0.17	0
19437760	3936840	2.10	0.43	13.62	3	−128.03	0.18	1
19437926	3936883	1.96	0.47	13.60	3	−135.14	0.20	2
19438100	3936900	1.85	0.50	13.65	2	−139.13	0.21	1

续表

块段中心		煤层厚度/m	煤层厚度异常指数	上覆砂岩厚度/m	煤层顶板岩性	煤层底板标高/m	煤层底板标高异常指数	等高线条数
X	Y							
19438300	3936900	1.78	0.52	13.84	2	-138.67	0.21	2
19438500	3936900	1.75	0.53	14.16	2	-133.75	0.20	2
19438700	3936900	1.75	0.53	14.59	2	-125.55	0.17	2
19438900	3936900	1.75	0.52	15.06	2	-115.74	0.14	2
19439100	3936900	1.76	0.52	15.56	2	-105.32	0.11	2
19439300	3936900	1.77	0.52	16.06	2	-94.78	0.08	2
19439500	3936900	1.77	0.52	16.56	3	-84.41	0.05	2
19439700	3936900	1.76	0.52	17.06	3	-74.30	0.02	2
19438100	3936700	2.13	0.42	13.90	3	-122.48	0.16	2
19437900	3936700	2.22	0.40	13.79	3	-120.52	0.16	2
19439900	3936900	1.76	0.52	17.54	3	-64.73	0.01	2

二、对各块段构造相对熵值的预计

因为王峰井田和薛峰井田的煤层尚未开采，没有已揭露区域，所以，利用相邻井田和相邻煤层构造相对熵值的预计经验公式，对这两个井田各块段的构造相对熵值进行预计。利用下峪口井田 3#煤层回归方程预计王峰井田 3#煤层各块段的构造相对熵值，利用象山井田 5#煤层回归方程预计王峰井田 11#煤层各块段的构造相对熵值。

三、矿区构造相对复杂程度的量化预测结果

利用克里格插值方法，绘制韩城矿区构造相对熵值等值线，根据构造相对熵值与构造相对复杂程度的对应关系，对整个矿区不同区块的构造相对复杂程度进行量化预测。

1. 韩城矿区 3#煤层

韩城矿区 3#煤层地质构造相对复杂程度分区如图 8-22 所示。可见，矿区的大部分区域地质构造相对复杂程度属于简单等级；中等区主要分布在桑树坪井田的中东部、下峪口井田的东北部、象山井田的大部分区域；复杂区零星分布在矿区中部和南部。整体而言，矿区构造相对复杂程度等级自北向南、由西向东升高。

2. 韩城矿区 11#煤层

韩城矿区 11#煤层地质构造相对复杂程度分区如图 8-23 所示。简单区占据矿区大部分区域；中等区主要分布在桑树坪井田的中南部、象山井田的北部和南东部小范围区域；复杂区的分布范围很小。

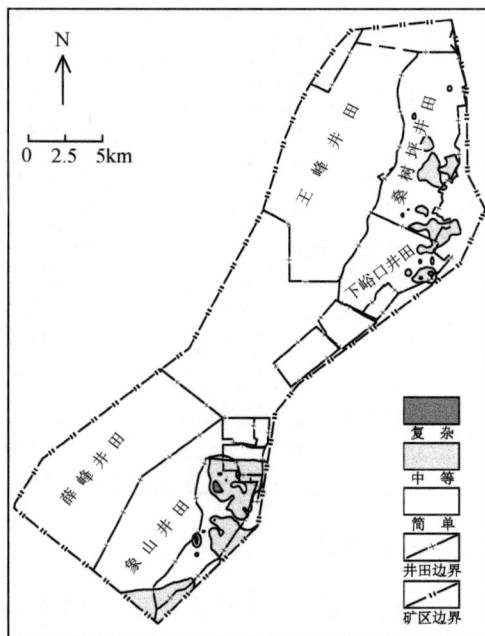

图 8-22　韩城矿区 3#煤层构造相对复杂程度分区

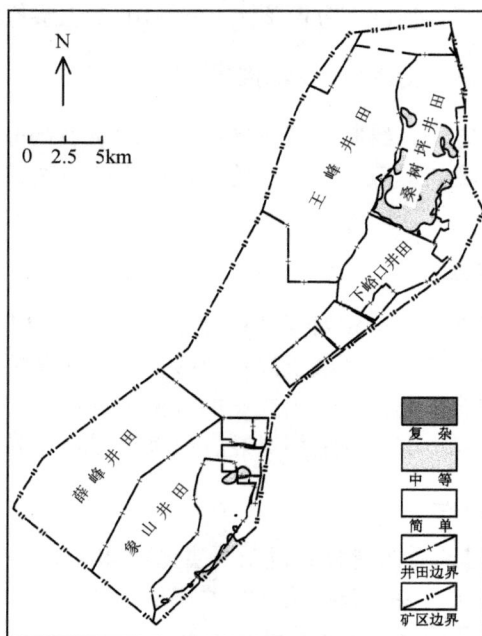

图 8-23　韩城矿区 11#煤层构造相对复杂程度分区

参 考 文 献

曹代勇, 2007. 煤田构造变形与控煤构造样式[C]//王家臣. 煤炭资源与安全开采技术新进展. 徐州: 中国矿业大学出版社.

曹代勇, 孙红波, 孙军飞, 2010. 青海东北部木里煤田控煤构造样式与找煤预测[J]. 地质通报, 29(11): 1696-1703.

陈新蔚, 2001. 准南煤田沙沟—白杨河区构造控煤作用浅析[J]. 中国煤炭地质, 13(2): 6.

程爱国, 林大扬, 2001. 中国聚煤作用系统分析[M]. 徐州: 中国矿业大学出版社.

黄克兴, 夏玉成, 1987. 鄂尔多斯盆地南缘侏罗纪煤系基底构造活动方式与聚煤作用[J]. 煤田地质与勘探, (4): 17-22.

琚宜文, 卫明明, 侯泉林, 等, 2010. 华北含煤盆地构造分异与深部煤炭资源就位模式[J]. 煤炭学报, 35(9): 1501-1505.

康竹林, 2000. 中国大中型气田概论[M]. 北京: 石油工业出版社

李东平, 1993. "徐淮"地区控煤构造的三种表现形式及演化特征[J]. 中国煤田地质, 5(4): 1-7.

李家宏, 朱炎铭, 唐鑫, 等, 2015. 唐山矿西南区构造复杂程度的熵函数评价[J]. 煤田地质与勘探, 43(03): 6-10.

李思田, 1995. 沉积盆地的动力学分析——盆地研究领域的主要趋向[J]. 地学前缘(3): 1-8.

李文勇, 夏斌, 路文芬, 2004. 论同沉积、继承性控煤构造——禹州煤田虎头山断层[J]. 沉积学报, 22(1): 148-153.

林亮, 曹代勇, 彭正奇, 等, 2008. 湘东北地区煤田构造格局与控煤构造样式[J]. 中国煤炭地质, 20(10): 47-49.

林卫国, 孔凡伟, 2006. 鲁西南地区控煤因素的分析与研究[J]. 西部探矿工程, 18(8): 81, 82.

刘池洋, 2008. 沉积盆地动力学与盆地成藏(矿)系统[J]. 地球科学与环境学报, 30(1): 1-23.

刘和甫, 1993. 沉积盆地地球动力学分类与构造样式分析[J]. 地球科学: 中国地质大学学报, 18(6): 699-724.

陆克政, 1997. 渤海湾新生代含油气盆地构造模式[M]. 北京: 地质出版社.

马杏垣, 索书田, 闻立峰, 1981. 前寒武纪变质岩构造的构造解析[J]. 地球科学(1): 67-73.

莽东鸿, 杨丙中, 林增品, 等, 1994. 中国煤盆地构造[M]. 北京: 地质出版社.

苗霖田, 夏玉成, 姚建明, 2007. 金鸡滩井田开采地质条件的模糊综合评判[J]. 煤田地质与勘探, 35(5): 16-19.

彭苏萍, 1998. 建立与完善我国煤矿高产高效矿井地质保障系统的几个问题[A]//谢和平. 可持续发展与煤炭工业报告文集. 北京: 煤炭工业出版社: 19-25.

任文忠, 1993. 煤盆地分析原理和方法[M]. 北京: 煤炭工业出版社.

汤锡元, 郭忠铭, 王定一, 1988. 鄂尔多斯盆地西部逆冲推覆构造带特征及其演化与油气勘探[J]. 石油与天然气地质, 9(1): 1-10.

童玉明, 1994. 中国成煤大地构造[M]. 北京: 科学出版社.

万天丰, 2004. 论中国大陆复杂和混杂的碰撞带构造[J]. 地学前缘, 11(3): 207-220.

王根宝, 张宽房, 郭超, 2003. 陕西省大地构造区划[J]. 陕西地质, 21(2): 33-38.

王桂梁, 曹代勇, 姜波, 1992. 华北南部逆冲推覆伸展滑覆和重力滑动构造[M]. 徐州: 中国矿业大学出版社.

王桂梁, 琚宜文, 郑孟林, 等, 2007. 中国北部能源盆地构造[M]. 徐州: 中国矿业大学出版社.

王强, 2001. 京西煤田煤层赋存特征及成因分析[J]. 煤炭技术, 20(5): 46-50.

王双明, 1996. 鄂尔多斯盆地聚煤规律及煤炭资源评价[M]. 北京: 煤炭工业出版社.

王双明, 2008. 韩城矿区煤层气地质条件及赋存规律[M]. 北京: 地质出版社.

王佟, 夏玉成, 韦博, 等, 2017. 新疆侏罗纪煤田构造样式及其控煤效应[J]. 煤炭学报, 42(2): 436-443.

王文杰, 王信, 1993. 中国东部煤田推覆、滑脱构造与找煤研究[M]. 徐州: 中国矿业大学出版社.

王锡勇, 张庆龙, 王良书, 等, 2010. 鄂尔多斯盆地东缘中—新生代构造特征及构造应力场分析[J]. 地质通报, 29(8): 1168-1176.

夏玉成, 1997. 论高产高效工作面地质保障系统[J]. 中国煤田地质, S1: 33-36.

夏玉成, 白红梅, 孙学阳, 2005. 断裂信息维在矿井构造相对复杂程度预测中的应用[J]. 湖南科技大学学报(自然科学版), 20(2): 1-4.

夏玉成, 樊怀仁, 1998. 矿井构造定量评价的原则和方法[J]. 西安科技学院学报(4): 323-327.

夏玉成, 樊怀仁, 胡明星, 等, 1997. 霍州矿区断层构造的分形特征[J]. 西安科技学院学报, 01: 23-25, 44.

夏玉成，侯恩科，1996. 中国区域地质学[M]. 徐州：中国矿业大学出版社.

夏玉成，胡明星，陈练武，1997. 矿井构造的 GMDH-BP 评价预测方法及其应用[J]. 煤炭学报，22(5)：466-470.

夏玉成，黄克兴，1986. 对应分析在控煤因素研究中的应用[J]. 西安矿业学院学报(1)：83-93.

夏玉成，孙学阳，王佟，等，2014. 新疆侏罗纪古构造及其对聚煤盆地的控制[J]. 中国煤炭地质，26(8)：20-23, 53.

夏玉成，王佟，王传涛，等，2016. 新疆早-中侏罗世聚煤期同沉积构造及其控煤效应[J]. 煤田地质与勘探，44(2)：1-7.

夏玉成，徐凤银，1991. 灰色关联分析在模糊综合评判中的应用[J]. 西安矿业学院学报(1)：44-49.

徐凤银，龙荣生，夏玉成，等，1991. 矿井地质构造定量评价及其预测[J]. 煤炭学报，16(4)：93-101.

杨俊杰，张伯荣，1988. 陕甘宁盆地油气区及油气藏序列[J]. 石油学报(1)：3-10.

张敦虎，孙顺新，李聪聪，等，2010. 新疆阿勒泰地区及其邻近地段构造控煤特征[J]. 中国地质，37(5)：1410-1418.

张泓，孟召平，何宗莲，2000. 鄂尔多斯煤盆地构造应力场研究[J]. 煤炭学报，25(z1)：1-5.

张吉森，杨奕华，1995. 鄂尔多斯地区奥陶系沉积及其与天然气的关系[J]. 天然气工业(2)：5-10.

赵克明，2006. 北掌煤田构造控煤浅析[J]. 中国煤炭地质(s1)：6, 7.

赵重远，1988. 含油气盆地地质学、板块力学和地球均衡说[J]. 西北大学学报：自然科学版(1)：11-13.

周鼎武，鄢万筹，1989. 渭北西部地区加里东构造带变形特征及其地质意义[J]. 西北大学学报：自然科学版(4)：93-100.

周鼎武，张成立，1994. 论北秦岭加里东期造山作用[J]. 西北大学学报：自然科学版(3)：245-250.

朱宝龙，夏玉成，2001. 人工神经网络在矿井构造定量评价中的应用[J]. 煤田地质与勘探，29(6)：15-17.

朱志澄，1989. 逆冲推覆构造[M]. 武汉：中国地质大学出版社.

BEAUMONT C, TANKAND A J, 1987. Sedimentary Basin-forming Mechanism[M]. Calgary: Canadian Society of Petroleum Geologists Memoir.

BOYER S E, ELLIOTT D, 1982. Thrust System[J]. Bulletin of AAPG, 66: 1196-1230.

COPPER M A, WILLIAN G D, 1989. Inversion Tectonics[M]. London: Special Publication.

HARDING T P, LOWELL J D, 1979. Structural Styles, Their Plate Tectonic Habitats and Hydrocarbon Traps in Petroleum Provinces[J]. Bulletin of AAPG, 63: 1016-1058.

INGERSOLL R V, BUSBY C J, 1995. Tectonic of Sedimentary Basins[C]//Ingersoll R V, Busby C J. Tectonic of Sedimentary Basins. Cambridge: Blakwell Science.

LIU S F, 1998. The Coupling Mechanism of Basin and Organ in the Western Ordos[J]. Basin and Adjacent Regions of China(04): 5-10.

MCCLAY K R, PRICE N J, 1981. Thrust and Nappe Tectonics[M]. London: Geological Society of London, Special publication.

WERNICKE B, BURCHFIEL B C, 1982. Model of Extensional Tectonics[J]. Journal of Structural Geology, 4(2): 105-115.

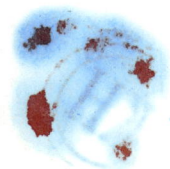